水下爆破

SHUIXIA BAOPO

● 詹发民　姜　涛　黄雪峰　主编

长江出版传媒
湖北科学技术出版社

图书在版编目（CIP）数据

水下爆破 / 詹发民，姜涛，黄雪峰主编. -- 武汉 ：
湖北科学技术出版社，2021.3
ISBN 978-7-5706-1251-2

Ⅰ．①水… Ⅱ．①詹… ②姜… ③黄… Ⅲ．①水下爆
破 Ⅳ．①TB41

中国版本图书馆CIP数据核字(2021)第033162号

责任编辑：王小芳　　　　　　　　　　　　封面设计：胡　博

出版发行：湖北科学技术出版社　　　　　　电话：027-87679468
地　　址：武汉市雄楚大街 268 号　　　　　邮编：430070
　　　　　（湖北出版文化城 B 座 13-14 层）
网　　址：http://hbstp.com.cn

印　　刷：三河市三佳印刷装订有限公司　　　邮编：065200

710×1000　　1/16　　20.5 印张　　　　　　　323 千字
2021 年 3 月第 1 版　　　　　　　　2021 年 3 月第 1 次印刷
　　　　　　　　　　　　　　　　　　　　定价：90.00 元

本书如有印装质量　可找本社市场部更换

目　录

第一章　爆炸和炸药的基本理论 1

　第一节　爆炸和炸药的基本概念 1

　　一、爆炸及其分类 1

　　二、炸药爆炸的基本条件 2

　　三、炸药及其分类 4

　　四、炸药化学变化的基本形式 5

　　五、对炸药的基本要求 7

　第二节　炸药的起爆与传爆 8

　　一、炸药的起爆 8

　　二、炸药的传爆 10

　第三节　炸药的感度 18

　　一、炸药的热感度 18

　　二、炸药的撞击感度 19

　　三、炸药的摩擦感度 20

　　四、炸药的爆轰感度 20

　　五、影响炸药敏感度的因素 21

　　六、炸药的安定性 22

　第四节　炸药的热化学性质 24

　　一、炸药的氧平衡 24

　　二、炸药的爆热 25

　　三、炸药的爆温 27

　　四、炸药的爆压 27

　　五、炸药的爆容（比容） 27

　第五节　炸药的爆炸性能 28

　　一、炸药的爆速 28

　　二、炸药的威力 29

　　三、炸药的猛度 32

　　四、炸药的殉爆 33

第六节　常用炸药 35

　　一、起爆药 35

　　二、猛炸药 39

　　三、混合炸药 46

第二章　火工品基本知识 54

　第一节　概述 54

　　一、火工品的用途 54

　　二、对火工品的基本要求 55

　　三、现代火工品的发展趋势 55

　第二节　点火火工品 56

　　一、火帽 56

　　二、拉火管 57

　　三、导火索 59

　第三节　起爆火工品 61

　　一、雷管概述 61

　　二、工程火焰雷管 63

　　三、工程电雷管 65

　　四、毫秒延期电雷管 69

　　五、秒延期电雷管 71

　　六、导爆索 71

　　七、导爆管 73

　　八、导爆管雷管 75

　第四节　其他火工品 76

　　一、引信雷管 76

　　二、手榴弹和地雷用延期雷管 76

三、数码电子雷管 76

四、激光雷管 78

第三章 水下爆破网路 80

第一节 起爆方法选择 80

第二节 导火索点火法 81

一、点火管的制作 81

二、点火管的固定 82

三、点火管的点燃 82

四、安全措施 83

五、导火索点火法水下使用的基本要求 83

六、导火索点火法的优缺点及应用范围 84

第三节 导爆索起爆法 85

一、导爆索的起爆 85

二、导爆索起爆装药 86

三、导爆索网路 86

四、安全措施 89

五、导爆索传爆法的优缺点及应用范围 89

第四节 电点火法 89

一、电点火器材 90

二、电点火线路的种类与计算 95

三、电点火线路的敷设 98

四、电点火线路故障的检查与排除 100

五、安全措施 100

六、电点火法的特点和适用范围 100

第五节 导爆管传爆法 101

一、导爆管系统的组成 101

二、导爆管网路 103

三、导爆管网路使用注意事项 107

四、导爆管网路优缺点和应用范围 108

第六节 特种起爆方法 108

　　一、电磁波起爆法 109

　　二、水下声波起爆方法 109

　　三、高能电磁感应起爆法 111

第四章　水下爆破装药 **112**

第一节　陆地爆破药包 112

　　一、集团装药的捆包 112

　　二、直列装药的捆包 113

　　三、捆包装药的基本要求 114

第二节　水下爆破药包 115

　　一、水下爆破药包的加工 115

　　二、装药水下可靠起爆的技术措施 120

第三节　聚能爆破装药 123

　　一、聚能现象 123

　　二、聚能原理 124

　　三、影响聚能效应的因素 126

　　四、聚能装药的制作及应用 130

第五章　水下爆破理论基础 **133**

第一节　水中爆炸的基本物理现象 133

　　一、水中冲击波的形成及其特点 133

　　二、气泡的运动 134

　　三、水面上的现象 137

第二节　水下爆炸相似律 139

第三节　水下爆炸荷载 140

　　一、水下爆炸荷载的特点 140

　　二、无限水介质中爆炸荷载的计算 142

第四节　界面影响下的水中冲击波参数 ⋯⋯⋯⋯⋯⋯ 148

　　一、线性反射时水面影响的声学近似公式 ⋯⋯⋯⋯ 148

　　二、水中冲击波在自由水面的非线性反射 ⋯⋯⋯⋯ 149

第五节　水中爆炸破坏作用的初步分析 ⋯⋯⋯⋯⋯⋯ 157

第六节　水下爆破对周围环境的作用 ⋯⋯⋯⋯⋯⋯⋯ 160

　　一、水下爆破能量的传播特点 ⋯⋯⋯⋯⋯⋯⋯⋯⋯ 160

　　二、水下爆破的地震效应 ⋯⋯⋯⋯⋯⋯⋯⋯⋯⋯⋯ 161

　　三、水下爆破产生的空气冲击波 ⋯⋯⋯⋯⋯⋯⋯⋯ 165

　　四、水下爆破的表面效应 ⋯⋯⋯⋯⋯⋯⋯⋯⋯⋯⋯ 166

　　五、水中冲击波对鱼类的作用 ⋯⋯⋯⋯⋯⋯⋯⋯⋯ 167

第六章　水下土岩爆破 ⋯⋯⋯⋯⋯⋯⋯⋯⋯⋯⋯⋯ **169**

第一节　水下土岩爆破的分类 ⋯⋯⋯⋯⋯⋯⋯⋯⋯⋯ 170

　　一、按装药在水中的位置分类 ⋯⋯⋯⋯⋯⋯⋯⋯⋯ 170

　　二、按爆破作用方式分类 ⋯⋯⋯⋯⋯⋯⋯⋯⋯⋯⋯ 171

　　三、按爆破工程目的分类 ⋯⋯⋯⋯⋯⋯⋯⋯⋯⋯⋯ 171

第二节　水底裸露爆破 ⋯⋯⋯⋯⋯⋯⋯⋯⋯⋯⋯⋯⋯ 171

　　一、爆破参数的确定 ⋯⋯⋯⋯⋯⋯⋯⋯⋯⋯⋯⋯⋯ 172

　　二、爆破施工 ⋯⋯⋯⋯⋯⋯⋯⋯⋯⋯⋯⋯⋯⋯⋯⋯ 174

第三节　水下钻孔爆破 ⋯⋯⋯⋯⋯⋯⋯⋯⋯⋯⋯⋯⋯ 177

　　一、钻孔形式 ⋯⋯⋯⋯⋯⋯⋯⋯⋯⋯⋯⋯⋯⋯⋯⋯ 177

　　二、布孔原则 ⋯⋯⋯⋯⋯⋯⋯⋯⋯⋯⋯⋯⋯⋯⋯⋯ 178

　　三、装药量计算 ⋯⋯⋯⋯⋯⋯⋯⋯⋯⋯⋯⋯⋯⋯⋯ 179

　　四、水下钻孔爆破工艺 ⋯⋯⋯⋯⋯⋯⋯⋯⋯⋯⋯⋯ 180

第四节　水下硐室爆破 ⋯⋯⋯⋯⋯⋯⋯⋯⋯⋯⋯⋯⋯ 181

　　一、水下硐室爆破法的适用性 ⋯⋯⋯⋯⋯⋯⋯⋯⋯ 181

　　二、水下硐室爆破法爆破参数的确定 ⋯⋯⋯⋯⋯⋯ 182

第七章　水中构筑物爆破 186

第一节　构筑物爆破分类 186
一、按照爆破目的和应用范围分类 186
二、按照构件材料的种类不同分类 186
三、按照材料的力学性能不同分类 186
四、按照爆破方式不同分类 187
五、按装药和构件周围介质的不同分类 187

第二节　影响爆破作用效果的因素 187
一、炸药性能对爆破作用效果的影响 187
二、起爆点位置对爆破作用效果的影响 188
三、装药形状对爆破作用效果的影响 192

第三节　材料的动力特性 197
一、韧性材料的动力性能 198
二、脆性材料的动力性能 199
三、组合材料的动力性能 201
四、动载系数 201
五、均质系数 201
六、材料的破坏强度 202

第四节　水中接触爆破 202
一、接触爆破破坏现象 202
二、空气中接触爆破药量计算的理论公式 208
三、空气中接触爆破药量计算的经验公式 218
四、水中接触爆破装药量计算的理论公式 227
五、水中接触爆破装药量计算的经验公式 234
六、水中接触爆破对装药设置的要求 239

第五节　水中非接触爆破 240
一、水中非接触爆破舰船 241
二、水下非接触爆破混凝土块体 243
三、非接触爆破的通用公式 244

第六节　水中构筑物爆破实施 ………………………………………245

一、工程勘察 …………………………………………………………245

二、总体方案确定 …………………………………………………245

三、施工准备 …………………………………………………………246

四、爆破作业组织 …………………………………………………246

第八章　水中爆炸物处理 ………………………………… 250

第一节　水中爆炸物的确定 ………………………………………250

一、查清水下爆炸物的类别 ………………………………………250

二、查清水下爆炸物的数量 ………………………………………251

三、查清水下爆炸物的位置和总体范围 …………………………251

四、查清水下爆炸物所处的状态 …………………………………251

五、查清爆炸物所在水域的环境情况 ……………………………251

第二节　销毁方案的确定 …………………………………………251

一、销毁场地的选择 ………………………………………………251

二、销毁方案的制定 ………………………………………………253

三、销毁方法的确定 ………………………………………………255

第三节　水中爆炸物销毁作业 ……………………………………260

一、实施准备 …………………………………………………………261

二、作业实施 …………………………………………………………263

三、技术总结 …………………………………………………………265

第四节　水下爆炸物处置设备器材 ………………………………266

一、探测器材 …………………………………………………………266

二、排爆器材 …………………………………………………………272

第九章　水下爆破安全技术 ………………………………… 283

第一节　爆破事故及其预防 ………………………………………283

一、早爆事故及其预防 ……………………………………………283

二、拒爆事故及其预防 ……………………………………290

第二节　水下爆破安全操作规程 ……………………293
　　一、爆破作业的一般要求 …………………………293
　　二、药包加工的安全操作规程 ……………………294
　　三、起爆器材加工的安全操作规程 ………………294
　　四、起爆体加工的安全操作规程 …………………295
　　五、药包与起爆网络设置的安全操作规程 ………295

第三节　水下爆破基本程序 …………………………296
　　一、准备阶段 ………………………………………297
　　二、布药阶段 ………………………………………298
　　三、施爆阶段 ………………………………………299
　　四、爆后检查与处理 ………………………………299

第四节　水下爆破安全距离 …………………………300
　　一、一般规定 ………………………………………300
　　二、爆破振动安全允许距离 ………………………300
　　三、爆破空气冲击波安全允许距离 ………………301
　　四、爆破飞石的安全允许距离 ……………………303
　　五、水下爆破的安全距离计算 ……………………303

第五节　盲炮处理 ……………………………………307
　　一、陆地盲炮产生的原因及处理 …………………307
　　二、水下盲炮产生的原因及处理 …………………309
　　三、处理盲炮的注意事项 …………………………309

第六节　爆破器材的运输、储存与管理 ……………310
　　一、爆破器材的运输 ………………………………310
　　二、爆破器材的储存 ………………………………311
　　三、爆破器材的管理 ………………………………313

参考文献 …………………………………………………317

第一章 爆炸和炸药的基本理论

第一节 爆炸和炸药的基本概念

一、爆炸及其分类

爆炸是一种非常迅速的物理或化学物理的变化过程。在变化过程中，系统本身的内能转变为机械能、光能和热能，并对外做功，同时伴有强烈放热、发光和声响等效应。爆炸做功的根本原因在于系统原有的高压气体或炸药爆炸瞬间形成的高压气体（或蒸气）的骤然膨胀。

爆炸是自然界中普遍存在的一种现象。小到原子，大到太阳，爆炸现象到处可见。如火山爆发、闪电、原子爆炸、锅炉爆炸、鞭炮燃放，以及汽车或自行车的轮胎"放炮"等。分析各种爆炸现象，大致可以将其归纳为三大类。

（一）物理爆炸

物理爆炸是由物理原因引起的爆炸。例如，过热的水迅速转变为蒸气而引起的锅炉爆炸；因压力过高而引起的高压气瓶爆炸；强大电流通过细金属丝时产生的爆炸；火花放电使放电区空气压力急剧上升而发生的爆炸；以及陨石坠落、地震等都属于物理爆炸。发生物理爆炸时，仅是物质形态发生了变化，而其化学成分和性质并没有改变。

（二）化学爆炸

化学爆炸是由物质的化学反应引起的爆炸。例如，易燃固体粉尘（细煤粉等）悬浮在空气中达到一定浓度时产生的爆炸；甲烷、乙炔等易燃气体以一定比例与空气混合时产生的爆炸。燃放鞭炮引起的强烈响声或矿山爆破引起的岩石破裂、位移和气浪等，都是由于炸药获得一定起爆能量后，迅速发生化学反应，放出大量热量，形成高温高压气体，并对外界做功的缘故。化学爆炸时，不仅是物质的形态发生了变化，而且其成分和性质也发生了变化。

（三）核爆炸

由于核裂变（铀）或核聚变（氘、氚、锂）反应放出巨大的能量，使裂变或聚变产物形成高温高压的蒸气而迅速膨胀做功，造成巨大的破坏作用。这种由核裂变或核聚变放出巨大能量所引起的爆炸现象，称作核爆炸。核爆炸放出的能量要比炸药爆炸放出的能量大得多，一般相当于数万吨到数千万吨TNT（三硝基甲苯）炸药爆炸放出的能量。

炸药的爆炸作用主要是爆炸产物和冲击波的作用；而核爆炸作用则包括冲击波、光辐射、穿透辐射和放射性沾染等。

二、炸药爆炸的基本条件

炸药爆炸是一个化学变化过程，其变化过程的放热性、快速性及生成气体产物是任何一个化学反应成为爆炸性反应必须具备的三个条件，称之为炸药爆炸的三个基本条件。这三个条件在不同的炸药中可以有不同程度的表现，是判断某物质能否发生爆炸的必要条件。

（一）反应过程的放热性

这是爆炸反应的第一个必要条件。热是爆炸做功的能源，如果没有足够的热量放出，化学变化就没有足够的能量得以维持，化学反应就不可能自行传播下去，爆炸过程也就不能产生。举例说明如下。

草酸盐的分解反应：

$$ZnC_2O_4 = 2CO_2 \uparrow + Zn \quad -\Delta H = 205.4 \text{ kJ} \cdot \text{mol}^{-1} \text{（不爆炸）}$$

$$PbC_2O_4 = 2CO_2 \uparrow + Pb \quad \Delta H = -69.9 \text{ kJ} \cdot \text{mol}^{-1} \text{（不爆炸）}$$

$$HgC_2O_4 = 2CO_2 \uparrow + Hg \quad \Delta H = +72.4 \text{ kJ} \cdot \text{mol}^{-1} \text{（不爆炸）}$$

又如硝酸铵的分解：

$$NH_4NO_3 \stackrel{\text{低温加热}}{=\!=\!=} NH_3 \uparrow + HNO_3 \quad \Delta H = -170.7 \text{ kJ} \cdot \text{mol}^{-1} \text{（不爆炸）}$$

$$NH_4NO_3 \stackrel{\text{雷管引爆}}{=\!=\!=} N_2 \uparrow + 2H_2O + 0.5O_2 \quad \Delta H = +126.4 \text{ kJ} \cdot \text{mol}^{-1} \text{（不爆炸）}$$

由此可见，不同物质分解时产生的热效应不同；相同物质在不同条件下分解时的热效应也不同。分解时吸热的不能引起爆炸，分解时放热的才有可能引起爆炸。

反应放出的热量是爆炸做功的能源，故放热性是炸药爆炸的基本条件。单位质量的炸药在爆炸反应过程中所放出的热量称为爆热，常用炸药的爆热为

3 800~7 600 kJ/kg。

反应的放热性虽然是必不可少的条件，但并不是使过程具有爆炸性的充分条件。例如：

$$Fe + S = FeS + 96.2 \text{ kJ}$$

$$2Al + Fe_2O_3 = Al_2O_3 + 2Fe + 828.4 \text{ kJ}$$

这些反应都放出热量，但却不会发生爆炸。其中第二个反应方程式为铝热剂反应，其温度高达 3 000 ℃，能使铁和氧化铝都变成液态，但却不会发生爆炸。

（二）过程的高速度

爆炸过程的速度也是炸药爆炸的必要条件，而且是更重要的条件。它是爆炸过程区别于一般化学反应过程的最重要标志。只有高速的化学反应，才能忽略能量转换过程中热传导和热辐射的损失，在极短的时间内将反应形成的大量气体产物加热到数千摄氏度，压力猛增到几万个大气压，高温高压气体迅速向四周膨胀，对周围介质做机械功，便产生了爆炸现象。

从能量的观点来看，与一般可燃物相比，炸药并非是高能物质，表 1−1 所列物质的反应热清楚地说明了这点。一般可燃物（如煤块）的燃烧过程进行得十分缓慢，反应放出的热量大部分因热传导和热辐射而损失掉了，不能将产物加热到很高的温度，更不能形成很高的压力，故不会爆炸。炸药的爆炸反应通常是在 $10^{-6} \sim 10^{-5}$ s 内完成的（1 kg 球形 TNT 药包完全爆炸仅用 10^{-5} s）。在如此短暂的时间内，反应释放出的能量来不及散失而高度集中于炸药原来所占有的体积内，维持很高的能量密度，因而炸药的爆炸具有巨大的功率。

（三）生成大量气体

爆炸对周围介质做功是通过高温高压气体的迅速膨胀实现的，故反应过程生成大量气体产物也是产生爆炸的一个重要因素。由于气体具有很大的可压缩性和膨胀系数，在爆炸瞬间处于强烈的压缩状态，具有了很高的压力势能，能够对周围介质产生猛烈的冲击作用。

爆炸过程必须生成气体产物这个因素的重要意义，可通过一些不生成气体产物的强烈反应无法形成爆炸的实例来说明。如铝热剂反应放出的热量足以把产物加热到 3 000 ℃，反应速度也很快，但产物仍然处于液态，没有生成气体，因而通常情况下不能发生爆炸。

表 1-1　一些物质的反应热

物质名称	反应形式	释放的热量	
		kJ/kg	kJ/L
煤（C）	与氧按化合量燃烧	8 960	17.16
氢（H$_2$）	与氧按化合量燃烧	13 524	4.18
硝化甘油	爆炸反应	6 217	9 965
硝化棉	爆炸反应	4 291	5 581
TNT	爆炸反应	4 187	6 808
黑火药	爆炸反应	2 784	3 341
硝铵炸药	爆炸反应	4 228	7 117
雷汞	爆炸反应	1 733	6 067
叠氮化铅	爆炸反应	1 536	4 760

综上所述，只有同时具备放热性、快速性和生成气体这三个条件的反应才具有爆炸性。放热性给爆炸变化提供了能源，快速性使能量集中，生成的气体是能量转换的工作介质，具备以上三个特征的化学变化过程称为爆炸过程。因此，凡在外界作用下，能够产生快速化学变化、放出大量热量和生成大量气体的物质，均可称为炸药。

三、炸药及其分类

炸药是在外部施加一定的能量后，能发生化学爆炸的物质。

炸药的品种很多，它们的组成、物理性质、化学性质及爆炸性质各不相同。为了认识它们的本质、特性，便于研究和使用，将其进行适当的分类是必要的。

（一）按组成分

（1）单质炸药——由单一物质构成的爆炸化合物。如 TNT、黑索今、硝化甘油、雷汞等。

（2）混合炸药——至少由两种独立的化学成分组成的爆炸混合物。其组分通常有三种。①氧化剂。含氧丰富，其本身可以是非爆炸性的，也可是含氧丰富的爆炸化合物。②可燃物。是一种不含氧或含氧较少的可燃物质，其本身可以是非爆炸性的可燃物，也可以是缺氧的爆炸化合物。③附加物。是为某些目的而加入的物质，用于改善炸药的爆炸性能、安全性能、成型性能、机械力学性能以及抗高低温性能等。其本身可以是非爆炸性物质或爆炸性物质。

（二）按主要化学成分分

（1）硝铵类炸药——以硝酸铵为主要成分，加入适量可燃剂、敏化剂及附加物的混合炸药。

（2）硝化甘油类炸药——以硝化甘油或硝化甘油与硝化乙二醇混合物为主要组分的混合炸药。就其外观状态来说，有粉状和胶质之分；就耐冻性能来说，有耐冻和普通之分。

（3）芳香族基化合物类炸药——凡是苯及同系物，如甲苯、二甲苯和硝基化合物以及苯胺、苯酚和萘的硝基化合物均属此类。例如，TNT、二硝基甲苯磺酸钠（DNTS）等。

（4）液氧炸药——由液氧和多孔性可燃物混合而成的。

（三）按用途分类

（1）起爆药——主要用于起爆其他炸药，其主要特点是：①敏感度较高，在很小的外界热或机械作用下就能迅速爆轰。②从燃烧到爆轰的时间极为短暂。

常用的起爆药有雷汞、氮化铅、二硝基重氮酚、斯蒂酚酸铅等。

（2）猛炸药——具有相当大的稳定性，威力大，感度低，需较大的能量作用才能引起爆炸。

常用的猛炸药有TNT、乳化炸药、浆状炸药、铵油炸药和铵梯炸药等。

（3）火药——又称发射药。在没有外界助燃剂的参与下可有规律地快速燃烧，产生高温高压的气体。主要用作枪炮或火箭的推进剂，用作点火药、延期药，其变化过程是迅速燃烧。

常用的火药有黑火药、无烟火药、单基无烟药、双基无烟药等。

（4）烟火剂——燃烧时能够发出相应的烟火效应，主要由氧化剂与可燃剂组成的混合物，其主要变化过程是燃烧，在极个别的情况下也能爆轰。

包括照明剂、信号剂、燃烧剂、烟剂、曳光剂等，可装填照明弹、信号弹、燃烧弹等。

四、炸药化学变化的基本形式

根据化学反应的激发条件、炸药的性质和其他因素的不同，炸药的化学变化过程会以不同的速度进行传播，同时在性质上也具有很大的区别。按照其传播性质和速度的不同，可将炸药化学变化的基本形式分为四种：热分解、燃烧、爆炸和爆轰。

（一）热分解

和其他物质一样，炸药在常温下也要进行分解，但分解速度很慢，不会形成爆炸。当温度升高时，分解速度加快，温度继续升高到某一定值（爆发点）时，热分解就能转化为爆炸。

不言而喻，炸药的热分解影响炸药的储存。例如，库房的温度和药箱堆放数量与方式都会对炸药热分解产生影响。一般来说，在炸药库房内，药箱不应过多，堆放不应过紧，要随时注意通风，防止温度升高时热分解加剧而引起爆炸事故。

（二）燃烧

在一定的条件下，绝大多数炸药都能够稳定地燃烧。利用这一特点可以销毁少量炸药。

燃烧是一种剧烈发光发热的表面反应，以传导、扩散和辐射的方式，在物质中自行传播的一种爆炸现象。随着温度和压力的增加，燃烧速度也显著增加。当外界压力、温度超过某一极限时，燃烧的稳定性会被破坏，炸药很快地由燃烧变成爆轰。少量炸药在空气中燃烧时比较缓慢，且不伴随有声效应。而在容器内（特别是在密闭容器中）燃烧时，由于产生的气体不易排出，温度、压力会急剧增加，燃烧变得相当剧烈，此时极易转化为爆轰。

燃烧是火药爆炸变化的主要形式，特别剧烈的燃烧称为"爆燃"。

（三）爆炸

与燃烧相比较，爆炸在传播的形态上有本质区别。

爆炸时炸药附近的压力急剧地发生突变，传播速度很快而且可变，通常每秒达数千米。但这种速度与外界条件的关系不大，即使在敞开的容器中也能进行高速爆炸反应。一般地说，爆炸过程是很不稳定的，不是过渡到更大爆速的爆轰，就是衰减到很小的爆燃直至熄灭。

（四）爆轰

炸药以最大而稳定的爆速进行传播的过程叫作爆轰。它是炸药所特有的一种化学变化形式，并且与外界压力、温度等条件无关。爆轰传播速度为每秒数千米至数万米。在给定的条件下，炸药的爆轰速度均为常数。在爆轰条件下，爆炸具有最大的破坏作用。

燃烧和爆轰是性质不同的两种变化过程，其主要区别如下。

（1）从传播过程的机理来看，燃烧时反应区的能量是通过热传导、热辐射以及燃烧产物的扩散作用传入未反应炸药的。而爆轰则是通过冲击波对炸药的强烈冲击压缩而传播的。

（2）从传播速度来看，燃烧的传播速度大大低于爆轰波的传播速度。燃烧速度总是小于原始炸药中的声速，通常是每秒几毫米至数十厘米，最大也不超过每秒数百米。而爆轰过程的速度则总是大大地超过原始炸药中的声速，一般高达每秒数千米。

（3）燃烧过程的传播容易受外界条件的影响，特别是环境压力的影响。而爆轰过程传播速度很快，几乎不受外界条件影响，对于一定密度的炸药，爆轰速度几乎是常数。

（4）燃烧过程中燃烧反应区内产物质点运动方向与燃烧波面运动方向相反，因此燃烧波面内的压力较低。而爆轰时，爆轰反应区内产物质点运动方向与爆轰波传播方向相同，爆轰波反应区的压力高达数十万大气压。

爆炸与爆轰并无本质上的区别，只不过传播速度不同而已。爆轰的传播速度是恒定的，爆炸的传播速度是可变的。

尚应指出，炸药化学变化的上述四种基本形式在性质上虽有不相同之处，但它们之间却有着非常密切的联系，在一定的条件下是可以相互转化的。炸药的热分解在一定的条件下可以转变为燃烧，而炸药的燃烧随温度和压力的增加又可能转变为爆炸，直至过渡到稳定的爆轰。毫无疑问，这种转变所需的外界条件是至关重要的。了解分析这些变化形式就在于针对各种不同的实际情况，有效地控制外界条件，使其按照人们的需要来"驾驭"炸药。

五、对炸药的基本要求

炸药的质量和性能对爆破的效果和安全均有较大影响，为保证获得较好的爆破效果，被选用的炸药应满足如下基本要求。

（1）具有较低的机械感度和适度的起爆感度。既能保证生产储存、运输和使用过程中的安全，又能保证易于引爆。

（2）具有足够的威力或能量，以保证达到一定的破坏效应或抛射作用。

（3）其组分配比应达到零氧平衡或接近于零氧平衡，以保证爆炸后有毒气体生成量少，同时炸药中应不含或少含有毒成分。

（4）应有足够的安定度，能长时期保持其物理、化学性质及爆炸性质不变，适于长期储存。军用炸药通常要求储存期达 15 年以上。

（5）原料来源广泛，价格便宜，加工工艺简单，操作安全。

（6）须满足炸药具体应用时的某些特殊要求。如地下爆破作业时所用的炸药要求其爆炸产物无毒，矿用炸药应用时要求使用安全炸药，以免发生瓦斯爆炸。

第二节　炸药的起爆与传爆

一、炸药的起爆

（一）起爆的概念

炸药是一种相对稳定的物质，使其发生爆炸变化必须要由外界施加一定的能量。通常将外界施加给炸药而使其爆炸的能量称为起爆能，引起炸药发生爆炸的过程称为起爆。

引起炸药爆炸的原因可以归纳为内因和外因两个方面。从内因看，是由于炸药分子结构的不同引起的，也就是说，炸药本身的物理和化学性质决定着该炸药对外界作用的选择能力。吸收外界作用能力强的炸药，其分子结构脆弱而易起爆，否则就难以起爆。例如，碘化氮只要用羽毛轻轻触及就可以引起爆炸，而硝酸铵用几十克甚至数百克 TNT 才能引爆。

所谓外因系指起爆能。由于外部作用的形式不同，起爆能通常可以有三种形式。

（1）热能——利用加热的形式使炸药爆炸。能够引起炸药爆炸的加热温度，称为起爆温度。热能是最基本的一种起爆能，利用导火索引爆火雷管，就是热能起爆的一个例子。

（2）机械能——通过机械作用使炸药爆炸。一般有撞击、摩擦、针刺、枪击等。机械作用引起爆炸的实质是在瞬间将机械能转化为热能，从而使局部炸药达到起爆温度而使其爆炸。

在爆破作业时，很少利用机械能进行起爆。但是，在炸药的生产、储存、运输和使用过程中，应该注意防止因机械能引起意外的爆炸事故。

（3）爆炸能——爆破过程中应用最广泛的一种起爆能。它是利用某些炸药的爆炸能来起爆另外一些炸药。例如，利用雷管、导爆索和中继起爆药包的爆炸来引爆药包等。

（二）炸药起爆的基本理论

1. 热能起爆理论

该理论是谢苗诺夫最早从研究爆炸气体混合物（如甲烷与空气混合物）发生热爆炸的原因而提出的。该理论的基本要点是在一定的温度、压力和其他条件下，如果一个体系反应放出的热量大于热传导所散失的热量，就能使体系——混合气体发生热积累，从而使反应自动加速进行，最后导致爆炸。也就是说，爆炸是系统内部温度渐增的结果。

热能起爆理论虽然是以气体炸药为研究对象的，但是它的基本观点也适用于凝聚炸药。

2. 机械能起爆理论——灼热核理论

灼热核理论，或称热点学说，是在总结前人经验的基础上提出并被实践证实的。该理论认为当炸药受到撞击、摩擦等机械作用时，并非受作用的炸药各个部分都被加热到相同的温度，而只是其中的某一部分或几个极小部分，首先被加热到炸药的爆发温度，促使局部炸药首先起爆，然后迅速传播至全部。这种温度很高的微小区域，通常被称为灼热核，也称"热点"。研究表明，灼热核的形状一般近似于球体，其直径为 $10^{-5} \sim 10^{-3}$ cm。由于分子直径约为 10^{-8} cm，故灼热核要比分子大得多。也就是说，每一个灼热核起爆实际上是为数众多的炸药分子同时起爆。这种局部起爆后，又会在其附近形成众多的新灼热核，呈连锁反应迅速传播开来，在极短时间内完成整个爆炸过程。

灼热核通常在炸药晶体的棱角处和微小气泡处形成。对于单质炸药或含单质炸药的混合炸药来说，其灼热核通常在分子晶体的棱角处形成。而对于含水炸药（乳化炸药、浆状炸药等）来说，一般是在微小气泡处形成灼热核。灼热核的形成主要有以下原因。

（1）绝热压缩炸药内所含的微小气泡，形成灼热核。当炸药内部含有微小气泡时，在机械能的作用下，被绝热压缩，机械能转变为热能，使温度急剧上升而达到足够高的温度，在气泡周围形成灼热核，并引起热点周围反应物质的剧烈燃烧和爆炸。

乳化炸药、浆状炸药等含水炸药，比较好地利用了微小气泡绝热压缩形成灼热核的理论，即引入敏化气泡，增加了炸药的爆轰感度。

（2）炸药中坚硬高熔点掺和物受机械作用，颗粒间互相产生摩擦，形成灼热核。在机械作用下，炸药质点之间或炸药与掺和物之间发生相对运动而产生的相互摩擦，也可使炸药某些微小区域首先达到爆发温度，形成灼热核。研究表明，除炸药质点摩擦外，掺合物的粒度、数量、硬度、熔点及导热性等因素对灼热核的形成均有影响。

常见的掺合物为矿粉、石英砂、玻璃粉等惰性物质。实践表明，当加入导热率低、硬度大且多棱角的掺合物时，易于使摩擦应力集中在少数几个点上，有利于灼热核的形成。

（3）炸药急剧地流动而导致炸药的黏性加热，也可形成灼热核。

3. 炸药的爆炸冲击能起爆理论

爆破作业时，经常利用一种炸药爆炸后产生的冲击波通过某一介质去起爆另一种炸药。例如，利用雷管和中继起爆药包起爆炸药、不同药卷之间的殉爆等均属爆炸冲击能起爆。其起爆机理与机械能起爆机理相似，由于瞬间的强烈冲击作用，首先在直接受冲击作用的局部炸药中形成热点，并由此引起全部炸药爆炸。

二、炸药的传爆

炸药爆炸首先是从起爆点开始，进而迅速传至整个炸药的。通常将炸药由起爆开始到爆炸终了所经历的过程称为炸药的传爆。

炸药传爆过程是很复杂的，对其解释的理论很多，目前比较公认的是爆轰流体动力学理论。该理论认为，炸药的传爆过程是爆轰波沿炸药包传播的过程，爆轰波是带有化学反应区的冲击波。为此，先来介绍一下波和冲击波的概念。

（一）波的基本概念

波的形成与扰动是分不开的。所谓扰动就是在受到外界作用（如振动、敲打、冲击等）时，介质状态（压力、温度、密度等）发生的局部变化。波就是扰动的传播，即介质状态变化的传播就是波。空气、水、岩石、金属、炸药等一切可以传播扰动的物质，通称为介质。

介质某处受到扰动，便立即有波由近及远向外传播。因此，在传播过程中，总有一个受扰动区和未受扰动区的分界面，此界面称之为波阵面。波阵面传播方向就是波的传播方向，其传播速度即波速。应该指出，不要把波的传播与受扰动介质的质点运动混同起来。

扰动前后状态参数变化微小的扰动称之为弱扰动，如声波。弱扰动状态变化是微小的、逐渐的和连续的。若扰动前后状态参数变化剧烈，甚至突变的扰动称之为强扰动。

1. 压缩波与稀疏波

扰动后，压力 P、密度 ρ、温度 T 等状态参数增加的波称之为压缩波，且介质质点运动方向与波的传播方向一致。反之，扰动后状态参数 P、ρ、T 减小，且介质质点运动方向与波的传播方向相反，称之为稀疏波。

2. 冲击波

（1）冲击波的形成。冲击波是指在介质中以超音速传播并能引起介质状态参数（如 P、ρ、T）发生突跃的一种特殊的压缩波。如雷击、强火花放电、爆炸等都可在介质中形成冲击波。下面以在充气的长管中做加速运动的活塞为例来说明冲击波的形成过程（图 1-1）。

在图 1-1 中，假如活塞移动前长管内气体状态参数为 P_0、ρ_0、T_0，若不考虑活塞运动过程中的能量损失，那么当活塞以 u_1 的速度运动到 t_1 瞬间，这时活塞前方的气体受到压缩，形成一个有限的长度（$S_1 A_1$）的压缩区。该区内的气体状态参数增大到 P_1、ρ_1、T_1，其波阵面 $A_1 A_1$ 以 D_1 的速度向前传播，形成了第一个微元压缩波。当活塞以 u_2（$u_2 > u_1$）的速度继续向前运动，由 S_1 移动到 S_2 时，活塞前已受到压缩的气体又受到第二次压缩，气体状态参数由 P_1、ρ_1、T_1 增大至 P_2、ρ_2、T_2，同时波阵面 $A_2 A_2$ 以速度 D_2 向前运动，形成第二个微元压缩波，该微元压缩波是在经过第一次压缩状态参数增大的介质中传播的，故

$D_2 > D_1$。同理，会在活塞加速运动中形成一系列后者波速大于前者波速的微元压缩波。因此，在某一时间 t_n，后面各个微元波先后赶上第一个微元波，最终叠加形成一个强压缩波，这个波就是冲击波，其波阵面为 $A_n A_n$。

微元压缩波叠加形成冲击波是由量变到质变的过程，两者性质有根本差别。弱压缩波通过介质时，介质状态参数发生连续变化。而冲击波通过介质时，介质的状态参数发生突跃变化。弱压缩波在介质中传播的速度是未扰动介质中的声速，其大小只取决于未扰动介质中的状态，而与波的强度无关。冲击波在介质中的传播速度大于未扰动介质中的声速，其大小取决于波的强度。

炸药在空气中爆炸时（图 1-2），在球形药包爆炸瞬间形成 10 万个大气压的高压气团，迅速向外猛烈膨胀，推动周围空气运动，如同上述空气冲击波，其波阵面呈球形。波阵面的速度大于爆炸气体扩散的速度，冲击波压缩区很快脱离爆炸气体，并在两者之间形成一个低压区（稀疏区），它紧跟在冲击波的后面，原来受压的气体向低压区流动而形成稀疏波。由于冲击波向外扩展，卷入的空气越来越多，冲击波能量不断消耗，再加稀疏波的作用导致冲击波强度不断衰减，而使冲击波逐渐转变为声波，直至消失。

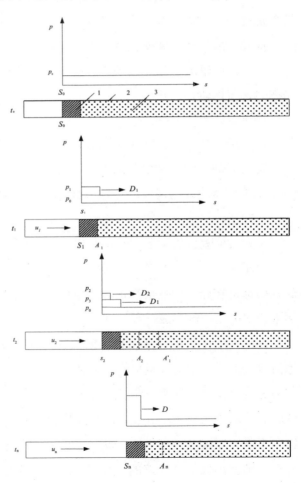

图 1-1　冲击波形成示意图

1—运动的活塞；2—长管；3—气体

（2）冲击波具有以下基本性质。①冲击波是一种强压缩波，波阵面通过后，介质的前后状态参数将发生突跃变化，故冲击波没有周期性。②冲击波传播速度永远大于未扰动介质中的声速。③介质受到冲击波压缩时，波阵面上

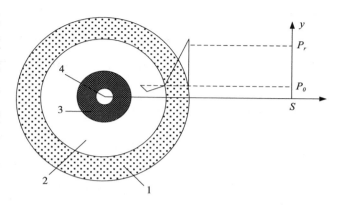

图1-2　球形药包空气中爆炸冲击波示意图

1—药包；2—爆炸气体产物；3—稀疏波；4—压缩区

的介质质点要发生位移。对正冲击波来说质点移动的方向与冲击波传播的方向是一致的。

（二）爆轰流体力学理论

流体力学爆轰理论认为：爆轰是由于冲击波在炸药中传播（冲击压缩）而引起的。当一定强度的冲击波在炸药中传播时，由于冲击波的冲击压缩，冲击波阵面后的炸药会产生快速的化学反应，产生气体产物并释放出炸药的潜能。这些能量又供给冲击波对下一层炸药进行冲击压缩，使下一层炸药又发生爆炸反应，放出新的能量供给冲击波去冲击压缩更下一层的炸药。如此下去，利用炸药的爆炸反应释放出的能量维持在炸药中传播的冲击波以不变的速度传播下去而不至于衰减。这就是流体力学爆轰理论的基本观点。

按照爆轰的流体力学理论，爆轰过程中炸药的化学反应和反应产物质点的运动是同时发生的。爆轰过程既有流体力学过程，又有放热的化学过程。在研究爆轰时，应同时考虑流体力学问题和冲击波化学问题。由于爆轰中的化学反应太复杂，为了使问题简化便于研究，Chapman 和 Jouguet 分别于 1899 年和 1905 年提出了一个假设：爆轰中的化学反应是在一薄层内迅速完成的，或者说，冲击波阵面后炸药的化学反应是瞬间完成的，即反应速率为无限大。这种把爆轰波简化为含有化学反应的强间断面理论，即称为 C-J 理论。

随着 C-J 理论的应用和测试技术的发展，发现该理论在应用时有时会有很大的误差。主要原因是该理论认为爆轰时化学反应速度为无限大，而实际情况

并非如此，爆轰时确实存在一个具有一定宽度的化学反应区。

为此，Zeldovich、Von. Neumann、Doering 分别于 1940 年、1942 年、1943 年提出了爆轰波结构的新模型，这就是所谓的 ZND 模型，它把化学反应速度看成了是有限的。

ZND 模型把爆轰波看作是由一个前沿冲击波和随后的一个化学反应区构成。由于冲击波阵面的厚度比化学反应区的宽度小得多，故冲击波阵面上的炸药来不及发生化学反应，仍然是一个强间断面。而炸药受冲击波的冲击压缩变为高温和高密度，然后以有限的速度开始化学反应，并在化学反应区中连续进行，最终变成终态的爆轰产物。这样，从前沿冲击波强断面到化学反应终了的整个区间就构成了爆轰波的完整结构。

图 1-3 是爆轰波的 ZND 模型示意图。当炸药爆轰时，在前沿冲击波的波阵面上，炸药的压力由原始压力 P_0 突跃为 P_1，炸药因此受到剧烈的压缩并升温，产生迅速的化学反应。化学反应时压力下降，至反应结束时下降为 P_2（P_{C-J}）。由 P_2 至前沿冲击波阵面间压力急剧变化的部分，一般称为压力峰。由化学反应开始到结束的这个区域称为化学反应区。

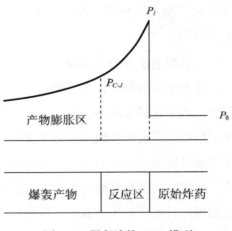

图 1-3　爆轰波的 ZND 模型

在化学反应区后为爆轰产物膨胀区，在此区域内，爆轰产物的压力较平衡地下降。

在这种稳定传播的爆轰波模型中，对应于反应区末端反应终了的平面就是所谓的 C-J 面，其对应的压力就是通常所称的 C-J 压力，即爆轰波阵面压力，简称爆轰压，有时也称爆压。

（三）爆轰波参数

爆轰波是有化学反应区的冲击波，炸药爆轰后会释放出热量。如图 1-4 所示的爆轰波结构，可以将其划出三个控制面：第一个是 0-0 面，它在前沿冲击波阵面之前，该处的炸药尚未受到扰动；第二个是 1–1 面，它紧靠在前沿冲击波阵面之后。在 0–0 面及 1–1 面之间的炸药已被冲击波压缩，但尚未开始进行化学反应；第三个控制面是 2–2 面，在 1–1 面和 2–2 面之间是化学反应区，在 2–2 面处化学反应已经完成，炸药全部变成爆轰产物。

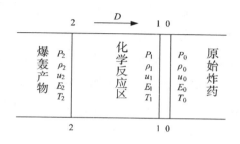

图 1–4　所示的爆轰波结构

根据质量、动量、能量守恒定律和理想气体状态方程及稳定爆轰条件，可建立爆轰波的关系式：

$$P_2 = \frac{1}{K+1} \rho_0 D^2$$

$$D = \sqrt{2\left(K^2 - 1\right) Q_V}$$

$$u_2 = \frac{1}{K+1} D$$

$$T_2 = \frac{2K}{K+1} T_0$$

$$\rho_2 = \frac{K+1}{K} \rho_0$$

式中：

　　P_2——爆轰波阵面上的压力，Pa；

　　D——爆速，m/s；

　　U_2——爆轰产物质点运动速度，m/s；

　　T_2——爆轰产物的温度，K；

　　ρ_2——爆轰产物密度，kg/m³；

　　ρ_0——炸药原来的密度，kg/m³；

　　Q_V——炸药的定容爆热，J；

T_0——炸药初始温度，K；

K——绝热指数，对于一般工业炸药，可取 $K = 3$。

（四）稳定传爆的条件与影响因素

1. 稳定传爆的条件

炸药被起爆之后，爆轰波能以恒定不变的速度进行传播，并能始终如一地完成整个爆轰过程，称之为稳定爆轰。

爆轰传播过程取决于反应区释放出的能量大小。反应区放热反应放出的热量，维持冲击波稳定传播而不衰减，这正如充气管中活塞运动提供能量以维持冲击波稳定传播一样。只不过在前者，维持冲击波稳定传播所需的能量不是从外部输入，而是由炸药本身化学反应来提供。因此，如果由于炸药性能或其他外界条件影响，反应区释放出的能量减少，甚至化学反应中断，爆轰波参数必将衰减，并将影响爆轰波的传播，如此反复互相影响，在一定条件下，可以导致爆轰波完全中断。由此可见，在其他条件一定时，爆轰波都是以与反应区释放出的能量相适应的参数传播的。

2. 影响稳定传爆的因素

经验表明，影响炸药传播的因素是多方面的，主要因素有装药直径和装药密度。

（1）装药直径的影响。在其他条件保持不变的条件下，随着装药直径的增加，其爆炸的稳定性都会得到不同程度的改善。图 1-5 中曲线描述了装药直径对爆炸稳定性的影响。

从图 1-5 中可以看出，装药直径较小时，随着直径增加，爆速增加较快。当直径增大到某一值时，爆速为一常数，此时的装药直径称为极限直径。当直径减小时，爆速也随之减小，当小到某一值时，炸药将发生不稳定爆轰，甚至拒爆，此时的装药直径称之为临界直径。不同炸药的临界直径和极限直径是不同的。例如，$2^{\#}$ 岩石硝铵炸药的临界直径为 28~20 mm，TNT 为 8~10 mm，PETN 和 RDX 为 1~1.5 mm，EL 与 RJ 系列乳化炸药为 12~16 mm。极限直径通常是临界直径的 8~12 倍。

临界直径、极限直径是工程爆破中选择不同炸药直径的依据。在使用炸药时，其最小直径应超过临界直径，否则炸药起爆后难以顺利传爆。

（2）炸药密度的影响。对于某些工程用混合炸药而言，在较低密度时，随着密度增加，爆速增加，传爆稳定性提高，爆速达到最大值时的炸药密度称为该种炸药最佳密度。如果密度继续增加，则爆速反而会下降；增加到某一密度（通常称之为临界密度）以上时，

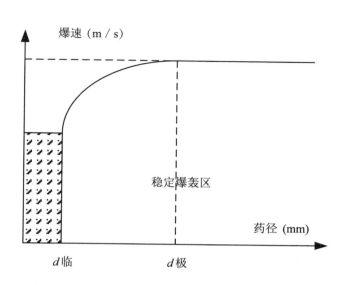

图1-5　装药直径对爆轰稳定性的影响

爆炸变为不稳定，甚至拒爆。图1-6给出了装药密度对爆炸稳定性影响的关系曲线。

上述现象可以解释如下：初始时，随着装药密度增大，单位体积内炸药分解能量增多，促使爆速上升，传爆稳定性提高。当装药密度过大时，从起爆过程看，使炸药颗粒间的气泡减少，灼热核的产生也随之减少。同时也导致起爆能分给每一个炸药颗粒上的单位能量大大减少，使起爆延缓。实践证明，铵油炸药的密度以 0.85~1.05 g/cm^3 为佳，硝化甘油类炸药以 1.35~1.45 g/cm^3 为宜，对雷管起爆敏感的乳化炸药一般为 1.05~1.30 g/cm^3。

单质猛炸药和混合炸药的装药密度对传爆的影响不同。单质猛炸药的爆速随装药密度增大而增大，二者呈线性关系。混合炸药的爆速随装药密度的增大而增大，但当密度增大到某一数值时，爆速达到最大值。

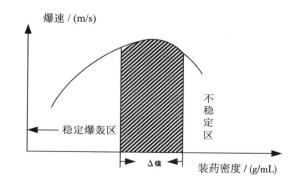

图1-6　装药密度对爆炸稳定性的影响

此后，随密度的增加爆速反而降低。与最大爆速相对应的装药密度成为极限密度，同一种炸药的极限密度并不是一个定值，它随炸药颗粒大小及混合均匀程度、含水率大小、药包直径以及外壳约束条件等因素而变化。

（3）装药外部约束条件的影响。药包外部约束条件对炸药传爆影响很大，坚固外壳可使炸药的临界直径减小。例如，硝铵炸药临界直径本来是100 mm，但在厚 20 mm、直径 7 mm 的钢管中也能稳定传爆。这是由于坚固的外壳减小了径向膨胀所引起的能量损失所致。

外壳对爆速的影响与药包直径相似，当小于极限直径时，外壳的存在将有助于提高爆速，外壳愈坚固、质量愈大，爆速提高愈明显。而当大于极限直径时，外壳的影响随之消失。

（4）其他因素的影响。炸药本身的特性、掺和物的数量与性质、起爆能的大小与方式、炸药的颗粒度、初始温度（含水炸药尤为明显）和爆炸的外界条件等会影响炸药的稳定传爆。

第三节　炸药的感度

炸药在外界能量作用下，发生爆炸反应的难易程度称之为炸药的感度（或敏感度）。炸药的感度与所需的起爆能成反比，即炸药爆炸所需的起爆能愈小，该炸药的感度愈大。按照外部作用形式，炸药的感度有热感度、机械感度和爆轰感度之分。

一、炸药的热感度

炸药在热能作用下发生爆炸的难易程度称之为热感度，通常以爆发点和火焰感度表示。

（一）炸药的爆发点

炸药的爆发点系指使炸药开始爆炸所需加热到的介质的最小温度。应该注意，这一温度并不是炸药爆炸时炸药本身的温度，也不是炸药开始分解时本身的温度，而是指炸药分解自行加速开始时的环境温度。一般把炸药的分解开始自行加速到爆炸所经历的时间称为爆发点（延滞期），实验时取 5 min 或 5 s

延滞期为标准（表1–2）。

表1–2 几种炸药的爆发点（5 min）

炸药名称	爆发点温度/℃	炸药名称	爆发点温度/℃
雷汞	175~180	2# 岩石硝铵炸药	186~230
叠氮化铅	300~340	3# 煤矿硝铵炸药	184~189
二硝基重氮酚	150~151	黑索今	230
黑火药	290~310	特屈儿	195~200
硝酸铵	300	硝化甘油	200
EL 系列乳化炸药	330	TNT	290~295

（二）炸药的火焰感度

炸药在明火（火焰、火星）作用下，发生爆炸变化的难易程度称为炸药的火焰感度。实践表明，在非密闭状态下，黑火药与猛炸药用火焰点燃时通常只能发生不同程度的燃烧变化，而起爆药却往往表现为爆炸。无疑，这种火焰感度的不同，使人们有可能据此选择使用不同炸药，以满足不同的需要。例如选择火焰感度较高的起爆药（如二硝基重氮酚、叠氮化铅等）作为雷管的第一装药，选择黑索今等猛炸药作为第二装药。

图1–7是用来测量炸药的火焰感度的装置。其操作步骤是：准确称取0.05 g试样，装入火帽壳内，改变上、下盘之间的距离，以测定100 %发火的最大距离（上限距离）和100 %不发火的最小距离（下限距离）。一般以六次平行实验结果为准。由于导火索的喷火强度随其药芯的粒度、密度等不同而变化，所以实验结果通常只能作为相对比较之用。

由上可知，一个炸药的上限距离越大，其火焰感度愈大；下限距离愈小，其火焰感度愈小。一般地说，上限距离可用来比较起爆药发火的难易程度，下限距离则往往作为判定炸药对火焰安全性的依据。

二、炸药的撞击感度

炸药的撞击感度系指炸药在机械撞击下发生爆炸的难易程度。

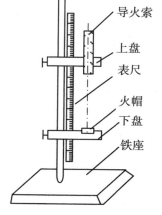

导火索
上盘
表尺
火帽
下盘
铁座

图1–7 火焰感度测定装置

炸药撞击感度的通常有三种表示方法：

（1）爆炸百分数。落高 25 cm，锤重 10 kg，撞击 25~50 次，求出其爆炸百分数（表 1-3）。当爆炸百分数为 100 % 时，改用 5 kg 重锤重新试验。

（2）上下限法。上限：百分之百爆炸的最低落高；下限：百分之百不爆炸的最高落高。

（3）50 % 爆炸特性高度。即找出 50 % 爆炸的那一点的高度来表示。

表 1-3　几种炸药的撞击感度

炸药名称	EL 系列乳化炸药	2# 岩石硝铵炸药	硝化甘油	黑索今	特屈儿	黑火药	TNT
撞击感度 (%)	≤ 8	20	100	70~75	50~60	50	4~8

三、炸药的摩擦感度

炸药的摩擦感度系指在机械摩擦作用下发生爆炸的难易程度（表 1-4）。

表 1-4　几种炸药的摩擦感度

炸药名称	EL 系列乳化炸药	铵铝高威力炸药	1# 煤矿炸药	3# 煤矿炸药	TNT	特屈儿	黑索今
摩擦感度（%）	0	40	28	36	0	24	90

注：测试条件：摆角 96°，表压 4903 kPa，负荷 593299 kPa，摆锤 1 kg，药量 0.03 g。

四、炸药的爆轰感度

炸药的爆轰感度系用来表示一种炸药在其他炸药的爆炸作用下发生爆炸的难易程度。它一般用极限起爆药量表示，所谓极限起爆药量是指使 1 g 猛炸药完全爆炸所需的最小起爆药量。表 1-5 是几种单质猛炸药的极限起爆药量。

表 1-5　几种单质猛炸药的极限起爆药量

起爆药	受试炸药（g）		
	TNT	特屈儿	黑索今
雷汞	0.24	0.19	0.19
氮化铅	0.16	0.10	0.05
二硝基重氮酚	0.163	0.17	0.13

由表列数据可看出，同一种起爆药，对不同猛炸药的极限起爆药量是不相同的，就是说不同炸药的爆轰感度是不同的。对于没有雷管感度的工业炸药（如

多孔粒状铵油炸药、浆状炸药）的极限起爆药量，通常以中继起爆药包（柱）的最小重量来衡量的。

五、影响炸药敏感度的因素

影响炸药敏感度的因素可归纳成内在因素与外界因素两个方面。

（一）内在影响因素

（1）键能——一般说，分子中各原子间的键能愈大，破坏它就越困难，敏感度也愈小。

（2）分子结构和成分——单体炸药分子中含有各种稳定性小的原子基团，其稳定性愈小，感度愈大。例如，基团 $-O-ClO_2$ 比 $-O-NO_2$ 的稳定性小，故氯酸盐的感度比硝酸盐大。

（3）生成热——生成热较小的炸药，其感度就大。例如，在氮的卤化物中，生成热随着卤素原子量的增加而减小，而感度随之增加。

（4）热效应——一般热效应愈大，其感度愈大；反之，热效应小，感度也小。

（5）活化能——活化能愈大，炸药的感度愈小；相反，活化能愈小，则感度愈大。

（6）热容量——炸药热容量很大时，使炸药升高到爆炸所需温度时，需消耗很多能量。因此热容量大的炸药感度小，而热容量小者感度大。另外，炸药的热传导性愈大，感度就愈小。

（二）外界影响因素

（1）炸药的物理状态与晶体形态。通常炸药由固态转化为液态时，敏感度提高。例如，液态硝化甘油比在固态时要敏感。

（2）装药密度。一般情况下，炸药随密度增加，感度降低。因为密度大时，作用于每个颗粒上的单位起爆能减少。另一方面，随着密度的增加，必然减少晶体移动的可能性，减少了产生灼热核的机会，即不利于起爆，当密度过大时，就会造成所谓"压死"现象。

（3）炸药结晶的大小。起爆药的撞击感度是随着结晶颗粒的加大而增加，随着颗粒的减小而减小；而猛炸药的撞击感度则随着颗粒尺寸的减小而增加，随着尺寸的增大而减小。

（4）温度。随着温度升高，炸药的各种感度增加。因为随着温度的升高，炸药的分子运动加速，使炸药分解所需用的起爆能减少，即增加了炸药的敏感度。

（5）惰性杂质的掺入。一般地说，惰性物质都降低了炸药的爆轰感度。对于热作用来说，这种影响也是存在的，其原因是惰性杂质将吸收一部分热能使其温度升高，但不参加反应，因此为了引起爆炸就需要较大热能。惰性物质对机械感度的影响取决于杂质的硬度、熔点、含量、粒度等性质。当惰性杂质的硬度大于炸药硬度，而且具有棱角时，如石英粒、碎玻璃等，可使炸药的机械感度增高，这类物质通常称为增感剂。而另外一些很软，且热容量大的物质，如水、石蜡等，掺入后可使炸药的感度降低，通常将此类物质称为钝感剂。

毋庸置疑，炸药的感度是一个很重要的问题，在炸药的生产、运输、储存和使用过程中要给予足够的重视。对于感度高的炸药要有针对性地采取预防措施；而对于感度低的炸药，特别是起爆感度低的炸药，在实际使用中要注意选用合适的中继起爆药包。

六、炸药的安定性

炸药在一定时期内承受一定的外界影响后，而不改变原有的物理性质和化学性质的能力，叫作炸药的安定性。安定性直接关系着炸药的储存、运输和使用的安全，而且储存条件又会直接影响炸药的安全性，安定性不好的炸药会造成自发爆炸。

安全性可分为物理安定性、化学安定性以及热安定性。

（一）物理安定性

炸药的物理安定性是指炸药保持其物理性质不变的能力，它取决于各种影响因素下炸药的物理变化。如吸湿、结块、挥发、溶化、冻结、渗油、耐水、老化、晶析、胀缩及机械强度降低等，这些因素都能直接改变炸药的爆炸性能。

（1）吸湿性。在一定的条件下，炸药能从周围大气中吸收水分的能力叫作吸湿性。如硝铵炸药易吸湿、结块，降低或失去爆炸性能。

（2）结块性。有些粉状炸药在存放时失去其松散性而形成结实的块状叫作结块性。结块性与炸药的溶解度、吸湿性及存放时温度、湿度的变化有关。

结块的炸药在使用时不方便，同时也会降低或完全失去其爆炸性能。

（3）冻结。在低温条件下，某些炸药会冻结，如硝化甘油、胶质炸药等，冻结后改变了其物理状态，对机械感度增大，成为一种非常危险的炸药。已冻结的硝化甘油炸药要在专门设备中，小心地解冻以后才能使用。克服的办法是在成分中加入抗冻剂。

（4）老化和渗油。硝化甘油类炸药易发生老化和渗油现象，老化以后，从外观看透明度增大，可塑性减小，敏感度也有变化，爆速降低，影响爆炸性能。

渗油是炸药在存放中自身析出液体物质，常呈粒滴状，极易发生爆炸事故。因此，要控制储存期，定期检查，特别注意外观检查，如发现药卷出油，应立即处理，以免发生事故。

（5）分层。混合炸药由于各种成分的比重不一样，比重较大的容易下沉，使炸药成分的均匀性遭到破坏，甚至出现分层现象。

（6）耐水。炸药与水直接接触时，在一定时间内尚能保持爆炸能力的可称耐水。一般来说，常用炸药的耐水性不好，特别是硝铵炸药最差。

（二）化学安定性

炸药的化学安定性是指炸药在保管过程中，虽受外界影响，仍然保持其化学性质不变的能力。它取决于炸药的化学结构和外界环境条件的影响，如受酸、碱、杂质、光照、温度、湿度的影响。例如 TNT 炸药在常温下不与水、强酸作用，但与氢氧化钠、氨水、碳酸钠等碱性物质及其水溶液发生激烈反应，生成的碱金属盐极为敏感，其撞击感度几乎与雷汞和叠氮化铅等类似。TNT 与氢氧化钠混合，在 80 ℃时将发生爆炸。硝铵炸药中的硝酸铵在常温下也缓慢分解放出氨和硝酸，能与铅、锌、铁、铜等金属发生作用。更有害的是生成的氨气遇到水能形成氢氧化铵，它与 TNT 长期接触会生成极危险的物质。

（三）热安定性

炸药的热安定性是指炸药在热的作用下，其物理、化学性质保持不变的能力。炸药热安定性的好坏，是不同炸药在相同条件下比较出来的。如特屈儿的热安定性比 TNT 差，但比硝化甘油的热安定性好。炸药的热安定性取决于炸药的热分解情况。

1. 温度对炸药热分解速度的影响

在常温下，炸药的热分解速度极慢，但当温度升高时其分解速度所增加的倍数则要比一般化学反应大，当温度升高到一定值时，可能引起自燃或自爆。

一般物质的化学反应速度随温度升高而增加，一般温度每升高 10 ℃，反应速度增加 2~4 倍；而 TNT 炸药的热分解速度根据理论计算，温度由 27 ℃升到 37 ℃时，热分解速度增加 9~18 倍。可见，温度对炸药热分解速度的影响远比对一般物质化学反应速度的影响要大。

由于炸药的热分解过程是放热的，释放出的热又加热于炸药本身，促使温度升高和反应速度加快。同时，分解产物中的 NO、NO_2 等对炸药的分解也具有催化作用，从而使炸药的分解速度更加快。因此，炸药的分解速度是相当快的。当温度升高较大时，由于热与催化的共同作用，使分解速度更急剧加速，从而有可能导致炸药的自燃与自爆。

2. 炸药的自燃与自爆

当炸药处于绝热条件下并有足够的药量时，即使环境的温度较低，也可能会发生爆炸，甚至自燃或自爆。当炸药处于良好的散热条件时，炸药的反应则不能自动加速进行。

第四节　炸药的热化学性质

一、炸药的氧平衡

（一）氧平衡的概念

众所周知，从元素组成来说，炸药通常是由碳（C）、氢（H）、氧（O）、氮（N）四种元素组成的。其中碳（C）、氢（H）是可燃元素，氧是助燃元素，氮是氧的一种载体。炸药的爆炸过程实质上是可燃元素与助燃元素发生极其迅速和猛烈的氧化还原反应的过程。反应结果是氧和碳化合生成二氧化碳（CO_2）或一氧化碳（CO），氢和氧化合生成水（H_2O），这两种反应都放出了大量的热。氧平衡就是衡量炸药中所含的氧与将可燃元素完全氧化所需要的氧两者是否平衡的问题。所谓完全氧化，即碳原子完全氧化生成二氧化碳，氢原子完全氧化生成水。根据所含氧的多少，可以将炸药的氧平衡分为下列三种不同的情况。

（1）零氧平衡——系指炸药中所含的氧刚够将可燃元素完全氧化。

（2）正氧平衡——系指炸药中所含的氧将可燃元素完全氧化后还有剩余。

（3）负氧平衡——系指炸药中所含的氧不足以将可燃元素完全氧化。

实践表明，只有当炸药中的碳和氢都被氧化成 CO_2 和 H_2O 时，其放热量才最大，零氧平衡一般接近于这种情况。负氧平衡的炸药，爆炸产物中就会有 CO、H_2，甚至会出现固体碳；而正氧平衡炸药的爆炸产物，则会出现 NO、N_2O 等气体。这两种炸药不适用于地下工程爆破，特别是含有矿尘和瓦斯爆炸危险的矿井。因为 CO、NO_2 及 N_xO_y 不仅都是有毒气体，而且能对瓦斯爆炸反应起催化作用。

由上述不难得出，氧平衡不仅具有理论意义，而且是设计混合炸药配方、确定炸药使用范围和条件的重要依据。

（二）爆炸生成物中的有毒气体

从理论上讲，适当调整炸药的组分配比，使其保持零氧平衡，在爆炸时可以不生成 CO 和 N_xO_y 的。但是，在实际爆破工作中，由于炸药种类、储存条件、引爆方式和爆破条件等的不同，炸药爆炸时总是要产生有毒气体。这些有毒气体主要是一氧化碳和氮的氧化物，在硫化矿和含硫岩层中进行爆破时，或是含硫炸药爆炸时还可能生成少量的硫化氢和二氧化硫。这些气体对于人体组织上十分有害，当其浓度超过一定限度时，将会导致中毒甚至死亡。对于有瓦斯和矿尘爆炸危险的矿井来说，这些气体还将对瓦斯和粉尘爆炸反应起催化作用。

就其毒性来说，一般认为 N_xO_y 的毒性要比 CO 的毒性更大，但究竟大到何种程度，各国规定的标准不一。例如，美国通常认为 N_xO_y 的毒性比 CO 大 20 倍，苏联和我国则规定为大 6.5 倍。任何一种炸药推广应用于地下工程爆破时，都必须测定其有毒气体生成量，规定其安全（如炮烟）等级。目前各国都是根据各自情况规定出有毒气体和允许浓度标准。日本规定其允许浓度是：CO 要在 100×10^{-6} 以下，N_xO_y 要在 5×10^{-6} 以下，同时美国矿山局还规定，呼吸 CO 气体浓度为 100×10^{-6} 或 N_xO_y 气体浓度为 5×10^{-6} 的空气，不得超过 8 小时。

二、炸药的爆热

单位质量的炸药在定容状态下，发生爆炸变化时所放出的热量称为炸药的爆热，用 kJ/kg 或 J/mol 表示。它爆炸对外做功的能源，也是支持爆轰波传播的物质基础。

在许多情况下，对炸药的爆热进行理论计算是非常必要的。这种计算的理论基础是炸药爆炸变化反应式的确立和盖斯定律，即通过炸药的生成热，利用盖斯定律求算其爆热。

盖斯定律指出，化学反应热效应与进行的途径无关，而决定于系统的初始状态和最终状态。

图 1-8 中三角形相当于系统的不同状态。在确定生成热或爆热时，状态 1（初态），状态 2 和 3（终态）分别代表元素、炸药、燃烧或爆炸的产物。系统由状态 1 过渡到状态 3 从理论上讲有两种途径，其一是先由元素得到炸药，此时的反应热效应为 Q_{1-2}（炸药生成热），然后炸药燃烧或爆炸过渡到状态 3，并放出热量 Q_{2-3}（炸药燃烧热或爆热）；其二是由元素和一定当量的氧反应直接过渡到状态 3，同时放出热量 Q_{1-3}（炸药燃烧或爆炸产物的生成热）。

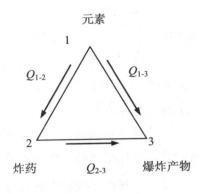

图 1-8　盖斯三角形

根据盖斯定律，系统沿第一条途径由状态 1 转变到状态 3 时，反应热的代数和等于系统沿第二条途径时所放出的热量，即：

$$Q_{1-3} = Q_{1-2} + Q_{2-3}$$

因此，炸药的生成热 Q_{1-2} 有下述关系式：

$$Q_{1-2} = Q_{1-3} - Q_{2-3}$$

亦即，炸药生成热等于燃烧或爆炸产物生成热减去炸药本身的燃烧或爆炸热。

炸药的爆热或燃烧热 Q_{2-3} 应有：

$$Q_{2-3} = Q_{1-3} - Q_{1-2}$$

生成热是指由单纯物质（元素）生成 1 mol 化合物所吸收或放出的热量。炸药的爆炸反应是在瞬间完成的，可以认为在反应过程中药包的体积未变化，爆热可按定容条件计算。

三、炸药的爆温

炸药爆炸时所放出的热量将爆炸产物加热达到的最高温度称为爆温。它取决于炸药的爆热和爆炸产物的组成。在爆炸过程中温度变化极快而且极高，单质炸药的爆温一般为 3 000~5 000 ℃，矿用炸药的爆温一般为 2 000~2 500 ℃。不言而喻，在如此变化极快，温度极高的条件下，用实验方法直接测定爆温是极为困难的，一般采用理论计算。

爆温也是炸药的重要爆炸参数之一，在实际使用炸药时，需根据具体条件选用不同爆温的炸药。例如，在金属矿山的坚硬岩石和大抵抗线爆破中，通常希望选用爆温较高的炸药，从而获得较好的爆破效果。而在软岩，特别是煤矿爆破中，常常要求爆温控制在较低的范围内，以防止引起瓦斯、煤尘爆炸，同时又保证获得一定的爆破效果。

四、炸药的爆压

炸药在密闭容器中爆炸时，其爆炸产物对器壁所施加的压力称为爆压。

炸药在密闭容器中爆炸时所产生的压力可以利用理想气体的状态方程式（因爆炸气体近似于理想气体）来计算：

$$PV = nRT \text{ 或 } P = \frac{nRT}{V}$$

式中：

n——气体爆炸产物的物质的量，mol；

V——密闭容器的容积，L；

T——爆温，K。

五、炸药的爆容（比容）

1 kg 炸药爆炸所产生的气体在标准状况下（即 760 mm Hg 汞柱压力下和 0 ℃时）的体积，称为炸药的爆容（比容），以 L/kg 表示之。炸药爆炸时生成的气体产物愈多，即比容愈大，则容易将爆炸放出的热转变成机械功，即炸药的做功能力愈大。因此，炸药的比容也是炸药的重要性能参数之一。

爆炸生成气体体积计算的基础是阿伏伽德罗定律，在标准条件下，1 mol 气体所占的体积为 22.4 L。计算时，首先要确定爆炸分解反应式。但是，建立炸药的爆炸反应方程式是比较复杂的，原因是大多数炸药在爆炸时，其产物成分受许多因素的影响而变化：如引爆方式、反应时的压力、温度、装药的包装材料、混合炸药的加工质量以及产物冷却速度等。

通过对大量炸药爆炸产物组成的分析，发现了一些基本规律。按照这些规律就可以建立起近似的爆炸反应方程式，这些规律归纳如下：

（1）炸药爆炸时生成的微量产物可以忽略不计；

（2）炸药中的氮全部生成氮气；

（3）炸药中的氧首先将可燃的金属元素氧化成金属氧化物；

（4）炸药中剩余的氧再将氢氧化成水；

（5）若炸药中的氧还有剩余，则将碳氧化成 CO；若还有剩余的氧，则再将 CO 氧化成 CO_2；若还有剩余的氧，则变成游离氧气存在。

1 kg 炸药爆炸后生成的气体在标准状态下的体积为：

$$V = \frac{22.4n}{M} \times 1000 \ \text{（L/kg）}$$

在计算比容时，不能将固体或液体产物当作气体产物。

第五节　炸药的爆炸性能

一、炸药的爆速

爆轰波在炸药中的传播速度称为爆速，通常以 m/s 表示，它是衡量炸药性能的重要指标之一。炸药的爆速与炸药的化学反应速度是本质不同的两个概念，化学反应速度是指单位时间内反应完了的物质的质量，其度量单位为 g/s。

炸药的爆速测定有直接测量法和高速摄影法两种方法。前一种是用测时仪测量爆轰波从一点传至另一点的时间间隔，当两点间距离已知，则可得出两点间的平均速度。后一种是用高速摄影拍下爆轰波阵面连续传播的轨迹，可得到爆轰波通过某点的瞬间速度。

（一）直接测时法

1. 导爆索法（又称道特里什法）

将被测炸药做成长 300~500 mm 的药柱（图 1-9），把长约 1.5 m 的导爆索（爆速已知）的两端插入药柱 B、C 两点的孔中，BC 间的距离为 100~300 mm。导爆索的中点固定在一块厚数毫米的铅板上，当爆轰传到 B 点时，爆轰波一方面继续沿炸药向前传播，同时引起 B 点处的导爆索爆轰；当沿炸药传播的爆轰波到达 C 点时，又引起 C 点处的导爆索爆轰，这样在导爆索中

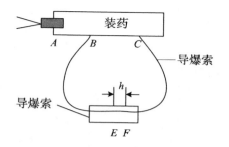

图 1-9　导爆索法测爆速

传播着两个相对传播的爆轰波，它们相映时（设为 F 处）能在铅板上留下一条明显的痕迹。可按下述公式计算出该炸药的爆速：

$$D = \frac{lD_0}{2h}$$

其中，l，D 是已知的，h 是爆炸后铅板上测出的，故 D 可以求出。

2. 计时器测定法

利用频率计或爆速测定仪记录爆轰波在炸药柱两点间传播的时间间隔，根据记录的时间间隔和两点间距离可求出两点间炸药的平均爆速。

（二）高速摄影法

高速摄影法是用爆轰波面传播时的发光现象，用转鼓或转镜式高速摄影机将爆轰波阵面沿药柱移动的光迹拍摄记录在胶片上，得到爆轰波传播的时间 – 距离扫描曲线，然后测量曲线上各点的瞬间传爆速度。

二、炸药的威力

（一）炸药威力的概念

一般在说，炸药的威力系指其所具有的总能量。炸药的做功能力是相对衡量炸药威力的重要指标之一，通常以爆炸产物作绝热膨胀直到其温度降低到炸药爆炸前的温度时，对周围介质所做的功来表示。图 1-10 示意性地表述了炸药做功的理想过程。

求算炸药所做的功值，一般都假设炸药在做功过程中没有热损失，热能全部转变成机械功，按照热力学的定律，可按下式进行计算：

$$A = \eta Q_V$$

$$\eta = 1 - \left(\frac{V_1}{V_0}\right)^{K-1}$$

式中：

Q_V——炸药的爆热，kJ/kg；

η——热转变成功的效率；

V_1——爆炸产物膨胀前的体积，即等于爆炸前炸药的体积，L；

V_0——爆炸产物膨胀到常温常压时的体积，约等于炸药的比容，L/kg；

K——绝热指数。

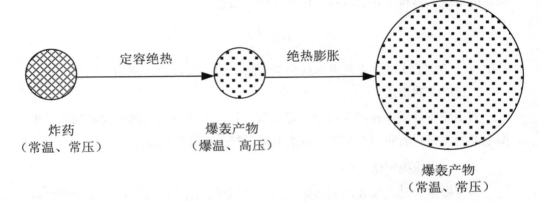

图 1–10　炸药爆炸做功示意图

炸药的最大做功能力与炸药爆热有关，它随爆热的增大而增大。同时，比容越大，效率越高。其实，进行爆破作业时，实际的有效功只占其中很小部分，这是由于：

（1）炸药爆炸的侧向飞散，带走部分未反应的炸药。这部分损失叫作化学损失，装药直径越小，化学损失相对越大。

（2）爆炸过程有热损失。如爆炸过程中的热传导、热辐射及介质的塑性变形等等，都造成热损失。这部分热损失往往占炸药总放热量的 50 % 左右。

（3）一部分无效机械功消耗在岩石的振动、抛掷和在空气中形成空气冲击波上。

所以，剩下来的有效机械功一般只占炸药总能量的 5 %~7 %。

（二）炸药威力的测定方法

炸药的威力在理论上虽然可以近似地用炸药爆炸做功的能力表示，但是实际上炸药在岩石中爆炸后究竟做了多少功，很难用理论计算法和实测的方法求得。因此，为了比较不同炸药的做功能力，通常采用一种规定的实验方法所得到的结果，来衡量不同炸药做功的相对指标，但不表示炸药爆炸真正所做的功。

爆力是表示炸药爆炸做功的一个指标，它表示炸药爆炸所产生的冲击波和爆轰气体作用于介质内部，对介质产生压缩、破坏和抛移的能力。炸药的爆力愈大，破坏岩石的量就愈多。爆力的大小取决于炸药的爆热、爆温和爆炸生成气体体积。炸药的爆热、爆温愈高，生成气体体积愈多，则爆力就愈大。

炸药爆力测定方法有两种。

1. 铅铸扩孔法

又称特劳茨铅柱试验。铅铸是用精铅熔铸成的圆柱体，其尺寸规格如图1-11(a)所示。试验时，称取 10 g ± 0.001 g 炸药，装入 φ24 mm 锡箔筒内，然后插入雷管，一起放入铅铸孔的底部，上部空隙用干净的并且经 144 孔 /cm^2 筛筛过的石

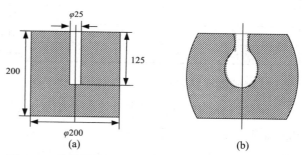

图 1-11　炸药爆炸前后的铅铸形状与尺寸（单位 mm）

(a) 爆炸前的铅柱；(b) 爆炸后的扩孔

英砂填满。爆炸后，圆孔扩大成如图1-11(b)所示的形状。用量筒注水测出爆炸前后孔的体积差，以此数值来比较各种炸药的爆力。在规定的条件下测得扩孔值大的炸药，其爆力就大。习惯上，将铅铸扩孔值称为爆力（做功能力）。

为了便于统一比较，量出的扩孔值要做如下修正：

（1）规定试验温度为 15 ℃，不在该温度下试验时，可按表1-6进行数据修正。

表 1-6　试验温度条件不同对爆力的数据修正

温度（℃）	-10	0	5	8	10	15	20	25	30
修正量（%）	10	5	3.5	2.5	2	0	-2	-4	-6

（2）雷管本身的扩孔量应从扩孔值中减去，可先用一个雷管在相同条件下做空白试验。

应该指出，这种试验方法所测得的值，并非炸药实际所做的功，而是一个用体积表示的只有相对比较意义的数值。由于铅铸对爆炸的抵抗力随壁厚减薄而减少，这个扩大值并不与炸药的威力成正比。威力小的炸药的爆力常偏小，大的却偏高。如黑火药仅约 30 ml，而黑索今则高达 500 ml，其实彼此间的作用力并不相差 17 倍。此外，铅铸的铸造质量对试验结果影响也较明显。表 1-7 列出一些常用炸药的铅铸扩孔值。

表 1-7　几种炸药的爆力值

炸药名称	爆力（ml）	炸药名称	爆力（ml）
TNT	285	雷汞	110
黑索今	490	迭氮化铅	110
太安	500	二硝基重氮酚	230
苦味酸	335	2$^{\#}$ 岩石硝铵炸药	320

2. 爆破漏斗法

试验时在均匀的介质中设置一个炮孔，将一定量的被试炸药（如 5，2，0.5 kg 集中药包）以相同的条件装入炮孔中，并进行填塞，引爆后形成一个爆破漏斗。然后在同一平面沿两个互相垂直的方向测量漏斗的直径，取其平均值，并同时测量漏斗的深度。爆破漏斗的容积可按下式计算：

$$V = \frac{1}{12}\pi d^3 h = 0.2618 d^3 h$$

式中：

V——爆破漏斗容积，m^3；

d——爆破漏斗口的直径，m；

h——爆破漏斗的可见深度，m。

三、炸药的猛度

炸药的猛度系指爆炸瞬间爆轰波和爆炸产物直接对与之接触的固体介质局部产生破碎的能力。猛度的大小主要取决于爆速，爆速愈高，猛度愈大，岩石被粉碎得越厉害。

炸药猛度的实测方法一般采用铅柱压缩法。

试验操作步骤是：在钢板中央，放置 φ40 mm × 60 mm 铅柱，上放

φ41 mm × 10 mm 圆钢片一块。猛炸药的试验量一般为 50 g，对黑索今、太安等猛度大者用 25 g，装入 φ40 mm 纸筒内，控制其密度为 1 g/cm³。将这个药柱正放在钢片上，用线绷紧，然后引爆。

爆炸后，铅柱被压缩成蘑菇形，量出铅柱压缩前后高度差，即可表示该炸药的猛度。

该方法优点是：简单易行，只要试验条件相同，试验结果就可供比较；缺点是：铅柱压缩值与炸药实际猛度之间没有精确的比例关系。表 1-8 列述了几种炸药的铅柱压缩值。

表 1-8　几种炸药的铅柱压缩值

炸药名称	密度（g/cm³）	铅柱压缩值（mm）
TNT	1.0	16~17
TNT	1.2	18.7
2# 煤矿炸药	0.9~1.0	10~12
2# 露天炸药	0.9~1.0	8~11
2# 岩石炸药	0.9~1.0	12~14
铵沥蜡炸药	0.9~1.0	8~9
EL 系列乳化炸药	1.1~1.2	16~19
RJ 系列乳化炸药	1.1~1.25	15~19

四、炸药的殉爆

（一）炸药殉爆的概念

一个药包（卷）爆炸后，引起与它不相接触的邻近药包（卷）爆炸的现象，称作殉爆。殉爆在一定程度上反映了炸药对冲击波的敏感度。通常将先爆炸的药包称为主发药包，被引爆的后一个药包称为被发药包。前者引爆后者的最大距离叫作殉爆距离，它表示了炸药的殉爆能力。殉爆距离对于确定分段装药、盲炮处理和合理的孔网参数等都具有指导意义。在炸药厂和危险品库房的设计中，它又是确定安全距离的重要依据。

（二）殉爆距离的测定

先将砂土地面捣固，然后用与药径相同的木棒在此地面压出一半圆槽，将两药卷放入槽内，中心对正，主发药包的聚能穴端与被发药包的平面端相对，测定好两药包间距。随后起爆主发药包，如果被发药包完全爆炸（不留有残药和残纸片），改变距离，重复试验，直到不殉爆为止。取连续三次发生殉爆的最大距离，作为该炸药的殉爆距离。

（三）殉爆安全距离的计算

殉爆安全距离按下式计算。

1. 雷管库对炸药库的殉爆安全距离

$$R = 0.06M^{0.5}$$

式中：

　　M——雷管的存放数量。

2. 炸药库之间的殉爆安全距离

$$R = KC^{0.5}$$

式中：

　　C——炸药量，kg；

　　K——系数，由炸药种类和存放条件确定（表1–9）。

表1–9　系数 K 值

主发装药	被发装药	硝铵炸药		TNT		高级炸药	
硝铵炸药	裸露	0.25	0.15	0.40	0.30	0.30	0.55
	埋藏	0.15	0.10	0.30	0.20	0.20	0.40
TNT	裸露	0.80	0.60	1.20	0.90	0.90	1.60
	埋藏	0.60	0.40	0.90	0.50	0.50	1.20
高级炸药	裸露	2.00	1.20	3.20	1.40	1.40	4.40
	埋藏	1.20	0.80	2.40	1.60	1.60	3.20

（四）影响殉爆距离的因素

殉爆距离受多种因素影响，首先是被发药包本身的性质，它决定了该种炸药对冲击波的感度。在炸药种类确定后，还取决于药卷的密度、药量、药径、外壳特征以及爆轰方向、中间介质等。

（1）主发装药的药量和性质。药量愈大，爆热、爆速愈大，则殉爆能力愈大。

（2）主发装药的外壳。当有外壳时，有利于爆轰产物定向飞散，使殉爆距离增加。

（3）主发装药与被发装药之间的连接方式。若用管子连接时，能更好地集中爆轰产物和冲击波向某一方向飞散，可增强殉爆能力，而且随着外壳管子材质强度的增加而进一步加大。

（4）被发装药的性质。主要取决于它的爆轰感度，感度大，则殉爆能力愈大。

（5）惰性介质的性质。一般在不宜压缩的介质中，冲击波容易衰减，使殉爆能力减小。两个装药间的介质，如果不是空气，而是水、金属、砂土等密实介质、殉爆距离将明显下降。这种现象可以利用来防止殉爆，如危险工房间若设防爆土堤或防爆墙，工房间的殉爆安全距离可以大为缩短。但是，在炮孔中的药卷间若有岩粉、碎石，就可能出现传爆中断而产生拒爆，此时必须将药卷间的岩粉和碎石清除。

第六节　常用炸药

一、起爆药

（一）起爆药的一般特性

在简单的起始冲量（火焰、针刺、摩擦、电热和电火花等）作用下，少量药剂就能发生爆炸变化，并能引爆猛炸药或点燃火药以及其他药剂的炸药称为起爆药。

起爆药具有以下主要特点。

（1）对简单起始冲量敏感，即起爆药感度大。例如，雷汞的撞击感度比TNT大100倍。

（2）爆炸变化的速度增长很快。

（3）起爆药一般为吸热化合物。在形成过程中吸收的能量愈大，则起爆药本身的能量状态愈高，相对稳定性愈差，能量愈容易放出。因此，感度就愈大，爆炸变化增长速度愈快。

（二）起爆药的分类

1.单质起爆药

常用单质起爆药有雷汞、氮化铅、斯蒂酚酸铅、四氮烯（特屈拉辛）和二硝基重氮酚（DDNP）等。

2. 混合起爆药

（1）含有一种或数种爆炸性物质的混合起爆药。主要用于装填火帽和雷管的引燃剂。如针刺药、含雷汞的击发剂和引燃药。

（2）由非爆炸性物质组成的混合起爆药。主要用于点火。如电点火管引火药、木柄手榴弹拉火帽中的药剂。

（三）常用起爆药

1. 雷汞

由汞和硝酸作用生成硝酸汞，然后硝酸汞再与乙醇作用而制得。这时制得的雷汞为灰雷汞。当在反应过程中加入少量盐酸和铜时，制得的雷汞为白雷汞。

分子式：$Hg(ONC)_2$，比重 4.32，外观为白色或灰白色针状结晶体。有毒，难溶于水，加热即分解，不挥发。5 min 爆发点 165 ℃。受潮后爆炸性减弱，含水量为 10% 时，只燃烧不爆炸；含水量 30% 时，则不能燃烧。在起爆药中，雷汞的机械感度最大，火焰感度较灵敏，遇到轻微冲击、摩擦和火星等作用就会引起爆炸。雷汞能腐蚀铝，故装有雷汞的雷管用铜作外壳。镍与雷汞不起作用，最好用镍装填雷汞，但镍昂贵，通常还是用铜来装填雷汞。

2. 氮化铅（LA）

由氮化钠与硝酸铅（醋酸铅）制得。分子式：$Pb(N_3)_2$，比重 4.8，外观为白色粉状结晶。毒性较小，不溶于水，但在水中仍可爆炸，不挥发。5 min 爆发点 315 ℃。对冲击、摩擦和热的感度比雷汞迟钝得多，但起爆能力大于雷汞。与硝酸作用，利用此特点可销毁少量氮化铅。不能用燃烧法销毁，因为它的爆轰增长期极短，实际上看不到其燃烧过程。氮化铅与铜起化学反应，生成感度灵敏的氮化铜，故装有氮化铅的雷管一般用铝作外壳，也可用镍。

3. 斯蒂酚酸铅（THPC）

由氮化钠与硝酸铅（醋酸铅）制得。

分子式：$C_6H(NO_2)_3(OH)_2$，比重 3.02，外观为黄色至橙色或红色至棕色斜方形针状结晶。有毒，在水中溶解度很小，不挥发，5 s 爆发点 282 ℃。对冲击、摩擦感度比氮化铅迟钝，但对火焰感度高。最大优点是与金属不起作用，故可装填于任何金属的火工品壳内。

由于斯蒂酚酸铅的起爆能力小，不宜于单独装填雷管。它对火焰敏感，用在燃发雷管中，压在氮化铅的上面，可弥补氮化铅火焰感度的不足。

4. 四氮烯（特屈拉辛）

由硝酸铵基胍与亚硝酸起重氮化反应制得。分子式：$C_2H_8N_{10}O$，比重 1.7，外观为带光泽的无色或带有淡黄色结晶粉末。毒性较小，不溶于水，不挥发，5 s 爆发点 160 ℃。与金属不起作用，故可装填于各种金属的管壳内。由于难于由燃烧转爆轰，起爆能力较小，不能单独作起爆药。

四氮烯易成粉末，撞击感度大，点火能力弱，分解成碱性气体。斯蒂酚酸铅易结块，撞击感度小，点火能力强，分解成酸性气体。二者在性能上相互弥补，所得混合物不粘器壁，而便于压药，易于击发，点火能力适宜，分解成的气体没有腐蚀性。所以，常用作火帽击发剂，以代替雷汞、氯酸钾、硫化锑所组成的有腐蚀性的击发剂。

5. 二硝基重氮酚（DDNP）

由苦味酸、碳酸钠、硫化钠、亚硝酸钠和盐酸等为原料制成。分子式：$C_6H_2N_4O_5$，比重 1.63，外观为亮黄色针状结晶，由于制造方法、工艺条件的不同，其结晶颜色有土黄、棕黄、深棕、黄绿、紫红等不同成品。有毒，微溶于水，不挥发，5 s 爆发点 195 ℃。干燥的二硝基重氮酚与铜、铝、锌、铁、镁等均不作用，但在潮湿环境下，能与多种金属发生作用。主要用在雷管中做起爆药。

6. D. S 共晶起爆药

D. S 共晶起爆药是氮化铅与斯蒂酚酸铅共晶起爆药的简称。

氮化铅的爆轰增长速度快，起爆威力大，具有良好的耐压性和安定性，是性能优良的起爆药。但其火焰感度不足，在装配引信火焰雷管时，需要在氮化铅的上面加装一层火焰感度好的斯蒂酚酸铅。这种复合装药的质量不易保证，工艺也较复杂。为此，采用氮化铅和斯蒂酚酸铅同时进行化合与共同沉淀的方法，制得氮化铅——斯蒂酚酸铅二元化合物的共晶起爆药。

D. S 共晶产物聚合结实，无突出的棱角，颗粒大小均匀，假密度大，流散性好，既具有氮化铅的良好起爆能力，又具有斯蒂酚酸铅的良好火焰感度。

D. S 共晶的爆速在相同密度下稍高于氮化铅的爆速。

　　D. S 共晶在高温高湿条件下，存在有吸湿减量的缺点。这是由于斯蒂酚酸铅吸湿水解增加了介质的酸性，促使氮化铅在酸性介质条件下分解（放出氨气），从而造成减量。

　　D. S 共晶的物化性能良好、耐压性高、静电感度低、威力与火焰感度兼备，简化了雷管装药工艺，为小雷管装药提供了良好药剂，促进雷管向小型化、可靠、安全的方向发展。

　　一些常用起爆药的主要技术性能列于表 1-10 中。

表 1-10　常用单质起爆药的技术性能

性能	起爆药				
	雷汞	氮化铅	斯蒂酚酸铅	四氮烯	二硝基重氮酚
分子式	$Hg(ONC)_2$	$Pb(N_3)_2$	$C_6H(NO_2)_3(OH)_2$	$C_2H_8N_{10}O$	$C_6H_2N_4O_5$
外观	外观为白、灰白色粉状结晶	白至浅黄色状结晶	黄至棕色针状结晶	无色或淡黄色光泽结晶	黄、棕色针状结晶
比重	4.32	4.8	3.02	1.70	1.63
吸湿性	0.02 %	0.009 %	0.03 %	0.77 %	0.1 %
溶解性	难溶于水及一般有机溶剂，易溶于氨水	不溶于冷水及一般有机溶剂，易溶于乙胺	难溶于水及一般有机溶剂，溶于醋酸及浓醋酸铵	难溶于水及一般有机溶剂，溶于适当浓度酸碱	微溶于水，易溶于丙酮、苯胺
水中爆炸性	含水 10 % 拒爆	水中能爆	水中钝感	水中钝感	水中难爆
酸作用	有机酸与浓酸分解，浓硫酸爆炸	遇酸分解，浓硝酸爆炸，浓硫酸使湿品爆炸	遇酸分解	浓酸中分解	冷无机酸中安定，热硫酸中分解
金属作用	铝作用，铜不作用（干）	铜作用，铝不作用	不起作用	不起作用	不起作用
光作用	光照变微黄，性能变化不大，紫外线照撞感下降	光照表面变黄，表面层发生分解	光照变暗	强光照变暗，性能变坏	光照变黑分解，性能变坏
热安定性	较差	好	很好	较好	较好
爆发点（5 min/5 s）	165/210 ℃	315/340 ℃	268/282 ℃	140/160 ℃	165/195 ℃

续表

性能	起爆药				
	雷汞	氮化铅	斯蒂酚酸铅	四氮烯	二硝基重氮酚
火焰感度（cm）	20	<8	54	15	17
撞击感度上限（cm）	9.5	24	11.5	6	>40
撞击感度下限（cm）	3.5	10.5	54	3	17.5
摩擦感度	100 %	100 %	70 %	70 %	25 %
极限药量（g）	0.165	0.03	>1.8	>1	0.075
爆热（kJ/kg）	1 486	1 540	1 549	2 774	3 431
爆容（L/kg）	243	308	368	400~450	876
爆速／密度	5 400/4.3	5 276/4.05	4 900/2.6	——	6 900/1.6
毒性	大	小	有毒	小	有毒
爆炸特性	低温低压下无起爆能力，火焰撞击感度好	低温低压下有起爆能力，起爆能力大	火焰感度大，电感度大	对针刺非常敏感	起爆能力大，火焰感度较好
用途	火帽击发剂；手榴弹雷管；工程雷管	电雷管第一层装药；针刺、火焰雷管中间装药；针刺药组分	火焰雷管第一层装药；针刺药与摩擦药的组合分；电引火头成分	不单独用；常与斯蒂酚酸铅混合用作发火药组分	工业爆破雷管意志薄弱电发火药组分

二、猛炸药

（一）猛炸药的一般特性

（1）爆轰是猛炸药爆炸变化的主要形式，高速爆轰是其最完全最稳定的形式。爆轰时炸药的威力能得到最充分的发挥。

（2）猛炸药的威力大、感度适当。

（3）猛炸药的爆轰增长速度较慢。

（二）猛炸药的用途

猛炸药的威力大、感度适当，军事上广泛用来摧毁敌军事设施和消灭敌有生力量。作为爆炸装药装填各种弹药，如炮弹、火箭弹、鱼雷、水雷、地雷、爆破筒、导弹战斗部等。

猛炸药在工业上，广泛用于开山筑路、修建隧道、兴修水利、炸毁暗礁、疏通河道、开采矿藏、拔除树根以及爆炸成型、爆炸焊接等。

（三）常用猛炸药

1. TNT

（1）物理性质。属芳香族硝基化合物，化学名为三硝基甲苯，实验式为 $C_7H_5N_3O_6$，是由甲苯用硝硫酸分段硝化而制得的。工业品为淡黄色或黄褐色鳞片状结晶体。阳光照晒后颜色变暗，但不影响其爆炸性。固态 TNT 的比重为 $1.654\sim1.663\ g/m^3$。军用 TNT 凝固点不低于 80.2 ℃，TNT 的凝固点远高于常温又低于水的沸点，既保证在使用温度下不会熔化，又可用热水完全的熔化后进行注装或倒空。TNT 难溶于水，吸湿性小，块状品可直接用于水中爆破。

TNT 可与多硝基化合物和硝酸酯形成低共熔物，其中某些低共熔物，如 TNT 与 RDX，TNT 与 PETN，TNT 与 CE 等的混合物在军事上有着重要的应用。

（2）化学性质。TNT 在常温下对酸稳定，溶于冷的浓酸也不发生反应，加水稀释时又析出。TNT 对碱敏感，与碱反应生成红色或棕色的敏感的有机金属化合物，生成物对热、撞击和摩擦的感度都比 TNT 高得多，特别是撞击感度更大，与起爆药相当。因此，在 TNT 的生产、处理和使用过程中应严禁与干碱粉、碱的各种溶液和碱性物质接触，以防产生各种事故。

干燥 TNT 不与金属及氧化物作用。稀酸存在时，可与铅、铁、铝的碎屑发生反应，生成物机械感度较大，对撞击、摩擦作用敏感，加热易着火。其中与铅、铁的反应物最为敏感。

TNT 可被强还原剂还原而失去爆炸性能。因此，可利用硫化钠来销毁少量的 TNT。

TNT 还可被强氧化剂氧化，如 TNT 与 $Ca(ClO)_2$、$NaClO$、$KMnO_4$ 的酸性溶液作用时，不仅 TNT 被完全分解失去爆炸性能，而且分解产物也没有爆炸性。

TNT 受日光的照射生成暗色（褐色）的产物，其爆发点 230 ℃，撞击感度为 76 %。因此，在 TNT 的生产、运输、储存和使用过程中，应避免日光照射，以保证产品质量和安全。

TNT 是一种可以长期储存的炸药，在常温下储存数十年，其性质不变。

TNT 是难以引燃的,直接在火焰中加热就熔化,只有在高温(约 300 ℃)时才发火。但不能认为在高温及有火焰存在下处理 TNT 是安全的。因为熔融 TNT 比固体 TNT 的撞击感度要大好几倍。少量 TNT 可平稳燃烧而不爆轰,燃烧时生成大量黑烟。若在密闭容器内或大量 TNT 堆积燃烧时可转为爆轰。在销毁 TNT 时,可将其在旷野分批铺开,点火烧毁。

(3)爆炸性质。热感度:TNT 的 5 min 爆发点为 295~300 ℃,5 s 爆发点为 475 ℃。

撞击感度:在标准落锤试验中为 4 %~8 %。

摩擦感度:摩擦感度小,摩擦摆试验的爆炸百分数为 0,熔态 TNT 的摩擦感度较高。

枪击感度:用步枪在 25 m 远处射击 TNT 药包,其爆炸百分数为 5 %,有的为 0。

爆轰感度:压制 TNT 的极限起爆药量是:对雷汞 0.38 g,对氮化铅 0.09 g。一发 8# 雷管可使压装 TNT 起爆,却不能使注装 TNT 起爆,注装的 TNT 必须加传爆药方可起爆。

(4)爆轰性能。爆热:4 100~4 565 kJ/kg;爆温:3 357 K;爆容:730~750 L/kg;爆压:16 780 MPa;爆速:6 856 m/s(1.595 g/m^3),爆速随装药密度增大而增大;威力:粉装 TNT 的铅铸扩孔值为 300 ml,压装的为 255 ml,熔化的为 208 ml;猛度:铅柱压缩值为 16 mm(1.0 g/m^3)。

(5)毒性。TNT 有毒。TNT 的蒸气和粉尘通过呼吸道、消化道及皮肤接触而进入体内,会引起急性中毒或慢性中毒。

急性中毒多发生在生产设备简陋、通风不良、劳动保护不好、在短时间内接触高浓度的 TNT 粉尘或蒸气所造成的。表现症状是头痛、头晕、倦怠无力、恶心、呕吐、嗜睡、脸色苍白、唇舌耳垂呈紫色、昏迷、抽搐等,严重时可引起黄色肝萎缩及再生障碍性贫血而死亡。

慢性中毒系长期接触低浓度 TNT 所致。其症状为头痛、头晕、无力、记忆力减退、食欲不振、口苦、恶心、厌油、右肋区疼痛、尿色棕黄、排尿烧灼感等,临床表现为皮炎、中毒性肝炎和中毒性贫血。TNT 对眼睛有损害。国家规定其空气中的最大允许浓度为 1 mg/m^3。

(6)用途。由于 TNT 的安定性好,对外界作用的感度小,不与金属作用,不吸湿，不溶于水，熔点适中，可注装、压装、热塑装、螺旋装，具有足够的威力等优点，广泛应用于装填各种地雷、炮弹、炸弹、鱼雷、手榴弹及各种爆破器材，也可直接用于各种目标的爆破。

常见的TNT有片状和制式药块两类，制式药块有以下几种。① 75 g圆药柱。由片状TNT压制而成，重75 g、高74 mm、直径31 mm，一端的中央有一个深为50 mm的雷管室，用纸包装并浸蜡，可用作扩爆药柱、反步兵地雷装药等。② 200 g药块。由片状TNT压制而成，重200 g、长103 mm、宽52 mm、厚27 mm，一端有一个深为34 mm的雷管室，用纸包装并浸蜡，用雷管起爆，可单块使用，或根据需要捆包成集团装药和直列装药，用于炸毁坦克和破坏其他目标。③ 2.5 kg和5 kg制式药块。外壳为塑料，内装熔铸TNT，一端装有扩爆药柱（40 g~50 g钝化RDX），并有两个雷管室，主要用于炸毁敌中型坦克，也可用于其他军事工程爆破。

TNT除单独应用外，还可与许多炸药熔合或混合在一起应用。如战时广泛应用的阿马托就是TNT（10 %~60 %）和硝酸铵（90 %~40 %）的混合物，需要猛度更大的装药时，则经常应用TNT与RDX（或PETN、HMX）组成的熔化炸药。

2. 黑索今

（1）物理性质。属于环状硝基胺炸药，代号RDX，实验式为$C_3H_6N_6O_6$，是由直接硝解法制得的。RDX为白色粉状结晶体，无臭无味，难于压缩，通常加入少量的钝感剂以降低其感度和增大可压性。为了区别，一般用苏丹红将钝化过的RDX染成橙红色。RDX的比重为1.816，不挥发。军用RDX的熔点202~203 ℃，RDX熔化时分解，故不能单独注装。几乎不溶于水，在水中感度下降，所以可存放在水中。不吸湿，所以储存时不需要特殊的防潮设备。

将RDX溶入熔融的TNT中，组成的"黑梯"熔化炸药在军事上有着重要的应用。

（2）化学性质。RDX是一种中性物质，不与稀酸作用。浓硝酸在低温下能溶解RDX（不分解），但用水稀释时又析出。稀苛性碱在加热的情况下，可使RDX发生水解作用。利用这一性质，可用苛性碱溶液与RDX共煮的方法来销毁RDX或清洗制造RDX的设备。

纯 RDX 不与金属作用。受日光照射不分解。热安定性比较好，比 TNT 稍次，但比 CE 好。在 50 ℃时长期储存不分解。

（3）爆炸性质。热感度：RDX 的 5 min 爆发点为 215~230 ℃，5 s 爆发点为 260 ℃。RDX 的火焰感度敏感，导火索的火焰能引起燃烧。少量 RDX 在露天燃烧时，发出明亮的白色火焰，无残渣。大量 RDX 在急速受热或密闭条件下燃烧可导致爆炸。

撞击感度：在标准落锤试验中为 80 %，50 % 爆炸的落高为 30~32 cm。

摩擦感度：在摩擦摆试验中，爆炸百分数为 76 %。

枪击感度：RDX 的枪击感度大，用步枪射击时 100 % 爆炸。

爆轰感度：对雷汞 0.19 g，对氮化铅 0.05 g，对二硝基重氮酚为 0.13 g。

（4）爆轰性能。爆热：5 146~6 322 kJ/kg；爆温：4 150 K；爆容：900 L/kg；爆压：33 700 MPa（1.77 g/m^3）；爆速：8 741 m/s（1.796 g/m^3）；威力：铅铸扩孔值为 480 ml，威力相对值 150 %TNT 当量；猛度：铅柱压缩值为 24.9 mm，猛度相对值 150 %TNT 当量。

（5）毒性。RDX 是一种有毒物质。RDX 的中毒途径主要通过消化道、皮肤和呼吸道，其中以消化道为主。中毒分急性中毒和慢性中毒。

急性中毒时会出现神经性不安，如烦闷、头痛、恶心、眩晕，并经常呕吐，严重的会发生中风状的昏厥、抽搐、神志不清或失去知觉。

慢性中毒时会产生头痛，消化障碍，小便频繁等症状，大多数患者出现贫血。

（6）用途。RDX 的理化性能好，威力大但是感度也大。纯 RDX 目前主要用于雷管和导爆索装药。在弹药中应用时，都是采用经过钝化处理的 RDX 或是 RDX 与其他物质（或炸药）组成的混合炸药，广泛地应用于作传爆管、小口径炮弹、聚能装药的破甲弹、反坦克地雷等弹药的装药。以 RDX 为主体的塑性炸药、橡皮炸药、粘性炸药还可用于某些特殊的爆破。

3. 太安

（1）物理性质。属于支链多元醇硝酸酯炸药，代号 PETN，实验式为 $C_5H_8N_4O_{12}$，是由季戊四醇与硝酸产生酯化反应而制得。

PETN 为白色结晶物质，钝化后的太安为玫瑰色。PETN 的比重为 1.77。纯 PETN 的熔点 141.3 ℃，工业品为 138~140 ℃。几乎不溶于水，在水中感度下降，所以可存放在水中。PETN 还能溶解在硝基苯、TNT 和硝化甘油。PETN 不吸湿，挥发性小。

（2）化学性质。PETN 是一种中性物质。酸能促进它的分解。与碱长期作用时，会使它皂化。在氯化亚铁溶液中煮沸则很快分解，利用这一性质可以安全处理器具有剩余的 PETN。稀苛性碱在加热的情况下，可使 RDX 发生水解作用。利用这一性质，可用苛性碱溶液与 RDX 共煮的方法来销毁 RDX 或清洗制造 RDX 的设备。

不与金属作用。当温度超过其熔点时，用 480J 的闪光能和 20μs 的延滞期可以使它发生爆炸。热安定性比较高，能经受 80 ℃耐热试验可达几个小时。

（3）爆炸性质。热感度：PETN 的 5 min 爆发点为 215 ℃，5 s 爆发点为 225 ℃。PETN 的火焰感度大，易于点燃。少量 PETN 点燃后能平静地燃烧；量多（超过 1 kg）时，可能转变为爆轰。在密闭条件下点燃，即使少量也可发生爆炸。

撞击感度：在标准落锤试验中为 100 %；2 kg 落锤试验 10 % 爆炸的最低落高为 17 cm。

摩擦感度：在摩擦摆试验中，爆炸百分数为 92 %~96 %。

枪击感度：用步枪射击时 100 % 爆炸。

爆轰感度：对雷汞 0.17 g，对氮化铅 0.03 g，对二硝基重氮酚为 0.09 g。

（4）爆轰性能。爆热：5 795~6 322 kJ/kg；爆温：4 330 K；爆容：823 L/kg；爆 压：8 700，30 000，34 000 MPa（0.99，1.67，1.77 g/m³）；爆 速：8 083，8 600 m/s（1.723，1.77 g/m³）；威力：铅铸扩孔值为 500 ml，威力相对值 140 %TNT 当量；猛度：铅柱压缩值为 24 mm，猛度相对值 125 %TNT 当量。

（5）毒性。PETN 稍有毒，能引起血压降低，呼吸短促，但因其蒸气压低且不溶于水，所以毒性不显著。在 75 ℃以上，太安有升华现象，蒸气压升高，危害增加，须很好地通风。

（6）用途。可用作传爆药、导爆索芯药，钝化后作小口径炮弹装药或与其他炸药组成混合炸药。

4.硝化甘油

（1）物理性质。即三硝酸酯丙三醇，代号 NG，实验式为 $C_3H_5N_3O_9$，是由甘油与硝硫混酸经酯化而制得。

纯硝化甘油一般为无色透明油状液体，工业品为淡黄色或黄褐色，其中有水珠存在时呈乳白色。在 15 ℃时比重为 1.6，温度愈高，比重愈小。凝固点为 13.2 ℃（不稳态凝固点为 2.2 ℃）。

硝化甘油有甜味，其黏度比水在 2.5 倍。它不吸湿，不溶于甘油，但能溶于水。硝化甘油本身能溶解 TNT 和二硝基甲苯，是硝化棉很好的溶剂和胶化剂。挥发性小，50 ℃以上时挥发性显著增大。有毒，当吸入蒸气或液体溅在皮肤上时，会引起头痛。

（2）化学性质。苛性碱易使硝化甘油分解成非爆炸性物质。热安定性差，50~60 ℃开始分解，130 ℃以上时分解极快，放出棕色气体。在 145 ℃时呈沸腾现象，218 ℃时发生爆炸。

将硝化甘油慢慢加到 18 %的硫化钠溶液中并不断搅拌即可销毁硝化甘油。

（3）爆炸性质。热感度：硝化甘油的 5 s 爆发点为 222 ℃。少量的硝化甘油在空气中点燃后能平静地燃烧，产生绿色的火焰，并有轻微的响声，但量多时则很容易转变为爆轰。

撞击感度：在标准落锤试验中为 100 %；2 kg 落锤次试验 10 % 爆炸的最低落高为 15 cm。

摩擦感度：在摩擦摆试验中，爆炸百分数为 100 %。

硝化甘油很敏感，无论是对撞击、摩擦都是猛炸药中感度最大的。其撞击感度与氮化铅相似，而且温度愈高，感度愈大，在 90 ℃时几乎增大一倍。威力也是猛炸药中较大的。

冻结的硝化甘油比液态的硝化甘油钝感，但是冻结前后（固、液态同时存在时）却是最敏感的阶段，比液态硝化甘油还要敏感。

（4）爆轰性能。爆热：6 766 kJ/kg；爆温：4 600 K；爆容：782 L/kg；爆速：7 700 m/s（1.6 g/m³，钢管）；威力：铅铸扩孔值为 520 ml，威力相对值 140 % TNT 当量；猛度：铅柱压缩值为 24~26 mm。

（5）用途。硝化甘油很敏感，不能单独使用。它的主要用途一是用来胶化硝棉，以制造某些无烟火药和固体火箭推进剂；另一个是用来做胶质炸药。

三、混合炸药

混合炸药是由爆炸性成分和非爆炸性成分按照一定配比混合制成的。敏感度较起爆药低，爆轰激起的过程较起爆药长，但爆轰释放的能量较起爆药大。常用的有铵梯炸药、铵油炸药、浆状炸药、乳化炸药、塑性炸药、硝化甘油类炸药等。

（一）硝铵炸药

硝铵炸药是以硝酸铵为主要成分的炸药，硝酸铵的性质对硝铵炸药影响很大。

1. 硝酸铵

（1）物理性质。硝酸铵的分子式为 NH_4NO_3，分子量为 80，含氮量为 35%，氧平衡 +0.20 g/g，密度介于 1.59~1.71 g/cm^3。硝酸铵一般是白色结晶状物质，能溶解于液氨和硝酸中，在丙酮和乙醇中溶解良好。硝酸铵易溶于水，在水中的溶解度随温度升高而增大。

硝酸铵的熔点为 169.6 ℃，含水时熔点下降。硝酸铵具有很强的吸湿性。吸湿性的大小与空气温度和湿度有关，当温度升高时，吸湿点降低，这是夏天硝酸铵容易吸湿的原因。

硝酸铵很容易结块，极易从松散状态变成硬块状。可在硝铵炸药中加入防潮剂或采用抗水硝酸铵来防止硝铵炸药结块。常用的防潮剂是沥青和石蜡，一般制成 1∶1 的熔化剂加入炸药中，还可用松香∶石蜡∶凡士林 = 3∶1∶1 的混合防潮剂。

（2）化学性质。硝酸铵是氧化剂，易与还原剂发生氧化还原反应。混有硝酸铵的纸、布、木粉以及麻袋等，不应长期堆放在一起，更不应堆放在热源附近，否则，会引起自燃。

硝酸铵是一种由强酸弱碱生成的盐，容易和弱酸强碱生成的盐发生反应。所以，要避免硝酸铵和这些盐混在一起。硝酸铵也不能和亚硝酸、亚氯酸盐存放在一起，否则，能生成稳定性很差的亚硝酸铵及氯酸铵，容易引起爆炸。如果将能产生游离的物质与硝酸铵混在一起，硝酸铵的分解加快，甚至会引起自燃。碱可使硝酸铵分离，放出氨气。

干燥的硝酸铵与金属几乎不起作用，但在有水存在或处于熔融状态时，它和铅、镍、锌尤其是对镉、铜的作用很剧烈。硝酸铵与这些金属相互作用会产生不稳定的亚硝酸铵盐,易于被引起爆炸。通常用铝做工具器材。

（3）爆炸性质。硝酸铵本身是一种弱性炸药,摩擦和火焰难以引起爆炸,撞击感度也比较低。

纯净硝酸铵难于被明火点燃,加热可使其分解,温度增高时,分解速度加快。温度不同,硝酸铵的分解产物和热效应也不相同。在230℃以上,硝酸铵开始迅速分解,生成氮、氧和水,放出大量的热,并伴有微弱闪光产生。

实践表明,硝酸铵是很钝感的,在各种炸药中通常都作为氧化剂使用,只要遵守必要的储存、运输和使用的规程,就不会发生硝酸铵的爆炸事故。

单纯的硝酸铵需用药包总重量5％~20％的加强药包才能起爆。因起爆能力大小的不同,其爆速介于500~3 000 m/s,做功能力为180 ml,猛度为1.5~2.0 mm,爆容为980 L/kg,爆热为2 624 kJ/kg。

还应指出,尽管常温下干燥的纯硝酸铵的分解是很缓慢的,但是若混入某种杂质时,其分解速度就会大大加快,甚至引起自燃和爆炸。能加速硝酸铵分解的无机物有铬酸盐、高锰酸盐、硫化物、氯化物等,有机物有石蜡、沥青、焦油、脂肪烃和环烷化合物以及煤粉、木粉等。这些物质都能降低硝酸铵的分解温度和自燃温度,使硝酸铵的化学活性增大。

2. 硝铵炸药

硝铵炸药主要用于土壤、岩石爆破,战时也可用于装填地雷及某些其他弹药。

硝铵炸药的理化性质主要由其各组分的性质决定。硝酸铵吸湿性强,造成了硝铵炸药的吸湿性和结块性,严重影响着硝铵炸药的爆炸性能,使其爆轰感度和猛度大大降低。

硝铵炸药中加入某些添加剂如石蜡、沥青、松香、硬脂酸钙、硬脂酸锌等,可以大大降低它的吸湿性,增强抗水性能。硝铵炸药各成分混合的愈好,抗水性愈高。

硝铵炸药的热、撞击、爆轰感度等主要决定于它的组成,含有可燃物的硝铵炸药,比不含可燃物的硝铵炸药对热及火焰的感度更为敏感。

硝铵炸药的发火点在280~350℃,用明火点燃少量硝铵炸药时,在空气中平静燃烧而不爆炸,只有在密闭空间或大量硝铵炸药集中在一起时,才能由燃烧转为爆轰。

一般情况下对撞击、摩擦的感度都较迟钝，甚至枪弹击穿也不爆炸。但是使用硝铵炸药的实践证明：强烈的打击、使用铁制工具或金属工具打击炮眼或孔中的药块容易产生爆炸的危险，特别是当硝铵炸药含有高威力的爆炸性物质时撞击感度更高，应该十分注意。

质量合格的硝铵炸药，可以使用 $8^{\#}$ 雷管顺利地起爆。如果硝铵炸药受潮、结块、压实，则爆轰感度降低，爆炸时产生残药（爆炸不完全），严重时能产生拒爆。硝铵炸药对金属有腐蚀作用，所以当雷管插入硝铵炸药内超过一昼夜时，雷管外壳需加以防护。

硝铵炸药一般装成直径 32.35 mm、重量为 150、200 g 的药卷，密度为 0.9~1.3 g/m³。硝铵炸药的颜色因成分不同有所差别，通常为浅黄色。

（1）铵梯炸药。铵梯炸药的主要原材料是硝酸铵（氧化剂）、TNT（敏化剂）和木粉（可燃剂与松散剂）。2# 山石铵梯炸药的组分一般为 85∶11∶4，密度为 0.95~1 g/m³，爆速为 3 600 m/s，爆力为 320 ml，猛度为 12 mm，殉爆距离为 5 cm。

铵梯炸药爆炸性能好，威力较大，可以用一个 $8^{\#}$ 雷管起爆，原料来源广，成本较低等优点，其缺点是易吸湿结块，不适合在潮湿有水的环境中使用。既可以用于露天爆破，也可以用于地下爆破，添加适量的消焰剂以后，还可以用于地下煤矿爆破作业。

（2）铵油炸药。铵油炸药的原材料主要有硝酸铵、柴油和木粉，有时也添加少量其他组分。其中，硝酸铵为氧化剂，柴油为可燃剂，又是还原剂；木粉用作疏松剂兼可燃剂。

在柴油品种中，以轻柴油最适合作铵油炸药。轻柴油黏度不大，易被硝酸铵吸附，混合均匀性好，挥发性较小，闪点不很低，既有利于保证产品质量，又能做到安全生产。轻柴油含碳氢可燃元素比较多，所以热值很高，是一种比较好的可燃性物质。

加入某些添加剂可改善铵油炸药的爆炸性能。例如，加入木粉、松香等可提高其爆轰感度；加入铝粉、铝镁合金粉等可提高威力；加入一些阴离子表面活性剂（十二烷基苯磺酸钠）使柴油和硝酸铵混合均匀，可提高其爆轰感度。

铵油炸药的质量受到成分、配比、含水率、硝酸铵粒度和装药密度等因素的影响。其爆速和猛度随配比的变化而变化，当轻柴油和木粉含量均为 4 %左右时，爆速最高。粉状铵油炸药较合理的成分配比是硝酸铵：柴油：木粉 = 92 ：4 ：4。含水率的升高，爆速明显下降，故含水率愈小愈好。铵油炸药中硝酸铵粒径愈小，愈有利于爆炸反应的进行，有利于提高爆速。另外，多孔粒状硝酸铵吸油率较高，配制的炸药松散性好，不易结块，生产工艺简便，便于在爆破现场直接配制和机械化装药。

铵油炸药原料来源丰富、加工工艺简单，成本低廉，生产、运输和使用较安全，有较好的爆炸性能。但铵油炸药感度较低，并具有吸湿结块性，故不能用于有水的工作面爆破。

（3）铵松蜡与铵沥蜡炸药。它们克服了铵梯、铵油炸药吸湿性强、储存期短的缺点，具有一定抗水性能，同时保持了铵油炸药的原料来源广、易加工、成本低和使用安全等特点。铵油炸药以硝酸铵、松香、石蜡为原料，铵沥蜡炸药则以硝酸、沥青、石蜡为原料，都是采用轮辗机热辗混加工而成。

（二）乳化炸药

乳化炸药是以无机含氧酸盐水溶液作为分散相，不溶于水的可液化的碳质燃料作连续相，借助乳化作用和敏化剂（包括敏化气泡）的敏化作用，而制成的一种油包水（W/O）型的乳脂状混合炸药。乳化炸药的外观随制作工艺和配方的不同而有乳白色、淡黄色、浅褐色和银灰色之分，形态似乳脂。其密度通常为 $1.05\sim1.35$ g/cm^3。它具有如下特点：

（1）爆炸性能好。32 mm 小直径药卷的爆速可达 4 000~5 200 m/s，猛度可达 15~19 mm，殉爆距离 7.0~12.0 cm，临界直径为 12~16 mm，用 8$^\#$ 雷管可以引爆。

（2）抗水性能强。小直径药卷敞口浸水 96 h 以上，其爆炸性能变化甚微。同时由于密度大，可沉于水下，解决了露天矿的水孔和水下爆破作业的问题。

（3）安全性能好。机械感度低、爆轰感度较高。

（4）环境污染小。乳化炸药的组分中不含有毒的 TNT 等物质，避免了生产时的环境污染和职业中毒等问题。爆炸后的有毒气体生成量也比较少，可减少炮烟中毒事故。

（5）原料来源广泛，加工工艺简单。乳化炸药的原料主要是硝酸铵、硝酸钠、水和较少量的柴油、石蜡、乳化剂和密度调整剂等，可大量供应。所需的生产设备简单，操作简便。

（6）生产成本较低，爆破效率较高。

乳化炸药的主要成分：

（1）氧化剂。是炸药的主体部分，常用硝酸铵。单独使用时其爆炸性能、稳定性和耐冻性均不如采用混合氧化剂好。因此，一般选用硝酸铵和硝酸钠混合氧化剂，以硝酸铵：硝酸钠=（3~4）：1为佳。混合氧化剂的含量约为55%~58%。也有使用高氯酸钠、高氯酸铵的。

（2）油包水型乳化剂。经验表明，亲水亲油平衡值（hydrophile lipophile balance，HLB）为3~7的乳化剂多数可以作为乳化炸药的乳化剂。乳化炸药中可以含一种乳化剂，也可以含两种或两种以上的乳化剂。如失水山梨糖单油脂酸酯（Span—80）、木糖单油酸酯（或混合物合酸酯）等。其用量一般为1%~2%。

（3）水。水和氧化剂组成乳化炸药中的分散相，又称水相或内相。水含量的多少对乳化炸药的稳定性、密度和爆炸性能都有显著影响。在一定的水分含量范围内，乳化炸药的储存稳定性随着水分含量的增加而提高，其密度则随着水含量的增加而减少，爆速和猛度的最大值通常出现在水含量为10%~12%的范围内。乳化炸药中水分含量以8%~17%为宜。

（4）油相材料。油相材料是非水溶性的有机物质，形成乳化炸药的连续相，又称外相。它是乳化炸药的关键组分之一，如果没有这些构成连续相的油相材料，油包水型的乳化体系就不复存在。在乳化炸药中油相材料既是燃烧剂，又是敏化剂，同时对成品的最终外观状态、抗水性能和储存稳定性有明显的影响。其含量以2%~5%较佳。

（5）密度调整剂。密度调整剂一般是以第三相加入的，既可以是呈包复体形式的空气，也可以是通过添加某些化学物质（如亚硝酸钠等）发生分解反应产生的微小气泡，还可以是封闭性夹带气体的固体微粒（如空心玻璃微球、膨胀珍珠岩微粒、空心树脂微球等）。

（6）少量添加剂。包括乳化促进剂、晶形改性剂和稳定剂等，添加量为0.1%~0.5%。尽管添加量很少，但对乳化炸药的药体质量、爆炸性能和储存稳定性等都有着明显的改进作用。

（三）硝化甘油炸药

以硝化甘油为基本成分，加入硝酸钾、硝酸铵作氧化剂，硝化棉作吸收剂，木粉作疏松剂，多种组分混合而成的混合炸药。纯硝化甘油感度极高，不能单独作工业炸药使用。1865 年瑞典艾尔弗雷德·诺贝尔（Alfred Nobel）发现了硅藻土能吸收大量的硝化甘油，并且运输和使用时都较为安全，于是便生产了最初的硝化甘油类炸药——达纳迈特（Dynamite）。尔后，人们将硝化甘油和不同的材料按各种不同的配比进行混合，制成不同类型和级别的硝化甘油类炸药，即三种基本类型：胶质、半胶质和粉状。其基本区别是胶质和半胶质品含有硝化棉，这是硝化纤维素同硝化甘油相互作用所生成的粘胶体，而粉状品不含硝化棉，具有粉粒状的外观状态。为了提高能量和改善其性能，还要添加硝酸铵、硝酸钠或硝酸钾作为氧化剂，少量木粉作为疏松剂，加入一定量的二硝化乙二醇以提高其抗冻性能，制成耐冻硝化甘油炸药。我国胶质硝化甘油炸药有两种，一种含硝化甘油 40 %，另一种含硝化甘油 62 %。

硝化甘油炸药突出的优点是抗水性强，爆炸威力大、传爆性能好，对撞击和摩擦敏感度高，安全性差，价格昂贵，保管期过长、容易老化而降低甚至失去爆炸性能，一般只在水下爆破作业中使用，其使用数量只占炸药总量的 0.5 %~1.0 %。

（四）塑性炸药

塑性炸药是一种高爆速、低感度、装药强度大的粘结炸药。它可以用手工装填，主要用于军事工程爆破和碎甲弹装药。由于有良好的塑性，炸药与目标物能紧贴，并适应其形状，所以爆炸直接作用的效果显著提高。

塑性炸药是柔软可塑的固体，主要成分是 RDX，有塑 –1（C–1）、塑 –2（C–2）、塑 –4（C–4）、塑 –10（C–10）、塑 –6–1（C–6–1）和爆胶等，可装填地雷、破甲弹及复杂弹体，可染成各种颜色供特工人员爆破使用。

1. 塑 –1（C–1）

呈白色或微黄色，吸湿性小，在 –10 ℃ ~+60 ℃之间保持可塑性，可根据需要做成各种形状。对冲击、摩擦的感度比 TNT 灵敏，用 8# 雷管可起爆。威力为 TNT 的 1.23 倍，热安定性较好，枪弹贯穿不燃烧不爆炸。密度为 1.64 g/cm^3 时的爆速为 8 280 m/s。

2. 塑 –4（C–4）

呈白色或微黄色，吸湿性小，可塑性好，在 –40 ℃时仍具有良好的塑性。对冲击、摩擦的感度比塑 –1（C–1）炸药灵敏，用 8# 雷管可起爆。威力为 TNT 的 1.23 倍，密度为 1.66 g/cm³ 时的爆速为 8 204 m/s。

（五）熔合炸药

经熔化而成的混合炸药。便于注装；可改变炸药的机械性能，提高或降低炸药的猛度或做功能力；可弥补炸药来源的不足，在不太影响系统威力的情况下，减少高级炸药使用量。

1. 黑梯熔合炸药（B 炸药）

由 TNT 和 RDX 组成的熔合炸药简称黑梯炸药（有时称赛克洛托儿），它是在熔融的 TNT 中混入 RDX 而制成的。其组成和性能见表 1–11。

表 1–11　黑梯炸药的组成及性能

名称	组分 (%)	密度 (g/cm³)	爆热 (kJ/kg)	爆温 (K)	爆速 (m/s)	撞击感度 (%)	威力 TNT (%)	猛度 TNT (%)
黑 / 梯	50/50	1.70	4 923	3 473	7 570	50	130	115
黑 / 梯	60/40	1.70	5 016	3 659	7 670	60	138	115
黑 / 梯 *	50/50	1.672	4 622	3 410	7 509	40	120	111.7
黑 / 梯	70/30	1.72	5 079	3 853	8 120	70	143	119
黑 / 梯	80/20	1.796	5 619	3 927	8 644	85	155	126

注：* 外加 0.5 % 的胶体石墨钝化。

黑梯炸药的密度和爆速随黑索今含量的增加而增加。当黑索今含量一定时，密度愈高，爆速及猛度也愈高。黑梯炸药的机械感度比较低，安定性也较好。

以 TNT 为主的混合炸药都存在渗油的倾向，渗油的结果会导致药柱的疏松，变得更脆。克服的方法是加入少量吸收剂（如 0.5 % 硅酸钙）。

2. 太安与 TNT 熔合炸药

由 TNT 和 PETN 组成的熔合炸药（彭托莱特），与单一的太安相比，撞击感度较高，而安定性较差。除爆轰感度较高外，其综合性能不如 B 炸药。

（六）黑火药

黑火药是我国古代四大发明之一，由硝酸钾、木炭和硫黄组成的机械混合物。硝酸钾是氧化剂，木炭是可燃剂，硫既是可燃剂，又能使碳与硝酸钾只进行生成二氧化碳的反应，阻碍一氧化碳的生成，改善黑火药点火性能，而且还起到碳和硝酸钾间的黏合作用，有利于黑火药的造粒。

黑火药在火和火花作用下，很容易引起燃烧或爆炸，按其爆炸变化的速度，黑火药属于发射药的类型。黑火药的爆发点为 290~310 ℃；爆炸分解的气体温度为 2 200~2 300 ℃。在密闭条件下，导火索的火焰即可起爆黑火药，但其爆炸威力较低。黑火药对摩擦和撞击很敏感，粉状药很容易因摩擦冲击而引起爆炸。

黑火药可以长期储存不变质，但吸湿性强。它往往因吸湿使性能变坏，甚至不能点燃。在工程爆破中，黑火药一般只用于开采石和石膏等，大部分黑火药用于制作导火索。

思考题

1. 炸药爆炸的基本条件是什么？

2. 炸药的感度有何意义？

3. 什么是炸药机械能起爆理论？

4. 影响炸药感的因素有哪些？

5. 什么是炸药的殉爆？实践中如何利用炸药的殉爆？何时需要避免炸药的殉爆？

6. 熟悉几种常用炸药的爆炸性能？水下爆破常用炸药有哪些？有何主要特点？

7. 炸药的热化学性质有哪些？如何理解？

第二章　火工品基本知识

第一节　概述

火工品是装有火药、炸药或烟火药，受外界刺激后产生燃烧或爆炸，以引燃火药、引爆炸药或做机械功的一次性使用的元器件和装置的统称。主要用来点燃发射装药或起爆装药。

根据火工品作用时产生的爆炸变化形式不同，可分为点火火工品和起爆火工品。在外界激发冲能作用下，释放出火焰冲能的火工品称为点火火工品。在外界源激发冲量作用下，释放出爆轰冲能的火工品称为起爆火工品。点火火工品主要有火帽、拉火管和导火索等。起爆火工品主要有引信雷管、工程雷管和导爆索等。

一、火工品的用途

火工品在弹药中的应用，大致可以分以下几个方面。

（1）在各种弹药中的应用（枪、炮、火箭弹等），用于点燃各种发射装药。

（2）在照明弹、燃烧弹、宣传弹和跳雷弹中，用于点燃抛射装药。

（3）在引信中，作为控制引信作用的元件。

（4）在引信中，还用于起爆传爆药柱或直接起爆爆炸装药。

（5）在工程爆破中用于传爆或起爆爆炸药包。

火工品常用于引燃火药、引爆炸药，也用作小型驱动器，用于快速打开活门，解除保险以及火箭的级间分离等。在弹药中往往是多种火工品组成一定的序列，最终输出爆轰波的称为传爆序列，输出火焰的称为传火序列。

火工品是一切武器弹药、燃烧爆炸装置的初发能源，其体积小、结构简单、使用方便，以在较小的外界冲能（如热、火焰、机械、电能、激光、辐射等）作用下被激发，产生足够的输出，实现预定的做功效果。

除用于武器弹药系统外，还被用于多种做功装置中，例如用于座舱弹发射、火箭的级间分离、切割、驱动、瞬时供热及遥测、遥控等。在美国阿波罗宇宙飞船中就装有 100 多个完成各种动作的火工品。

火工品主要由外壳、发火件和火工药剂等组成。火工药剂是火工品的能源，一般包括起爆药、猛炸药、黑火药等。火工药剂对火工品的敏感性、输出威力、储存安定性、勤务处理安全性及作用可靠性等有很大影响。

火工品是弹药中最小的爆炸元件，它的可靠性和安全性直接影响弹药威力的发挥。在枪炮弹中靠火工品点燃发射药将弹丸发射出枪膛或炮膛，当炮弹或战斗部到达目标后，又靠火工品引爆炸药，然后使炮弹或战斗部爆炸，完成毁伤目标的作用。

在民用方面，火工品多用于爆炸加工、切割钢板、合成金刚石、石油勘探及各种工程爆破中引爆爆炸装药。

二、对火工品的基本要求

（1）具有合适的感度。为了保证火工品在使用、生产、运输、勤务处理及储存时的安全或可靠发火，必须具有适当的感度。它既要保证使用时在一定外界作用下可靠发火，又要保证在生产、运输及储存时安全。

（2）具有适当的威力。火工品在接受外界能量作用激发后，要有适当的输出威力。它既引起下一级爆炸或燃烧元件的可靠作用，又不致使相邻元件受到毁坏，所以火工品的输出威力过大或过小对使用都是不利的。

（3）安定性和安全性好。火工品在一定条件下储存时，火工药剂本身或各组分之间，以及药剂与其接触的材料之间，仅发生战术技术要求允许的物理化学变化，不能发生变质与失效，不能早爆。要保证火工品在储存过程中及储存后使用的安定、安全和可靠。

（4）具有抵抗外界诱发作用的能力。火工品在生产、运输、储存、勤务处理及作用过程中，在遇到各种环境力（如热、气压、静电、辐射、杂散电流及机械作用等）的作用时，不能产生衰变失效，也不能敏化引发，以保证安全可靠和作用可靠。

（5）适宜的经济性。在满足使用要求时，应尽可能结构简单，符合标准化和通用化要求。

三、现代火工品的发展趋势

现代火工品的发展与起爆药的发展是分不开的，两者相辅相成、相互促进，正在向高起爆力、钝感和安全方向发展。

（1）钝感火工品。钝感火工品的起爆药是猛炸药，即采用细化和钝化的猛炸药，从而使火工品钝感化，使电雷管在 1 A、1 W 内可不发火。此外，还有钝感点火具、爆炸线、激光火工品、液体发射药点火系统等。随着无壳弹发展，可燃底火也将取代某些传统金属壳底火。

（2）薄膜桥电雷管。将金属铬蒸镀于基片上，形成几微米厚的薄膜桥，然后再制成薄膜桥电雷管。这种雷管对低压电源和压电晶体提供的冲能特别敏感，并能承受高过载，适用于要求小型雷管和低发火能量的高速炮弹引信。

（3）无起爆药雷管。是发展最快的一种新型火工品，它包括低压飞片雷管、冲击片雷管及装填某些钴配位化合物起爆药的雷管（CP 雷管）等。无起爆药雷管中只装细化和钝化的猛炸药（起爆炸药），雷管可以与主装药对正使用而不必隔离，生产和使用都安全可靠，并在水雷中使用。今后导弹及大口径炮弹、火箭弹的引信中都会采用无起爆药雷管。

（4）智能火工品。随着微电子技术的发展，微型计算机正在进入火工品，从而出现了对目标或引爆信号具有识别能力的智能火工品，如美国研制的半导体桥电子雷管，由微电子线路、薄膜电阻和起爆药组成。它不仅能在低电压、低能量输入时可快速点燃和起爆下一级装药，而且还具有静电安全性能。在发火线路中加入微型计算机，使其具有智能性。

（5）新型非电火工品。包括柔性导爆索、封闭型导爆索、铠装柔性导爆索、隔板起爆器等。某些导弹战斗部可利用封闭型柔性导爆索来控制作用效果，既能远距离高速传爆，也不会在作用时损坏邻近部件。

（6）装填集成电路的火工品。随着集成电路技术的迅速发展，可以将具有某些功能的集成电路装入雷管中，装有集成电路的精密段发雷管、电子延时雷管、延时精度可达到 ±2%。

第二节　点火火工品

一、火帽

火帽是一种能产生火焰形式的热冲能并将它传给火药装药或火焰雷管的装

置，根据不同的情况，有以下三种分类方法。

（一）按火帽用途分

（1）药筒火帽。应用于枪弹的药筒中，包括枪弹药筒火帽、迫击炮弹和炮弹底火火帽。

（2）引信火帽。应用于炮弹、航弹、地雷及其他弹药的引信中。

（二）按外界激发能量的形式分

（1）摩擦火帽。也称拉火帽，用拉火丝与摩擦药的摩擦作用使火帽装药发火。主要应用于手榴弹及拉火管中。

（2）撞击火帽。利用撞针撞击火帽的撞击能使火帽装药发火，如药筒火帽。

（3）针刺火帽。利用击针刺击火帽的针刺能使火帽装药发火，如引信火帽。

（4）电发式火帽。利用电能使火帽装药发火，如电引火头。

撞击火帽主要用于小口径弹药中。在大口径弹药中为了加强点火能力，必须增加少量黑火药作为辅助引燃剂。底火就是将撞击火帽和辅助黑火药结合成一体的装置。

（三）按火帽的尺寸大小把引信火帽分

（1）专用小型火帽。尺寸为 $\varphi 3.05 \text{ mm} \times 2.25 \text{ mm}$。

（2）小型火帽。尺寸为 $< \varphi 3.05 \text{ mm} \times 3.5 \text{ mm}$。

（3）中型火帽。尺寸为 $< \varphi 4.25 \text{ mm} \times 4.6 \text{ mm}$。

（4）大型火帽。尺寸为 $< \varphi 5.71 \text{ mm}$。

二、拉火管

（一）构造与用途

拉火管由火帽（内装发火药）、管壳（纸的或塑料的）、拉火丝、摩擦药、拉火杆等组成，其结构如图 2–1 所示。拉火管主要用于点燃导火索。

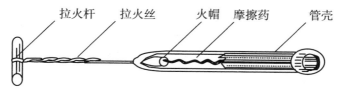

图 2–1　塑料拉火管结构

导火索长在 5 cm 以内时，拉火管有可能直接喷燃雷管，要采取适当措施，如用胶布包缠等。在特殊情况下，也可直接引爆雷管以起爆炸药，或直接引燃黑火药药包，但必须远距离拉发，以确保安全。

（二）技术要求

1. 拉火管方面

（1）管壳内壁应光滑，壁厚均匀，不得有缺料、毛刺、皱起、漏孔等疵病；

（2）应能插入导火索，在每批 1 万 ~3 万枚抽验的 50 枚中，应 100 % 点燃导火索；

（3）拉力在 2.5~6 kgf。

2. 拉火帽方面

（1）拉火帽壳在装药前应涂以 3 %~5 % 的酒精虫胶漆，放在 140~180 ℃的特别氧化电炉内，氧化处理 20~30 min。

（2）发火药的成分配比：

配方一：氰酸钾 / 硫化锑 / 二氧化铅 40/40/20；配方二：氰酸钾 / 硫化锑 / 石墨 50/46.5/3.5。

发火药的装药量一般在 0.038~0.046 g 范围内选定。

（3）发火药表面涂 6 % 酒精虫胶漆，药面不允许有起皮、崩落、未涂漆、漆块或浮药。

3. 拉火丝方面

（1）拉火丝为 24 号镀锌丝（ φ0.48 mm ~ φ0.58 mm ），拉力不小于 10 kgf。

（2）摩擦药成分配比：赤磷 / 硫化锑 75/25，用 10 %~25 % 的鱼鳔溶液均匀混合即成。

（3）未沾药部分的表面不得有锈迹或伤痕。

（4）弯曲部分须有大小端的区别，沾药长度不得超过 3 个弯，并应牢固均匀。

4. 拉火杆方面

拉火杆为直径 5 mm 左右，长 20 mm 的塑料、荆条或竹竿，不允许有腐朽、裂缝及扎手的毛刺。拉火杆不得脱落。

（三）发火性能

将长 18~22 mm 的合格导火索插入拉火管内，进行发火性能试验，必须

100％引燃导火索。未发火或发火但未点燃导火索，或吹出导火索而未点燃时，则应加倍复试，再有类似现象为不合格品。

三、导火索

导火索是一种延时传火、外形如索的专用制品。

（一）种类与用途

1. 导火索按用途分

（1）军用导火索。

（2）工业导火索。

军用导火索中还有手榴弹用导火索，其外径及药芯尺寸稍有不同。

2. 导火索按延时时间的不同分

（1）普通导火索（延期时间较短，药芯含有木炭）。

（2）石炭导火索（延期时间较长，药芯含有石炭）。

3. 按其包缠物种类不同分

（1）全棉线导火索。

（2）三层纸导火索。

（3）塑料导火索。

导火索主要用于传递火焰，以引爆（经一段时间的延期）火焰雷管，也可直接引燃黑火药包。可用作手榴弹、爆破筒、礼花弹等爆破器的引爆延期体，是一种廉价的点火器材，适用于无爆炸气体和粉尘的爆破工程。

导火索的结构如图 2-2 所示。

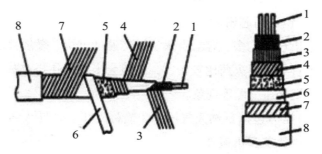

1—芯线；2—药芯；3—内层纸；4—内层纸；5—中层纸；6—防潮层；7—中层纸；8—外层线

图 2-2 导火索结构

（二）技术要求

1. 主要尺寸方面

（1）外径：5.2~5.8 mm（手榴弹用产品为 5.6~6.0 mm）。

（2）药芯直径：≥ 2.2 mm（手榴弹用产品 ≥ 2.5 mm）。

（3）每卷长度：100 m（手榴弹及工业品为 250 m）。

（4）药量：黑火药 6 g/m。

2. 外观方面

（1）不允许有扭折、超过外径的变形、严重擦伤、油脂、严重污垢及发霉等现象；

（2）外层线不得同时断两根；

（3）每卷不得超过 6 段，其中短索段不少于 1.5 m，索头应以防潮剂浸封，外涂料应均匀，剪断后不得有散头现象；

（4）呈片状露沥青不允许超过 0.5 cm^2；

（5）在 45 ℃时，外表不得发粘。

3. 性能方面

（1）燃速：在正常状态下应为 100~125 s/m。

（2）喷火强度：有效喷火距离不小于 50 mm。

（3）燃烧性能：燃烧时应无爆声、中途熄灭及跑火。允许有烧焦、沥青渗出等现象。

（4）防潮能力：放入 1 m 深的常温静水中浸 5 h 后，应符合燃烧性能要求，其燃速应在 95~125 s/m。

（三）影响导火索质量的因素

（1）密度。包含药芯密度和包缠材料的包缠密度。药芯密度过小，黑火药比较疏松，会出现气孔多、容易点火、燃烧速度过快、燃烧性能不够稳定等现象；药芯密度过大，黑火药比较密实，一般会出现气孔相对减少，火焰感度低（难点火），燃烧速度慢等现象。

（2）压力。压力包括自然大气压力（简称外压），导火索燃烧时生成的气体压力（简称内压）和机械外力所施加的压力（简称机械压力）。外压和内压的影响是一致的，即压力愈高，导火索的燃烧速度愈快；压力愈低，燃烧速度愈慢。内压的高低与药芯的装药量、沥青层的厚度、外层包缠材料的包缠密度和燃烧时导火索本身的存在状态等条件有关。当导火索处在密闭和平直状态燃烧时，燃速较大；而在大气中和在弯曲状态下燃烧时，燃速较小。

机械压力的作用可导致导火索性能的严重破坏，当所加的机械压力（包括用脚踩）足以造成燃烧的排气道堵塞时，导火索内压急剧上升而产生透火现象，甚至速爆。

（3）温度。温度降低，导火索的燃速减小。高温会加速材料变质和药芯硬化，使导火索变质，燃烧时可能导致爆炸，高温环境使导火索散热困难，致使内压增高也可导致爆燃。

（4）水分。当黑火药中的水分含量超过 1.5 %~2.0 %时，导火索的燃烧速度随含水量增加而变小，含水时增大至 5 %左右时，燃速显著变小，有时甚至产生断火等现象。

（5）杂质。含有油脂、蜡类等杂质时，会使导火索产生缓燃或断火现象，特别是环境温度较高时，更易渗入。药芯中混入砂子等杂质时，容易造成排气道堵塞而产生爆燃。

（6）潮湿。空气中相对湿度愈大，则吸水愈多。导火索含水量增大到一定值后，会导致燃烧性能和传火能力降低。

此外，凡是能影响黑火药燃烧性能的因素也均会影响导火索的燃速。

（四）导火索的使用要求

（1）导火索的使用有效期为二年。

（2）使用前应检查外观，不合格部分要剪除，受潮、发霉、变质的不能使用。

（3）使用时应将索头剪去约 50 mm（切头要平整），然后检查燃速。

（4）与雷管结合时应小心插到位、结合牢固、做好防潮、切勿转动。

（5）使用时严禁踏压索体，禁止机械损伤或过度弯曲，禁止在高温（或加热）下使用。

第三节　起爆火工品

一、雷管概述

雷管是一种能产生爆轰冲能并引爆炸药的装置。

（一）雷管的用途

雷管广泛用于各种弹药（地雷）引信中，用以引爆猛炸药。军事爆破和修建铁路、兴修水利、开发矿山、爆炸加工等民用爆破中，也大量的使用雷管引爆炸药。因此，雷管是炸药爆炸不可缺少的起爆器材。

（二）雷管的分类

1. 按用途分

（1）工程雷管。用于各种爆破工程中。

（2）引信雷管。用于各种弹药的起爆引信中。

2. 按引起爆轰的激发冲能形式分

（1）火焰雷管。也称燃发雷管，由导火索、火帽、延期药、扩焰药的火焰引起爆炸。

（2）针刺雷管。也称刺发雷管，由击针的刺击而引起爆炸。

（3）电雷管。由各种形式的电能而引起爆炸。

3. 按作用时间分

（1）瞬发雷管。

（2）延期雷管（秒延期和毫秒延期）。

（三）对雷管的要求

（1）对火焰（火焰雷管）、针刺（针刺雷管）作用灵敏。

（2）足够的起爆能力。

（3）运输、使用安全。

（4）储存时安定。

（四）雷管的构造原理

雷管是由管壳、装药和加强帽三部分组成。

1. 管壳

管壳用来装填药剂，以减少其受外界的影响，同时可以增大起爆能力和提高震动安定性。引信雷管的管壳材料一般用白铜，它是一种铜镍合金。军用雷管的管壳用铜、合金铝，民用工程雷管壳用纸、铁等。管壳材料和形状对雷管性能有显著影响。

（1）管壳材料。坚固的管壳能缩短爆轰增长期，提高雷管的起爆能力。

管壳材料应能抗腐蚀（装药与材料的相容性好），便于加工和尽量经济。

（2）管壳的厚度（壁厚和底厚）。管壳薄时会延长爆轰增长期，增大起爆药量。底厚太大，会使雷管威力降低。

（3）管壳的形状。管壳的高度和直径应取一定的比值，使其在装药一定时得到好的爆炸效果。

2. 加强帽

加强帽用以"封闭"雷管药剂，减少其受外界的影响，增大起爆能力和提高震动安定性。引信雷管加强帽的材料用铝，军用工程雷管加强帽用铜。

3. 装药

雷管中装有起爆药和猛炸药。其中起爆药装在雷管的上部，称为原发装药（或称主发装药、第一装药），猛炸药装在雷管下部，称为被发装药（或称为次发装药、第二装药）。

（1）被发装药。①被发装药的爆速要大；②装药密度要适当；③猛炸药的装药量应保证雷管稳定爆轰。

（2）原发装药。①选择合适的起爆药。现在应用于雷管（军品）中的起爆药有氮化铅、三硝基间苯二酚铅、四氮烯、雷汞和 D. S 共晶起爆药。上述起爆药各有优缺点，引信雷管中的原发装药一般由多种起爆药。在火焰雷管中增加有对火焰敏感的药剂，在针刺雷管中增加有对针刺敏感的药剂。②起爆药量。为使被发装药完全爆轰，理论上原发装药应等于极限起爆药量，实际上取极限起爆药量的 1.25~1.30 倍。

二、工程火焰雷管

工程雷管也称工业雷管，主要用于工程爆破中，个别情况下也有用于弹药中。

工程雷管按起爆冲能的形式不同，可分为工程火焰雷管与工程电雷管两大类。火雷管与电雷管在结构上相似，只是电雷管中多一个电引火头，其他部分的结构组成完全一样。

工程火焰雷管简称火雷管，有时也简称雷管。它用于导火索点火时起爆装药。

（一）火雷管组成

火雷管由管壳、加强帽、绸垫和装药等组成（图 2-3）。

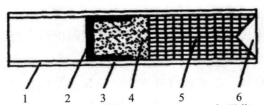

1—管壳；2—传火孔；3—加强帽；4—DDNP；5—加强药；6—聚能穴

图 2-3   火雷管结构

管壳材料为紫铜、铝或纸等。铜壳厚度为 0.26 mm，铝壳厚度为 0.33 mm。由于铝是可燃物质，不能用于有爆炸性混合气体或粉尘的场合。军用 8# 雷管管壳为铜或合金铝。军用 8 号火雷管及其他几种火雷管的尺寸及装药如表 2-1 所示。

表 2-1   军用 8 号火雷管及其他几种火雷管的尺寸及装药

外壳材料	外径（mm）	长度（mm）	起爆药		主装药	
			种类	药量（g）	种类	药量（g）
军用铜壳	6.8	50	雷汞	0.43	黑索今	0.82~0.88
军用铝壳	6.8	50	氮化铅	0.43	黑索今	0.82~0.88
军用铝镁合金	6.9	44	D. S 共晶	0.15	黑索今	1.02
民用铜雷管	6.6	—	雷汞	0.40	黑索今	0.70
民用铁雷管	6.87	40	DDNP	0.33	黑索今	0.55
民用纸雷管	7.85	45	DDNP	0.36	黑索今	0.72
手榴弹铜雷管	6.95	40	雷汞	0.43	黑索今	0.60
手榴弹铝雷管	<7.2	40	THPC	0.1	黑索今	0.60
			氮化铅	0.2		

（二）技术要求

（1）雷管不许有裂缝、脏污、夹层、皱痕及机械损伤。

（2）雷管与加强帽接合处涂漆要完整，不许传火孔上粘有妨碍点火的杂质。

（3）内外表面不许有药粉（但允许内壁有微量被漆钝化的药粉存在）。

（4）允许雷管管口纵向裂口不超过 2 mm。

（5）不允许出现无绸垫、绸垫破裂、抽丝及垫双垫等现象。

（6）雷管压合压力为 150~250 kgf/cm^2。

（7）震动试验时，不发生爆炸，加强帽不脱落，无用肉眼可见的移动及撒药粉等现象。

（8）起爆时，不许有瞎火和起爆不完全现象，铅板炸穿孔直径应符合要求。

（三）威力试验—铅板穿孔试验

试验方法是：将雷管直立于厚度为 6 ± 0.1 mm 的圆形（φ40 mm）或方形（40 mm × 40 mm）的铅板的中心位置，铅板的纯度为 99.5 %。用长 14~18 cm 的导火索引爆不许有瞎火、半爆现象，铅板炸孔直径不小于9 mm。

（四）工程火焰雷管的质量问题

工程火焰雷管出现半爆、瞎火的原因大致有如下几点。

（1）起爆药受潮。

（2）斯蒂酚酸铅钝化造粒不均匀，个别雷管中含钝化剂量过多致使药剂钝感。

（3）由于某种原因使压力过大，致使表面层起爆药火焰感度下降。

（4）装药量不正确。对流散性差的起爆药，特别是在湿度太大时，容易出现药量偏小不足以引爆猛炸药。

（5）猛炸药受压过大或装起爆药前没有装松散猛炸药。

（6）加强帽孔过小或绸垫过于密。

（7）接缝处涂漆到加强帽上。

（8）加强帽长度不够。

（9）管壳材料强度下降（不够）。

（10）操作时，把尘土带到加强帽孔上或导火索与雷管接触不好。

三、工程电雷管

电雷管是由电能作用而发生爆炸变化的火工品。与火雷管相比，其最大优点是能够达到作用的瞬时性和便于自动控制；在爆破作业中，可远距离点火比较安全；可一次爆破大量药包，效率高；便于采用爆破新技术。

工程电雷管按照能量转换方式不同可分三类：

（1）灼热式（桥式）电雷管。它是由灼热式电发火装置与火雷管组成。灼热式电发火装置是由两脚线上的金属桥丝和引燃药组成。

（2）火花式电雷管。它是由火花式电发火装置与火雷管组成。火花式电发火装置由两个电极和不导电的引燃药组成。

（3）中间式电雷管。它是由中间式电发火装置与火雷管组成。中间式电发火装置是由两个电极和导电的引燃药组成。

根据电雷管的用途和延期时间，工程（工业）电雷管分类如图2-4所示。

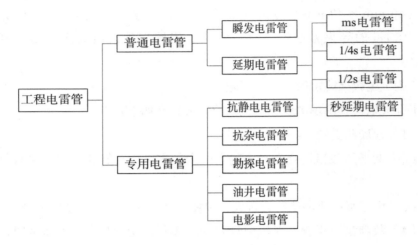

图2-4　工程（工业）电雷管分类

（一）瞬发电雷管

工程电雷管用于电点火时起爆装药。常用的8#工程电雷管，简称8#电雷管。

电雷管按电桥丝材料分，有镍铬和康铜丝两种，军品用镍铬丝电雷管。镍铬丝的直径为0.03~0.04 mm，康铜丝的直径为0.04 mm，两种电桥丝展开长度为3.2 mm左右。

电雷管按发火时间分为瞬发的和延期的两种。瞬发电雷管由火雷管、电引火头及塑料密封塞等组成（图2-5），常用8#铝合金性能参见表2-2。

工程电雷管的技术要求如下。

（1）电雷管表面应洁净。不允许有裂缝、锈蚀、附药。允许在收口部有不大于1 mm长的一处裂口、在样品规定范围内的机械损伤、塑料塞突出或凹入管口不大于1 mm等疵病。

（2）电雷管电阻应为2.0~4.0 Ω。

（3）电雷管做震动试验时，不应爆炸、结构损坏或断电阻。

（4）电雷管40发串联在一起时，通以直流电1 A应全部发火。

（5）电雷管输入 0.05 A 直流电，历时 5 min，不应发火。

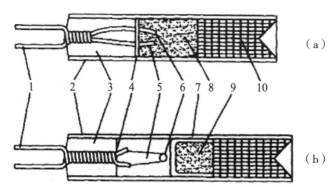

1—角线；2—管壳；3—密封塞；4—纸垫；5—线芯；6—桥丝（引火药）；7—加强帽；
8—散装 DDNP；9—正起爆药；10—副起爆药

图 2-5　瞬发电雷管结构

（a）直插式；（b）引火头式

电雷管在使用之前，应首先查看外表，然后用欧姆表导通或测量其电阻。为保证安全，检查时应将电雷管放于遮蔽物后面，或埋入土中约 5~10 cm。如放在地面上检查，安全距离应不小于 30 m。

表 2-2　军用 8 号铝合金电雷管主要性能

桥丝材料	外径（mm）	长度（mm）	单发起爆电流（A）	串联准爆电流（A）	安全电流（A）	电阻（Ω）	串联使用电阻差（Ω）
康铜	7.1	52	1	2	0.05	0.70~1.75	0.2
镍铬	7.1	50	0.7	1	0.05	2.0~4.0	0.5

注：装药种类和数量与铝合金火雷管相同。

（二）电引火头

1. 构造

电引火头由脚线、电桥丝、塑料塞及引火药组成（图 2-6）。脚线为单心塑料皮铜线两根，长 2 m、直径 0.5 mm。桥丝为直径 0.03 mm ± 0.002 mm 或 0.04 mm ± 0.003 mm 的镍铬丝。

2. 配方

常用引火头配方如表 2-3 所示。

硝棉漆配方：醋酸丁酯 /3 号硝化棉（96~98）/（4~2）；

防潮剂配方：醋酸丁酯/3号硝化棉/中性红色染料（91~96）/（9~4）/少量。

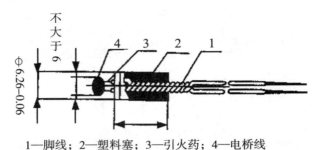

1—脚线；2—塑料塞；3—引火药；4—电桥线

图2-6　电引火头结构

3. 电引火头的技术要求

（1）不允许有气孔、裂纹、缺损、桥丝和焊点露出药外等疵病。

（2）电阻值为 2.0~4.0 Ω。

（3）串联 40 发（不按电阻值分组），通以直流电 1 A，应全部发火。

表2-3　常用引火头的成分比

名称	第一道引火药（g）	第二道引火药（g）
氯酸钾（工业品）	50	18
硫氰化铅	50	10.8
铅丹	1	——
硝棉漆（浓度 2 %~4 %）	60~80 ml	——
动物胶液（比重 1.05~1.10）	——	15~21 ml

（三）工程电雷管的主要性能参数

1. 电阻

电雷管电阻包括桥丝电阻和脚线电阻之和，是线路计算的重要参数。同时，测量电阻是检验电雷管质量的有效办法。由于成群串联起爆的需要，各雷管间电阻差不能大于 0.25 Ω，不同桥丝的雷管不能混在一起使用。

2. 最大安全电流

对电雷管通以恒定的直流电，在一定时间（5 min）作用下，不使电雷管爆炸的最大电流称为最大安全电流。8# 工程电雷管的最大安全电流为 0.05 A。

最大安全电流的意义代表电雷管安全的极限电流值，它不仅是电雷管的电阻测量、导通时通过电流大小的依据，而且是判断电雷管对杂散电流安全性的依据。

3. 最小发火电流

通以恒定的直流电流能使电雷管必定发火的最小电流，称为最小发火电流。$8^{\#}$ 工程电雷管的最小发火电流为 0.24 A。

4. 发火时间和传导时间

发火时间（点燃时间）是指从通电到输入的能量足以使药剂发火的时间，用 t_B 表示。传导时间是指从药剂发火到雷管爆炸的时间，用 t_0 表示。发火时间与传导时间之和称为作用时间（反应时间）。传导时间对成组电雷管的齐爆具有重大意义，较长的传导时间使敏感度稍有差别的电雷管成组爆炸成为可能。

5. 发火冲能

根据焦耳——楞次定律，当桥丝电阻一定时，桥丝的发热量与电流（I）的平方和通电时间（t）的乘积成正比，所以把恰能使电引火头发火的 I^2t 乘积称为发火冲能，即 $KB = I^2t$。

发火冲能与电流强度有关，因为电流强度小，相对来说热损失大，发火冲量也就大。当电引火头的结构和材料固定后，发火冲能随电流的增大而减小，最后趋于一个定值——最小发火冲能（K_0）。最小发火冲能的倒数称为电雷管的感度 $S（S = 1/K_0）$。

发火冲能与时间也有关系，一般随时间的增加呈线性地增加。

由于电雷管性能存在着差别，各个电雷管的发火冲能值不会完全一致。

单个电雷管的主要性能如表 2-4 所示。

表 2-4　单个电雷管的主要性能

桥丝种类	电阻（Ω）	最大安全电流（A）	最小发火电流（A）	百毫秒发火电流（A）	准爆电流（A）	传导时间（ms）	发火冲量（A²·ms）
康铜	1~2	0.05	0.48	0.80	1.0	2.6~5.2	9.5~18.7
镍铬	2~4	0.05	0.31	0.45	0.6	1.9~4.7	4.6~5.2

四、毫秒延期电雷管

毫秒延期电雷管简称毫秒雷管，它是一种短延期（毫秒级）的电雷管。与秒延期雷管相比，毫秒雷管不仅延期时间短，而且段数多（十几至几十段），各段间的时间间隔也短，时间精度也高。毫秒雷管一般用于毫秒爆破即微差爆破中，所以也常称为微差电雷管。我国生产的毫秒延期电雷管的延期时间有四种系列（表2-5），其中用得最多的是1系列。延期时间从0~2 000 ms，分30段。

毫秒延期电雷管与秒延期电雷管的延期时间是以毫秒级来度量的，所以延期时间必须准确，这就要求延期药的配方及其制作工艺必须很严格，才能达到使用的要求。

表2-5　我国毫秒电雷管的延期时间系列（ms）

段别	1系列	2系列	3系列	4系列	段别	1系列	2系列	3系列	4系列
1	0	0	0	0	16	1 020	——	700	330
2	25	25	25	25	17	1 200	——	780	360
3	50	50	50	45	18	1 400	——	860	395
4	75	75	76	65	19	1 700	——	945	430
5	110	100	100	85	20	2 000	——	1 035	470
6	150	——	128	105	21	——	——	1 125	510
7	200	——	157	125	22	——	——	1 225	550
8	250	——	190	145	23	——	——	1 350	590
9	310	——	230	165	24	——	——	1 500	630
10	380	——	280	185	25	——	——	1 675	670
11	460	——	340	205	26	——	——	1 875	710
12	550	——	410	225	27	——	——	2 075	750
13	650	——	480	250	28	——	——	2 300	800
14	760	——	550	275	29	——	——	2 550	850
15	880	——	625	300	30	——	——	2 800	900

使用毫秒雷管进行微差爆破，有提高炮眼利用率、降低炸药和雷管消耗、减少地震波危害及提高爆破效率的优点。不仅用于露天开采，而且用于坑道掘进，包括用于有瓦斯和煤尘爆炸危险的矿井。这是由于毫秒爆破的总延期时间很短，在这么短的时间内，最早爆开部分的瓦斯涌出量还达不到爆炸浓度，爆尘来不及扬起，最后一组炮就已经爆炸完毕。

各种毫秒雷管的基本结构都是在雷管的发火元件和爆炸装药之间引入一个延期元件（延期药）、它接受引火头的火焰，并传给起爆药。这样，在雷管通电之后，实际上经过了激发时间、传导时间、延期药燃烧时间和爆轰诱发（感应）时间，才达到雷管爆炸完毕。毫秒雷管的实测延期时间实际上就是这几个时间的总和。

毫秒延期电雷管的最小发火电流不大于 0.7 A，20 发串联准爆电流为 1.2 A（镍铬）和 2 A（康铜），铅板炸孔不小于雷管直径。

毫秒延期电雷管的使用保证期为 1.5 年。

五、秒延期电雷管

国产秒延期电雷管有 1/4 s、1/2 s 和秒级三种，军用为秒延期电雷管。

（一）结构

军用秒延期电雷管用导火索做延期体。由电引火头、封口塞、排气孔、导火索和火雷管组成。

（二）技术指标

军用、工业秒延期电雷管的延期时间如表 2-6、表 2-7 所示。有效期 1.5 年。

表 2-6 军用 8# 铜延期雷管主要性能

延期时间（s）	4	6	8	10	12
延期时间误差（s）	0.6	0.8	0.9	1	1.1
长度（mm）	61	73	86	99	102

表 2-7 工业延期电雷管的延期时间（s）

段别	1	2	3	4	5	6	7
1 系列	0	1.2	2.3	3.5	4.8	6.2	7.7
2 系列	0	2	4	6	8	10	12
3 系列	0	1	2	3	4	5	6

（三）用途

秒延期电雷管一般用在秒差分段爆破中起爆炸药和导爆索等。

六、导爆索

导爆索是传递爆轰波的索状传爆器材。它是以太安或黑索今做药芯，以棉线、纸条、沥青或塑料或铅皮做包缠物制成。

根据包缠物和用途的不同，导爆索的分类如图 2-7 所示。

（一）技术指标

普通导爆索是目前使用最多的一种导爆索（图 2-8），按装药不同可分为太安导爆索和黑索今导爆索两种。

军用导爆索技术指标（民品相同）：

外径：5.2~6 mm。

表皮颜色：红色。

装药种类：PETN 或 RDX。

装药重量：PETN12 g/m；RDX16 g/m。

爆速：不低于 6 500 m/s。

起爆方法：少于 6 根时可用雷管起爆，多于 6 根时，要用药块起爆。

起爆能力：在 200 g TNT 药块上缠绕 3~4 圈（捆牢）可直接起爆药块。

耐热性：+50 ℃ 时，经 6 h 后性能不变。

耐寒性：-40 ℃ 时，经 2 h 后性能不变。

防水性：两端密封，在 0.5 m 深水中浸 24 h 后不失去爆炸性能。

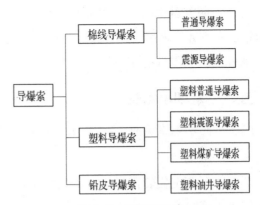

图 2-7　导爆索分类

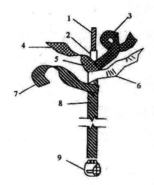

1—心线；2—药芯；3—内层线；
4—中层线；5—防潮层；6—纸条；
7—外层线；8—涂料；9—防潮帽

图 2-8　导爆索的结构

安全性：距离 50 m 枪击不爆炸。

抗拉强度：承受 490 N（50 kgf）拉力时仍保持爆轰性能。

每卷长度：50 m。

有效期：2 年（民品）。

（二）用途

普通导爆索用 8# 雷管引爆，用于引爆单个药包或同时引爆药包群。

普通导爆索适用于无沼气、无粉尘爆炸危险的场所。除用于引爆药包外，也可用于金属切割、爆炸成型、爆炸焊接等。

七、导爆管

导爆管是塑料导爆管的简称。它是导爆管起爆系统的主体元件，用来传递稳定爆轰波。

（一）结构

导爆管是一根内壁涂有薄层炸药粉末的空心塑料软管（如图 2-9 所示）。呈乳白色，管芯呈深灰色，颜色应当均匀，不应有明暗之分。管心是空的，不能有异物、水、断药和堵死孔道等。

（1）管材。导爆管的管壁材料为高压聚乙烯塑料或能满足要求的其他热塑性塑料。

（2）尺寸。导爆管尺寸与其品种有关，普通型号导爆管的外径约 3 mm，内径约 1.4 mm。

（3）装药。涂有导爆管内壁的炸药粉末的组分为 HMX 或 RDX 与铝粉的混合物，理论重量比为 91：9，可适当加入少量的工艺附加物（如石墨等）。

（4）药量。13~18 mg/m（通常取 16 mg/m）。

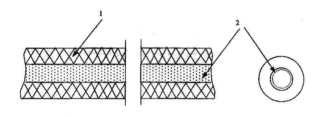

图 2-9　导爆管结构

1—塑料管壁；2—炸药

（二）性能

1.爆轰性能

导爆管传播的讯号是爆轰波，导爆管中传播的爆轰波的速度即导爆管爆速。普通导爆管的爆速为 1 950 m/s 或 1 650 m/s。

导爆管中爆轰传播受许多因素的影响，通常导爆管的爆速随混合药粉有效爆热的增加、药量的增加、粒度的减小、温度的降低、管材强度和管径增加而有所增加。

在采用雷管侧向起爆时，雷管爆炸产生的外壳破片及底部射流的速度高于导爆管的爆速，所以它们对导爆管的起爆有一定的影响。

在侧向起爆时，加强连接件的强度或捆扎的强度有利于提高雷管爆炸产生的高速冲击载荷对导爆管的作用，有利于提高起爆概率。

导爆管的打结、对折、中心孔被堵、渗入异物以及管壁破损等都会影响导爆管的传爆。

2. 起爆性能

只有一定强度和适当形式的外界激发冲量才能激起导爆管产生爆轰。

热冲量对导爆管的作用不能在管中实现稳定传播的爆轰波，所以拉火管、导火索和黑火药点火等器材只产生热冲量（产生火焰但不产生冲击波）的器材不能起爆导爆管。

所有能在导爆管内产生冲击波的激发冲量均有可能起爆导爆管。包括雷管、火帽、导爆索、炸药包、电火花等。一般冲击不会起爆导爆管，但步机枪射击曾引起过导爆管爆轰。

3. 耐火性能

导爆管受火焰作用不起爆，明火点燃导爆管一端后能平稳地燃烧。

4. 耐静电性能

导爆管在电压 30 kV、电容 330 pF、极矩 10 cm 的条件下作用 1 min 不起爆，具有较好的耐静电性能。

5. 高低温性能

导爆管在 $-40 \sim +50$ ℃时起爆、传爆均可靠，温度升高时导爆管管壁会变软，爆速下降。在 80 ℃下传爆时管壁容易出现破洞。

6. 抗撞击性能

在立式落锤仪中锤重 10 kg，落高 150 cm，侧向撞击导爆管时，导爆管不起爆。即低速撞击一般不会使导爆管起爆，而高速冲击就有可能使导爆管起爆。

7. 传爆安全性能

导爆管的侧向或管尾泄出能不得起爆散装的太安炸药，但是这种泄出能如经适当集中，是有可能直接起爆低密度高敏感炸药。

8. 抗拉强度

导爆管的抗拉强度在 +25 ℃时不低于 7 kgf, +50 ℃时不低于 5 kgf, −40 ℃时不低于 10 kgf。尽管导爆管具有一定的抗拉强度，在敷设导爆管网路时还是应尽量避免使导爆管受力。导爆管受力被拉细时，管内的药层将断开，药层断开的距离愈大对导爆管的传爆愈不利。

八、导爆管雷管

导爆管雷管是专门与导爆管配套使用的雷管，是导爆管起爆系统的起爆元件。几种导爆管雷管结构如图 2−10 所示。

导爆管雷管由导爆管、封口塞、延期体和火雷管组成，根据延期时间不同，主要有以下四种。

（1）瞬发导爆管雷管。

（2）毫秒导爆管雷管。

（3）半秒导爆管雷管。

（4）秒延期导爆管雷管。

导爆管雷管由导爆管中产生的爆轰波引爆，而导爆管可用电火花、火帽等引爆。

导爆管雷管具有抗静电、抗杂散电流的能力。使用安全可靠，主要用于无沼气、无粉尘爆炸危险的环境中。

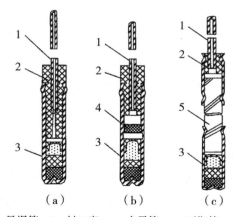

1—导爆管；2—封口塞；3—火雷管；4—延期管；5—延期体

图 2−10　导爆管雷管结构示意图

（a）瞬发型；（b）毫秒（半秒）型；（c）秒延期型

第四节　其他火工品

一、引信雷管

雷管是引信传爆系列中的主要元件，它在接受外界能量（针刺、火焰、电、撞击等）后，输出爆轰冲能起爆引信和弹体中的炸药。

雷管在引信中的状态有以下三种情况。

（1）雷管装在传爆药柱中。非保险型和半保险型的引信中，通常有这种情况。这时雷管的起爆作用除了轴向起爆力为主外，径向起爆力也起一定的作用。

（2）雷管炸穿隔板起爆导引传爆药柱。保险型引信通常属于这种，主要靠雷管的径向起爆炸穿隔板引爆导引传爆药柱，要求雷管的威力不能太大。在隔离保险的状态下，尽管雷管与导引传爆药柱不对正，但若雷管威力过大，就有可能炸穿隔板引起导引传爆药爆炸。

（3）雷管放在传爆药柱的上方。在非保险型的引信中通常有这种情况。这时雷管只有轴向起爆作用，要求雷管的威力要大些。

目前引信雷管用的主要是火焰雷管和针刺雷管两种。

二、手榴弹和地雷用延期雷管

手榴弹和地雷用延期雷管的加强帽是铝制的，而手榴弹的延期火焰雷管和68式爆破筒引信雷管均无加强帽，除此之外结构基本一致。延期药成分为硅粉3.9%~4.5%、锑粉8.8%、铬酸钡55.7%~56.6%、四氧化三铅31%、虫胶0.05%（外加）；点火药成分为四氧化三铅82.8%、硅粉3%、锆粉14.2%、虫胶2%（外加）。

三、数码电子雷管

数码电子雷管是由电子控制的瞬发或延期雷管，其内部装有微型电脑芯片，能设定各自不同的爆破响应时间，而且每发雷管都有身份采集，起爆网络中的雷管可汇集于数码电子雷管控制器上，由专用编码器编码起爆。控制器包括抗干扰电路、电压调整电路、通信接口、储能电容、电子开关、点火器、控制单元、时钟电路。其特征在于：有一个受控制工作的解码电路，电路中固化有该雷管的电子 ID 编码。它的发明使雷管的生产、使用、管理更方便，限制了雷管的不合理使用和非法利用，从根本上解决了雷管流失所造成的安全问题。

（一）基本结构

电子延期雷管（EDD）一般是由电子延期模块和瞬发电雷管组成，将它们相互连接并一起装入铝质、铜质或塑料等管壳中。

（二）体系结构

电子雷管的体系结构一般包括能源模块、信号接口、逻辑单元和驱动模块四个子系统。

（三）电子延期模块组成

电子延期模块实际上是三个主要功能部分的组合。

（1）输入电路。包括输入端并联的电阻、二极管桥、能源电容器和常压电路。

（2）延期时间调节电路。包括重置电路和振荡电路／计数电路。

（3）点火电流发火电路。

（四）电子装置的主要功能部分

（1）集成化的数字定时芯片。

（2）印刷电路板。

（3）能量储存电容。

（五）电子雷管的功能

（1）对来自发爆机和程序装置的指令接收、译码和实施。

（2）在非易变性记忆中标识参数的储存。

（3）产生与储存值相对应的延期。

（4）在延时过程中作用所需能量的储存。

（5）引发爆轰所需能量的储存。

（6）产生引爆主装药的电脉冲。

（六）电子雷管的指令

雷管中可能有的 8 个不同指令的识别与执行。

（1）阅读。阅读来自雷管记忆单元的爆破指令、编号、地址和延期时间。

（2）编程。进入雷管记忆单元的编程参数。

（3）脉冲。校验内部时钟频率。

（4）试验。通过桥丝输入小电流来试验点火线路。

（5）结果。报告点火电路的试验结果。

（6）充电。给点火电容器和为电子装置功能的电容器充电。

（7）放电。点火电容器放电。

（8）点火。点火电容器放电通过桥丝，开始引发爆轰。

（七）优点

数码电子雷管精度非常高，单发准爆率在 99.9 % 以上。在 50 m 水深中可浸泡 7d，延迟时间设定精度可达 1 ms，延时误差小于 2 ‰。它的优点在于延迟时间可平滑地减少，允许在较大范围内选择间隔。

四、激光雷管

用激光作为激发能量的雷管称为激光雷管。与激光点火器（输出燃烧）不同，激光雷管输出的是爆轰。该雷管由管状壳体、光导纤维、内管和点火药、延期药、上层装药和下层装药等构成。点火药与延期药由氧化剂与还原剂组成，上层装药密度较小，下层装药密度较大。上层装药可以是多层，以提高装药密度。光纤离点火药上表面的最佳距离为 4~8 mm。

点火药可使用的氧化剂有：铅丹、氧化铜、三氧化二铁、过氧化钡、铬酸铅等，可使用的还原剂有：硅铁、硅、铝、三硫化二锑等。延期药组分与其他延期雷管的延期药相同，氧化剂用过氧化钡、铅丹、铬酸铅等，还原剂用金属或合金粉末。延期药中还原剂较多，氧化剂／还原剂比值为（1／9）~（9／1）。二者区别是点火药（传火药）的延期秒时短，但着火性高。

炸药可以是太安、黑索今、奥克托今、TNT 等，上层装药密度取 0.8~1.4 g/cm³，最好取 1.0~1.3 g/cm³；下层装药密度取 1.0~1.7 g/cm³，最好取 1.2~1.7 g/cm³。

由于激光雷管需要实现燃烧转爆轰，所以首先要保证点火药点火后形成高温高压气体，而维持点火后器件结构的完整性是关键所在。因此激光雷管都采用窗口式结构，即在光纤与点火药之间密封一相对较厚且有一定强度能透射激光的窗口。典型的激光雷管由窗口、点火药（高密度 HMX）、加速片、转换药（低密度 HMX）和输出药（高密度 HMX）五部分组成。雷管的作用过程分为点火和燃烧转爆轰两个阶段。点火药前端由密封窗口约束，后端使用一加速片约束。点火药在吸收激光后将在约束环境中燃烧产生高压气体直到加速片破裂。破裂的加速片将在转换药中快速压缩，在此形成冲击波并实现爆轰。

❓ 思考题

1. 火工品主要用途是什么？对火工品有何基本要求？现代火工品的发展趋势如何？

2. 导火索的主要技术性能有哪些？使用导火索的基本要求是什么？

3. 雷管是怎样分类的？工程电雷管的主要技术性能参数是怎样的？

4. 导爆索的种类有哪些？其主要性能参数是什么？

5. 导爆管的结构是怎样的？其主要性能参数是什么？有何主要用途？

第三章　水下爆破网路

第一节　起爆方法选择

起爆装药的方法称为起爆方法，又称点火法。爆破常用的起爆方法主要有：导火索点火法、导爆索传爆法、电点火法、导爆管传爆法以及其他起爆法。

起爆方法是爆破作业的基础，必须精益求精，熟练掌握，以便可靠地执行爆破任务。

在爆破作业中究竟选用哪一种起爆方法好，应根据环境条件、爆破规模、是否安全可靠以及操作人员掌握起爆技术的熟练程度来确定。例如在有沼气爆炸危险的环境中进行爆破，应采用电起爆而禁止采用非电起爆；对于大规模爆破，如硐室爆破、深孔爆破和一次起爆数量较多的炮眼爆破，应采用电雷管、导爆管和导爆索起爆。

水下爆破中起爆技术对爆破作业的安全和效果均有影响，考虑下述因素选择起爆方法。

（1）爆破区的水深与流速。导火索点火法用在缺乏电源，3 m 以浅低流速浅水区。电点火法适应范围较广，在流速较大时应有防止导线被冲断、打结的措施；深水使用时，应有耐压设施或采用深水雷管。有防水措施的导爆管起爆性能受水压影响比较小，可以适应较大水深。流速较大用导爆索起爆时，必须有保护措施。无线遥控起爆可用在水深流急区。

（2）采用的炸药品种、药卷直径和药包大小。黑火药可由点燃的导火索、传递火花引爆。胶质炸药、硝铵类炸药要通过雷管或导爆索引爆。铵油炸药、浆状炸药等低感度炸药，一个雷管或少量导爆索爆炸时所产生的冲击波能量，常常不能引起药包爆炸，或产生不完全爆炸反应。因此，由这类炸药制成的药包，除了考虑采用合适的起爆方法外，还应使用中继药包（起爆体），才能保证良好的起爆效果。

（3）采用的爆破方法与爆破目的。水下微差爆破、定向爆破、控制爆破宜选用电点火法起爆。群孔爆破可采用电点火法、导爆索起爆法。对同时起爆要求高的水下预裂爆破，宜用导爆索起爆。药室爆破中，副起爆体的爆破只能靠与主起爆体连接的导爆索传爆。在水下药壶的扩孔爆破中，不宜使用导爆索，以免炸坏上部孔壁。导火索点火法只宜用在采用敷设法或抛掷法施工的个别的、少量的浅水区水底裸露爆破及水面浮冰爆破。电点火法、导爆索起爆法及导爆管起爆法可用于水下敷设法、钻孔法及硐室法施工的爆破工程中。

在起爆时间相同情况下，电点火起爆网路可以与导爆索起爆网路同时布置在同一起爆药包中，能事先检验网路质量；而导爆管起爆系统不能与其他起爆网路共同使用，也难以事先检验。因此，对爆破质量和效果要求严格的水下爆破工程，宜优先考虑电点火法起爆。

第二节 导火索点火法

导火索点火法是利用导火索和火雷管起爆装药的一种方法。它是利用导火索燃烧产生的火焰引爆火雷管，然后再利用火雷管的起爆能去起爆装药。实施导火索点火所需的主要器材有导火索、火雷管和点燃器材。

一、点火管的制作

接续有导火索的雷管叫点火管。制作点火管的方法如下。

（1）检查雷管与导火索是否完好。

（2）切取导火索。导火索长度根据需要确定，通常以点火手能撤离至安全地点为准。导火索插入雷管的一端要平切，以便与雷管的加强帽完全接触。

（3）将导火索谨慎地插入雷管内，直到与加强帽接触。插入时不准用力挤压或转动（图3-1）。

（4）将雷管固定在导火索上。固定时，

图3-1 将导火索插入雷管内

应在距雷管口部 0.5 cm 处用雷管钳夹紧（图 3-2）。若无雷管钳时，可用胶布缠紧，严禁用牙咬。

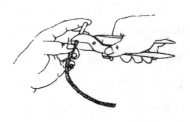

（5）在雷管与导火索结合部包缠胶布。其目的：一是当导火索很短时，可防止拉火管口喷出的火焰由缝隙直接射入雷管内引起瞬爆；

图 3-2　夹紧雷管口

二是防止点火管受潮失效。包缠时，先撕下 5~7 cm 长的胶布，然后将胶布在距雷管口部 1~1.5 cm 处成 45° 角向接续部缠绕。包缠时要求圈距均匀，缠紧包严。

二、点火管的固定

点火管固定在装药上一定要牢固、确实。在执行战斗任务时为使装药可靠爆炸，每个装药应固定两个以上的点火管。固定方法如下。

（1）若装药是由粉状炸药捆包成的，则应在装药的中央穿一雷管孔，再将点火管插入（雷管应全部插入装药内），然后用绳捆扎（图 3-3）。

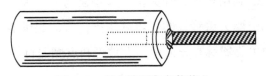

图 3-3　点火管固定在装药上

（2）若装药是由药块捆包而成的，则先将点火管插入药块的雷管孔内，然后用细绳在导火索上打一结扣，并捆扎在装药上；或在雷管与雷管孔间的空隙谨慎地插入小木片等将其卡紧。固定时，必须将雷管插到雷管孔底，否则，装药可能发生拒爆或爆炸不完全的现象。

三、点火管的点燃

点火管通常用拉火管或火柴点燃，也可用雷管钳上的打火机、香火等点燃。

使用拉火管点火时，先将导火索端部平切。如用塑料拉火管，应将导火索插入管内 2~2.5 cm；如用纸拉火管，则将导火索插过倒刺。拉火时，一手捏紧拉火管体，一手迅速拉出拉火丝图【3-4（a）】，看到冒烟，即已点燃。

用火柴点火时，将导火索端部斜切，使火柴头贴在药芯上，然后用火柴盒的磷面摩擦火柴头使其发火【图3-4（b）】，擦火时不要用力过猛，看到喷火时方可松手。

用七用雷管钳上的打火机点火时，将导火索端部平切，并插入打火机的导火索孔内，然后打火【图3-4（c）】，看到冒烟，即已点燃。

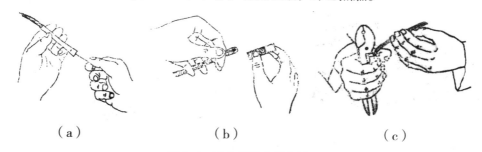

（a）　　　　　　　　（b）　　　　　　　　（c）

图3-4　导火索的点燃方法

（a）拉火管点火；（b）火柴点火；（c）雷管钳上的打火机点火

四、安全措施

（1）点火手的人数应根据装药的个数、间距、点火方法、导火索长度以及装药到隐蔽点距离等确定。一名点火手一次点燃的装药数不宜过多。

（2）点火管应在插入装药时才发给作业手，点火器材（拉火管、火柴等）应在实施点火时才发给点火手，点火手必须按指挥员的口令、信号实施点火。

（3）禁止脚踏导火索或在其上压以重物，以免导致导火索燃速加快，造成早爆事故。

（4）点火后要统计装药是否全部爆炸，对未爆炸的装药，应在预计爆炸时间15 min以后，指派一人接近观察导火索有无燃烧征候，确认无危险时，方可排除。

五、导火索点火法水下使用的基本要求

普通导火索在水中浸泡20 min，导火索燃烧1.5 m左右就会自行熄灭。因此，当水深超过1~1.5 m时，就必须使用双层沥青导火索、聚氯乙烯导火索、橡胶导火索，或采用被蜡封闭的导火索。火雷管与导火索连接处，要用特制胶粘剂或缠胶带防水。

采用蜡封闭时，先将导火索一端用蜡封1.5~2.0 cm。使其尖端叉开，露出药芯，然后将露出药芯端插入火雷管中，用卡丝钳卡紧。再将其装入起爆药包中，

密封起爆药包。

将已装好的导火索浸入槽温不低于 60 ℃的封蜡槽中。浸泡时间不超过 5 s，以免过度受热导致导火索燃烧。为保险起见，一般在无风地方进行过蜡两次，以免急冷使蜡裂缝。

处理后，取样对导火索进行抗水性试验。根据使用条件不同，浸入水下 1~4 h，然后对导火索进行燃速、全燃和燃烧均匀性试验，不得发生熄灭现象。

若使用纸雷管，要用纱线缠绕导火索，使其能与雷管紧密接合。然后用不透水胶袋或塑料袋将纸雷管及部分导火索包裹，并过蜡密封。

用于水下爆破的导火索不能与药包外皮接触，不允许折弯，以防在折弯处渗水造成中途熄灭。将药包放入水下爆破点后，导火索伸出水面应有一定长度（不宜小于 1 m）。对不能伸至岸上的导火索，应设置浮起装置。

六、导火索点火法的优缺点及应用范围

（一）优缺点

1. 优点

（1）所需器材少，操作简单、容易掌握和成本低。

（2）不需要使用检查仪器和电源。

（3）不受外界杂散电的影响。

2. 缺点

（1）不能同时起爆多个装药，不适用于大量爆破作业。

（2）无法在起爆前用仪表检查导火索的质量，可能会因缓燃或速燃而发生事故。

（3）虽能控制起爆顺序，但难以准确控制起爆时间，不易获得良好的爆破效果。

（4）导火索燃烧时有火焰喷出，不能用于有瓦斯或粉尘爆炸危险的场所。

（5）点火时，操作人员要直接在爆破地点点火，作业安全性差。

（二）应用范围

在军事上，主要用于（与拉火管连用）起爆单个装药。在爆破工程中的应用已不断减少，一般用于作业量小而分散的爆破工点，如炮眼爆破法、裸露药

包爆破法、二次爆破、浅眼爆破，以及起爆导爆索网路（或导爆管网路）。在重要的大型爆破工程中不宜采用，禁止在有沼气和矿尘爆炸危险的地方使用，也不宜在水下爆破中使用。若用于水下爆破时，该方法仅用在流速很小的浅水区、水面浮冰爆破及少量爆破工程中。

第三节 导爆索起爆法

导爆索起爆法是利用导爆索传递爆轰并起爆装药的一种方法。它先利用点火管或电雷管起爆导爆索，然后依靠导爆索爆轰产生的能量在瞬间传（起）爆多个装药。

一、导爆索的起爆

导爆索本身需要用火雷管或电雷管起爆。对于1~6根导爆索，可以直接固定在点火管或电雷管上进行起爆。对7根以上的导爆索，为了便于固定和起爆可靠，可将导爆索捆扎在药块上，然后用点火管或电雷管起爆药块（图3-5）。为保证可靠起爆，在硐室爆破和深孔爆破时，常常在导爆索与雷管连接的地方绑上一卷或两卷药包。导爆索与火雷管、电雷管或药块的结合部应用胶布或细绳捆扎牢固。

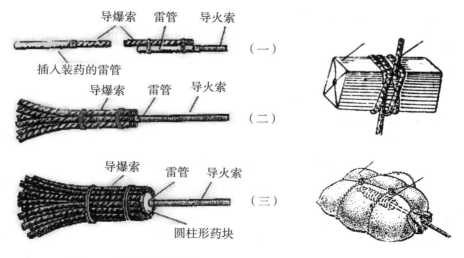

图3-5 导爆索的起爆方法

图3-6 导爆索起爆装药

二、导爆索起爆装药

导爆索起爆装药时，通常在导爆索插入装药端接续雷管。如果不接雷管，可将导爆索在装药（块状）上缠绕 4~5 圈；起爆粉状药包时，也可将导爆索折叠 2~4 股扎紧或打数个结扣放入装药内（图 3-6）。

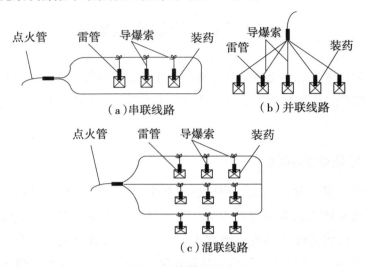

（a）串联线路　　　（b）并联线路

（c）混联线路

图 3-7　导爆索线路

三、导爆索网路

（一）导爆索线路的种类

导爆索同时起爆多个装药时，通常有串联、并联和混联三种形式（图 3-7）。根据装药在目标上配置的情况，可灵活应用。

（二）导爆索线路的接续

导爆索需要接长时，可将两根导爆索的一端相向并在一起，用胶布或细绳捆扎起来，接续部长度应不小于 10 cm，也可用对勾结。若将支路上导爆索接在干线上，可用云雀结【图 3-8（a）】。接续时要捆扎牢固。

为了使引爆索能接受两个方向传来的爆轰波，必须采用三角形连接法【图 3-8（b）】。

使用导爆索起爆法时，为了实现微差起爆，可在网路中的适当位置连接继爆管，组成微差起爆网路（图 3-9）。在采用单向继爆管时，应避免接错方向。

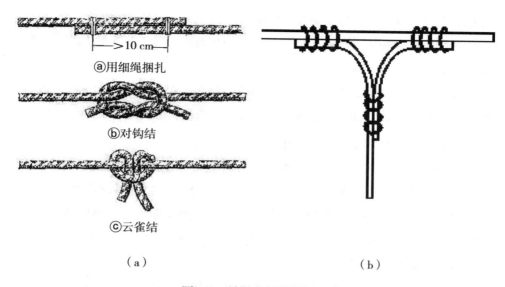

图 3-8　导爆索的续接方法

主动导爆索应同继爆管上的导爆索搭接在一起，被动导爆索应同继爆管的尾部雷管搭接在一起，以保证能顺利传爆。

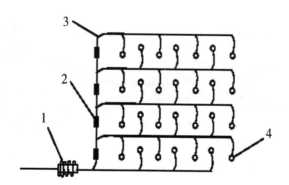

1—起爆雷管；2—继爆管；3—导爆索；4—炮孔

图 3-9　微差导爆索起爆网路

（三）敷设导爆索线路的作业组织与实施

敷设导爆索线路时应根据作业量大小、人员多少和时间等确定。以班为单位作业时，可分为干线小组与支线小组。

班长任务：根据上级的意图，组织全班领取和检查器材，确定线路形式，并给各组区分任务，领导全班按时完成任务。

干线小组：领取、检查导爆索与雷管，标定炸药位置，敷设干线，负责制作、固定点火管与实施点火。

支线小组：领取、检查导爆索、雷管、炸药，根据装药配置情况截取导爆索支线，接好雷管，插入装药内，然后设置装药，将各支路与干线相接。

（四）敷设导爆索线路注意事项

在潮湿天气或水中使用导爆索时，其末端必须用胶布缠紧并涂以防潮剂。

敷设串联和混联线路时，为了使所有的装药可靠地起爆，应将线路闭合起来。

敷设导爆索线路时，导爆索的传爆方向要一致（即采用正向连接，也就是要使聚能穴应朝向传爆方向）。否则，与传爆方向相反的导爆索可能被炸断（图3-10），从而中断传爆。

线路中的导爆索不要互相接触，也不要与相邻装药接触；不要过分拉紧，也不要形成环圈，以免传爆中断。为了安全，只允许在起爆前才能将起爆雷管与导爆索连接上。

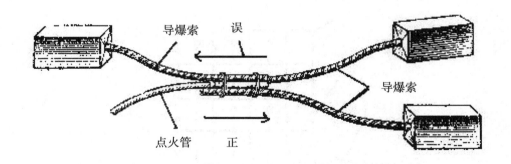

图 3-10　导爆索的传爆方向

若在水中使用导爆索网路起爆装药时，需采用防水导爆索。联结起爆网路时要防止导爆索受力，应采用绳索等加强，将导爆索分段固定在细绳上，且绳索要紧，导爆索要松，以防水流、风浪将导爆索拉断。设置时要防止导爆索打圈和相互交叉在一起。

四、安全措施

（1）切取导爆索时，应将整卷的导爆索展开一部分，使切取处到未展开部分的距离不小于 10 m。已经装入药包的导爆索不允许再次切割。

（2）受日光暴晒的导爆索线路，不得撤收，应就地销毁。

五、导爆索传爆法的优缺点及应用范围

（一）优缺点

1. 优点

（1）操作技术简单、容易掌握，与用电雷管起爆方法相比，准备工作量少。

（2）与继爆管配用时可实现微差爆破。

（3）安全性较高，一般不受外来电的影响。

（4）导爆索的爆速较高，有利于提高被起爆炸药传爆稳定性。

（5）可以使用于成组炮孔或药室同时起爆，而且同时起爆的炮孔数不受限制。

2. 缺点

（1）导爆索用量大，经济性差。

（2）在起爆之前，不能用仪表检查起爆网路的质量。

（3）当导爆索网路敷设在地表时爆炸噪声较大，在城市拆除爆破中不宜采用。

（二）应用范围

导爆索传爆法是一种非电起爆法。主要用于需要同时起（传）爆多个装药的场合，如深孔爆破、硐室爆破和光面预裂爆破等，特别是在有外来电影响或需要加强传爆的场合。在水下起爆装药时，尤其是 20 m 以深水中起爆装药，采用水下导爆索网路既安全又可靠。

第四节　电点火法

电点火法是利用电源所产生的电流起爆雷管进而使装药爆炸的一种方法，也称电力起爆法。实施电点火所需的器材主要有电雷管、欧姆表、导电线和电源等。

一、电点火器材

（一）电雷管

电雷管用于电点火时起爆装药或导爆索。使用电雷管之前，应首先检查其外表，然后用欧姆表导通或测量其电阻。为保证安全，导通或测量时，应将电雷管放在遮蔽物后面，或埋入土中约 10~20 cm，如放在地面上检查，安全距离应不小于 30 m。

（二）欧姆表

欧姆表用于导通和测量电雷管、导电线和电点火线路，但不准用来测量带电导体的电阻。

使用欧姆表时，应注意以下问题。

（1）使用欧姆表时，必须轻拿轻放，严防剧烈震动或碰击，在环境温度低于 −20 ℃情况下，应采取保温措施。

（2）使用完毕后，要擦拭干净，放在通风、干燥、温度适宜库房的柜内或架上。

（3）欧姆表有故障时，不准随便拆卸、修理，应由专人检查。

（4）欧姆表在保管期间，应取出电池，以免腐蚀，盖紧盖子，以免受潮。

（5）不准将欧姆表放置在电机或强磁场附近，以免影响精度。

（三）导电线

用于连接电雷管，构成电点火线路，以传导电流起爆电雷管。可用欧姆表测其电阻。

1. 检查方法

（1）检查外表——如发现断了，应连接起来，包皮破裂露出心线部位，要用胶布包扎绝缘。在水中或潮湿地点使用时，必须使用绝缘良好、接头最少的导电线。接头处除用胶布绝缘外，最好再用沥青密封，以防漏电。

（2）检查断路——将双心导电线（或两根单心线）的末端两线头接通，首端的两根线头分别接到欧姆表两个接线柱上，若指针指向预计电阻值为良好，指针指向"∞"为断路。对有断路的导电线，应逐段查找断路的位置。

（3）检查短路——将双心导电线（或两根单心线）的末端两线头分开，首端的两根线头分别接到欧姆表两个接线柱上，若指针指向"∞"为良好，指向具体电阻值为有短路。对有短路的导电线,可根据测得的电阻值判定短路的位置。

2. 接续方法

（1）导电线互相接续——先将两根导电线的末端的绝缘体各剥去 5 cm,并刮亮（勿伤到心线）,然后将两根心线交叉放置,紧密地拧在一起,最后缠上胶布绝缘（图 3-11）。

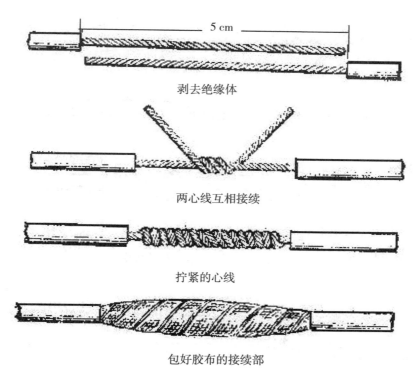

剥去绝缘体

两心线互相接续

拧紧的心线

包好胶布的接续部

图 3-11　导电线互相接续

（2）导电线与电雷管脚线接续——先将电雷管脚线末端的绝缘体剥去 5 cm,导电线末端的绝缘体剥去 2 cm,并刮亮心线。然后将脚线心线在导线上缠绕 1 周,用铁丝钳在导电线心线 1/2 处弯曲压紧,再将脚线紧密地缠在导电线的心线上,最后缠上胶布绝缘（图 3-12）。

（3）电雷管脚线互相接续——先将两心线刮亮、并拢,在 1/2 处折转 180°,以顺时针方向扭转拧紧,并压倒贴在心线旁,再缠上胶布绝缘（图 3-13 所示）。

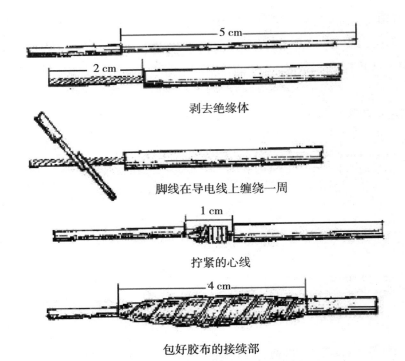

图 3-12　导电线与电雷管脚线接续

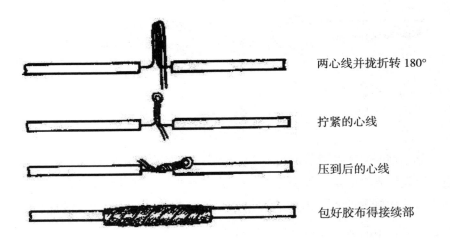

图 3-13　电雷管脚线互相接续

（四）电源

实施电点火常用的电源有点火机（起爆器）、干电池、交流电源等。

1.点火机

点火机体积小，重量轻，使用方便，是野战条件下常用的电源。这里介绍70 式点火机和 78 式点火机。

（1）70 式点火机。是一种发电机电容器式点火机（图 3-14）。转动摇柄带动发电机发电，经升压整流向电容器充电，当电容器与电点火线路接通时，迅速向电点火线路放电，从而引爆电雷管。

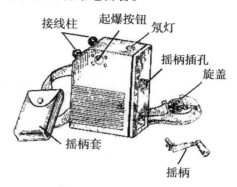

图 3-14 70 式点火机

起爆能力。①充电后立即起爆（此时电压 ≥ 1 600 V）。当电点火线路总电阻不超过 650 Ω 时，它能起爆 200 个串联的镍铬桥丝电雷管；当电点火线路总电阻不超过 220 Ω 时，它能起爆 100 个串联的康铜丝电雷管。②充电后在保留时间内起爆（-40 ℃ ~+40 ℃ 为 30min，+40 ℃ ~+50 ℃ 为 5 min，此时电压 ≥ 1 250 V）。当电点火线路总电阻不超过 350 Ω 时，它能起爆 100 个串联的镍铬桥丝电雷管。

当电点火线路总电阻不超过 135 Ω 时，它能起爆 50 个串联的康铜丝电雷管。

使用方法：①将干线接在接线柱上（勿使两线头接触，以防短路，烧坏点火机）。②将摇柄插入摇柄孔，顺时针方向迅速旋转，待氖灯恒亮后，立即停止摇动。③在规定时间内，按下起爆按钮，即可点火。④点火后，先取下摇柄，然后拆下干线。

使用注意事项：①本机严禁用于有瓦斯与其他易燃气体的矿井。②充电后至点火前，严禁取下摇柄（取下摇柄即自行放电）。③不得缓慢转动摇柄，以防氖灯电路耗电，降低电压。

检查方法：①以每秒 3~4 转的转速旋转摇柄，若在 4~6 s 氖灯恒亮，则点火机良好。②当外加电阻为 650 Ω（或 220 Ω）时，如能起爆 2 发串联的镍铬（或康铜）桥丝电雷管，则点火机起爆性能良好。

（2）78 式点火机。是一种发电机电容器式点火机（图 3-15）。其起爆能力、使用方法、使用时的注意事项、检查方法与 70 式点火机相同。

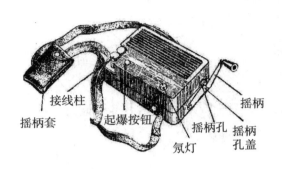

接线柱　　　　　　　　　　　　　　摇柄
摇柄套　　　　起爆按钮　　　摇柄孔　摇柄孔盖
氖灯

图 3-15　78 式点火机

2. 交流电源

交流电源是广泛使用的爆破电源。在我国，交流电的频率为 50 Hz，周期为 20 ms。用于起爆电点火线路的交流电源通常有照明线路、动力线路和移动发电站。

（1）性能。照明线路电压一般为 220 V，动力线路电压一般为 380 V。这类电源经用户使用，电压会有下降。使用时，应用电压表测量可供点火用的实际电压。

（2）电点火线路与电源的连接形式。电点火线路接在相线与零线之间，此时电压为 220 V；电点火线路接在两相线之间，此时电压为 380 V。

（3）计算方法。当线路所需的起爆电流不大于电源的额定电流时，保证电点火线路的准爆应满足下式：

$$u \geq U = IR$$

式中：

u——电源能提供的电压；

U——电点火线路所需的电压；

I——电点火线路所需的起爆电流；

R——电点火线路的总电阻。

如果 $u<U$，则不能保证线路准爆。应重新调整设计，减小线路的电阻，使 $R<U/I$。

（4）注意事项。①使用照明线路和动力线路起爆点火线路时，最好停止对其他用户供电。②必须设置闸刀开关，并装在带锁的箱内。闸刀闭合前，由电压表指示电源电压。③点火线路敷设并导通后，才允许将干线接到闸刀开关上，并指定专人看守，接到点火命令时，才能闭合开关。点火后应立即将开关断开，以免发生危险。

二、电点火线路的种类与计算

由导电线和电雷管按一定形式连接而成的电爆网路称为电点火线路。由电源通向装药位置的导电线叫干线，各电雷管之间及电雷管与干线之间的连接导线叫支线。

（一）线路的种类

电点火线路有串联、并联和混联三种形式。具体采用哪一种形式，一般根据爆破任务，爆炸的规模、装药的分布及现有电源等情况确定。

1. 串联线路

串联线路（图3-16）结构简单，便于敷设、检查与维护；所需起爆电流小，适用于高电压电源（如点火机）起爆。但该线路任一处断路，将导致整个线路拒爆。当电阻差大于 0.2 Ω 时，会造成电阻大的电雷管先爆而炸断线路，使其余雷管拒爆。

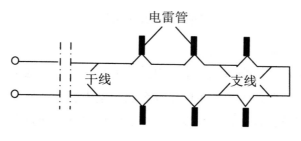

图3-16 串联线路

2. 并联线路

并联线路（图3-17）某一支路断路电不影响其他支路的起爆。但要求各支路的电阻基本相等，否则容易造成电阻小的支路先爆，而将邻近的支路炸断。所需起爆电流较大，野战条件下不易满足，在点火站不易检查线路的完好性。

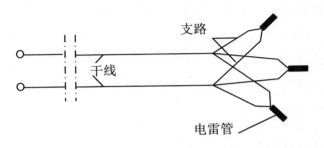

图 3-17　并联线路

3. 混联线路

混联线路由若干条串联支路并联构成（图3-18）。比单一串联线路可靠，线路中某一支路发生断路，不影响其他支路起爆。但要求各支路电阻基本相等，否则容易造成电阻小的支路先爆，而将邻近支路炸断，导致拒爆。所需电流大、电压高，在野战条件下不易满足。敷设和检查也比较复杂。

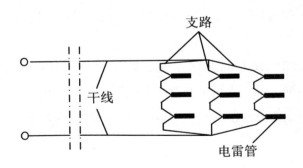

图 3-18　混联线路

（二）线路的计算

线路的精确计算应当考虑电阻、电感、电容、电流、电压以及点火时因温度升高而产生的电阻增大问题（因不同金属的电阻温度系数不同而不同）。但这样考虑会使线路计算变得十分复杂。在通常情况下，计算中不考虑影响较小的电感、电容及电阻增大问题。

1. 电阻的计算

设 m—串联线路或某一支路串联电雷管的个数；n—并联支路数；M—混联线路电雷管的总数；r—单个电雷管的电阻；r_1—支路电阻（不含雷管电阻）；R_0—干线电阻（包括电源内阻）；E—电源电动势。则：

（1）串联线路电阻为：

$$R = R_0 + r_1 + mr$$

（2）并联线路电阻为：

$$R = R_0 + \frac{r + r_1}{n}$$

（3）平衡混联线路电阻为：

$$R = R_0 + \frac{mr + r_1}{n} = R_0 + \frac{r_1}{n} + \frac{Mr}{n^2}$$

2. 电流的计算

总电流：

$$I = \frac{E}{R} = \frac{E}{R_0 + \dfrac{r_1}{n} + \dfrac{Mr}{n^2}}$$

支路电流：

$$i = \frac{I}{n} = \frac{E}{nR_0 + r_1 + mr}$$

理论证明：要使每一条支路中串联电雷管获得最大电流的条件是各支路并联后的电阻与干线电阻相等，即：

$$R_0 = \frac{Mr}{n^2}$$

所以

$$n = \sqrt{\frac{Mr}{R_0}}$$

$$m = \frac{M}{n} = \sqrt{\frac{MR_0}{r}}$$

上式中 n、m 值为支路电流为最大值时的最佳并联支路（最多支路）和串联雷管的个数（最少个数），对应的 i 为支路最大电流。起爆电点火线路所需的电流如表3-1所示。

表3-1　起爆电点火线路所需的电流强度

电流种类 电流 强度 雷管 线路 种类	直流电（A）		交流电（A）	
	康铜	康铜	康铜	镍铬
串联	2.0	2.0	3.0	1.5
并联（单发）	1.0 n	1.0 n	1.5 n	0.9 n
混联	2.0 n	2.0 n	3.0 n	1.5 n

注：n 为并联支路数。

3. 电压的计算

电点火线路的所需电压按下式计算：

$$U = IR$$

【例题】：有一串联电点火线路，干线（丁腈双心线）全长300 m，支线（丁腈单心线）全长200 m，串联120发镍铬桥丝电雷管（每个电阻3 Ω）。问需要用哪种点火机起爆？用380 V交流电源能否起爆？

解：$R = R_0 + r_1 + mr = 0.1 \cdot 300 + 0.05 \cdot 200 + 3 \cdot 120 = 400\Omega$

故需要用70式或78式点火机起爆。

用交流电起爆时：$I = 1.5$（A）

$$U = IR = 1.5 \times 400 = 600（V）$$

由于 $U > u$，所以用380 V交流电不能起爆。

三、电点火线路的敷设

（一）线路敷设的作业组织与实施

线路的敷设和连接是保证起爆可靠的一个重要环节。实施这项工作时应该十分认真仔细，要求网路敷设牢固、连接紧密、导电性能良好、绝缘可靠和符合设计要求。

敷设电点火线路作业的组织，应按作业量的大小、人员和时间等具体情况而定。如一个班担任作业时，通常区分为干线小组、电雷管连接小组和点火站小组。

（1）班长的任务。根据上级的指示，选择点火站位置（一般应选择在视界良好和便于隐蔽的地点），区分任务，并领导全班按时完成作业。

（2）干线小组。领取导电线并进行检查，将其由装药位置向点火站延放，敷好后应再进行检查，并把干线末端交给点火站小组。

（3）电雷管连接小组。领取电雷管，检查其导电是否良好，必要时测量电雷管的电阻并加以选择，标定装药位置，设置装药，连接电雷管和支线。按指挥员的命令，与干线接通。

（4）点火站小组。负责构筑点火站，领取电源及检测仪表，接收干线小组敷设好的干线末端并加以绝缘，并派专人看守。线路敷设好后，根据指挥员的命令，检查线路是否良好，此时所有人员应退至安全地点。线路检查后，如不立即起爆，应将干线末端重新绝缘。

（二）敷设和维护线路的注意事项

（1）串联在同一线路中的电雷管，必须选用同厂、同批、同桥丝的产品。否则，感度灵敏的会先发火而炸断线路，使其余部分拒爆。

（2）导电线接头必须连接牢固，并包缠胶布加以绝缘，以免出现短路、断路和漏电等现象。所有导线在连接前必须短接（短路），正式连接时才能打开，并用砂纸或小刀擦净。

（3）连线时要把手上沾染的油污或泥浆擦洗干净，以免增大接头电阻。连线的顺序必须先连作业区内的线，再朝起爆电源的方向连线。绝对不能在连线时先将干线与电源连接上。

（4）线路敷设不能过紧，以免拉断，所有的干线和支线应增加 10 %~15 % 的松弛度。

（5）线路应尽可能敷设在现地壕沟或埋入深度不小于 20 cm 的土中。

（6）线路经过江河时，要选择被覆完好的导电线，为了减少水冲击的影响，导电线应与水流斜交，并用绳索悬吊重物将其沉入河底。

（7）敷设地下点火线路时，应将导电线套入竹管或木制、竹制中，防止填塞时损坏。

（8）线路敷设完毕，必须测量线路总电阻，看其是否与计算电阻相符。

（9）敷设好的电点火线路要加强检查与维护，着重查明是否有断路、短路、电阻变化等。

（10）执行重要爆破任务时，还需设置副点火线路。

四、电点火线路故障的检查与排除

电点火线路敷设好后，应进行检查、确保线路可靠，防止哑炮。可用欧姆表测电阻的方法进行线路检查，看是否与计算值（必须是准确的）相符。正常情况下，实测电阻通常略大于计算值（不大于10％）。否则，线路可能不正常，应查明原因并排除。

事实说明，电点火线路的故障往往是接线质量不高造成的，其中以接头故障率最高。

五、安全措施

（1）电点火线路的导通与测量，必须待一切人员离开装药后才能进行。

（2）点火机摇柄及其他电源开关，应由专人控制。没有得到命令，电源不能与干线连接。

（3）点火后应立即切断电源。如有未爆延期雷管，应15 min后才能接近检查处理。

（4）电点火线路不得敷设在距发电站、高压电线、无线电台、电气铁道及变电站200m以内的地方。敷设在坑道内的电点火线路，不能与照明线路、动力线路混在一起。

（5）为了预防雷电、静电感应或电磁感应对线路的影响，应采取以下措施：①雷雨前应把支线和干线拆开，支线末端要分开，并严密绝缘。②将导电线埋入土中，深度不小于25 cm。③干线最好用双心线，如用单心线，则每隔1.0~1.5 m，捆扎在一起。④将一根裸露线或有刺铁丝与线路并排敷设。

六、电点火法的特点和适用范围

（一）优缺点

（1）优点。可以实现远距离操作，提高了爆破安全性；可以同时起爆大量药包，有利于增大爆破量；可以准确控制大量药包，有利于改善爆破效率；起爆前可以用仪表检查电雷管的质量和起爆网路的施工质量，从而保证了起爆网路的正确性和起爆的可靠性。

（2）缺点。准备工作复杂，作业时间长；电爆网路设计和计算烦琐；需要具备足够的起爆电源和专用检测仪表；在有外来电影响的场合，潜藏着引起电雷管早爆的危险。

（二）适用范围

电点火法是目前爆破作业中最广泛采用的起爆方法。除了有外来电严重影响的场合，许多爆破作业都可以采用电点火法。用于水下爆破时，应将导电线严格密封防潮、以防漏电，且不能在水中留有接头。线路采用绳索加强，以防止被风浪、水流冲断。敷设网路时，要由水至岸或顺流而下，以防破坏已设好的网路。

第五节　导爆管传爆法

导爆管传爆法是利用导爆管起爆系统（也称非电起爆系统）起爆装药的一种方法。这种方法操作简单，容易掌握，不受雷电或其他杂散电流的影响，在爆破作业中广泛应用。导爆管起到传递爆轰波的作用，它传递的爆轰波是一种低爆速的弱爆轰波，它本身不能直接起爆炸药，而只能起爆炮孔中的雷管，再由雷管的爆炸引爆炮孔或药室的炸药包。

一、导爆管系统的组成

以导爆管为主体传爆元件的起爆系统称为导爆管起爆系统（图3-19），它主要由激发元件、传爆元件、起爆元件和连接元件组成。

（一）激发元件

激发元件的作用是起爆导爆管，使之产生爆轰波。主要有以下三种：

1. 雷管

可采用各种雷管来起爆导爆管（通常将起传爆作用的雷管称为传爆雷管，而炮孔中起爆装药的雷管称为起爆雷管）。一个8#雷管可侧向起爆均匀固定在雷管周壁上的30~40根导

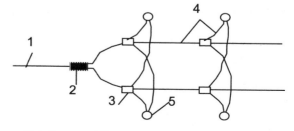

1—导火索；2—雷管；3—连通管；4—导爆管；5—炮孔

图3-19　导爆管起爆系统的组成

爆管。

2. 火帽和击发枪

击发枪可用体育发令枪改装（图3-20），枪身装有一个直径约为 3.2 mm 的 L 型金属传火管，管的上部带有火帽台，管口可插入一根导爆管。当击发枪的击锤打击（或其他形式的机械作用）火帽时，火帽产生火焰可轴向起爆插入传火管中的导爆管。

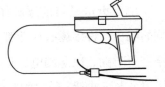

图 3-20　击发枪起爆导爆管

3. 电火花击发装置

在强电场作用下，可使导爆管内的两个金属电极产生火花放电，从而轴向起爆导爆管。

击发笔（图3-21）与点火机配套使用就是一种电火花激发装置。笔尖是放电元件，由直径 1.17 mm 的管状外层电极和直径 0.633 mm 的针状内层电极组成，两极中间用绝缘介质封固。使用时将击发笔的笔尖插入导爆管内，将击发笔的导线接在点火机接线柱上，充电后按下起爆按钮即可引爆导爆管。

此外，导爆索装药和强有力引火头也可激发导爆管。

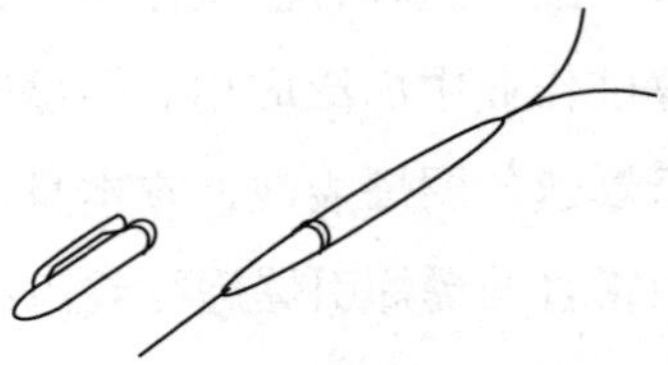

图 3-21　击发笔结构示意图

（二）传爆元件

传爆元件的作用是将冲击波信号由激发元件传给各个起爆元件，由导爆管或导爆管与雷管组成。传爆雷管可用各种瞬发或延期火雷管（含导爆雷管），后者对线路起延时作用。

（三）起爆元件

起爆元件的作用是起爆装药，按爆破网路的不同要求，起爆元件可使用8号瞬发火雷管或延期火雷管。瞬发、毫秒、半秒和延期导爆管均可作起爆元件用。

（四）连接元件

连接元件起连接作用，用来连接激发元件、传爆元件和起爆元件。主要有卡口塞、连接块和传爆接头等。

卡口塞（图3-22）用来组合连接导爆管和火雷管（有时称这种雷管为组合雷管）。

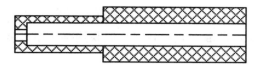

图 3-22　塑料卡口塞结构示意图

连接块用于固定雷管和被它侧向起爆的多根导爆管。连接块有多种形式，连接块中央有已一插雷管用的圆孔，圆孔周边有多个小孔用以插入导爆管。

传爆接头也称连通管，用于导爆管之间的连接，这种连接在传爆网路中没有雷管，安全性好。它利用导爆管断药 20 cm 仍能传递冲击波的特性，将爆轰信号直接传递给后续导爆管。

在没有制式连接元件或不能使用连接元件时，可采用火雷管进行简易连接，即把一根或多根甚至数十根的导爆管均匀地捆在雷管的周围，利用雷管对导爆管的侧向起爆作用传递爆轰。捆扎物可用聚丙烯包扎带、细绳、雷管脚线和胶布等。捆扎的强度愈大，起爆的可靠性愈好。其中聚丙烯带的捆扎效果较好，雷管外侧均匀排列的三层导爆管均能被起爆 30 ~40 根。胶布的捆扎效果较差，通常只能起爆 8 根导爆管。

二、导爆管网路

（一）网路形式

1. 按网路联结形式分类

根据联结形式的不同，导爆管网路主要有串联、并联和混联三种基本形式。

（1）串联。即把起爆组合雷管上的导爆管联结在传爆连接件上，然后再把传爆连接件串联起来（图 3-23）。用于装药成一线配置时。

（2）并联。即把起爆组合雷管并联在传爆连接件上（图 3-24）。起爆组合雷管数目较多（成簇）的并联通常称为簇联（图 3-25）。加强簇联比普通簇联多设一个组合传爆雷管。

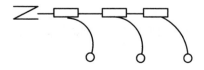

图 3-23　串联导爆管网路

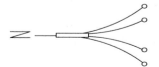

图 3-24　并联导爆管网路

（3）混联。混联网路中同时具有串联和并联两种联结形式，它包括起爆组合雷管和传爆连接元件的串联与并联。混联网路适用于装药个数多且成多列配置的情况（图3-26）。

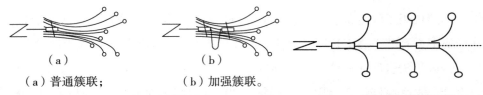

（a）普通簇联；　　　　（b）加强簇联。

图3-25　簇联导爆管网路　　　　　图3-26　混联导爆管网路

2. 按爆破网路传爆可靠性分类

（1）单式爆破网路。该网路的特点是传爆干线及支线均为单路，当传爆干线因某些随机因素而在某处断爆时，该处以后的传爆干线所联结的炮孔将全部拒爆。

因此，单式爆破网路对于传爆可靠性要求较高的爆破作业是不适宜的。

（2）复式爆破网路。为使爆破网路传爆更为可靠，可采用复式爆破网路。在复式网路中，炮孔中装有2个雷管，并分别并联在两条传爆干线上。①普通复式爆破网路（图3-27）。两条传爆干线之间没有相互作用，传爆可靠性比单式网路大得多。网路中两条传爆干线间有一定距离，以防止网路同时遭到破坏。②加强复式爆破网路（图3-28）。尽管只是两套单式爆破网路的组合，但网路中两条传爆干线相互作用，每一条传爆支线均受到传爆干线中两个传爆雷管的作用。

图中A、B为网路中第一段传爆雷管，C、D为第二段传爆雷管。网路工作后，A、B传爆雷管起爆该段的传爆支线及下一段传爆干线，使该段炮孔的起爆雷管和下段传爆雷管C、D点火。当某种因素使A拒爆，则B作用

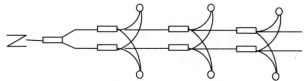

图3-27　普通复式爆破网路

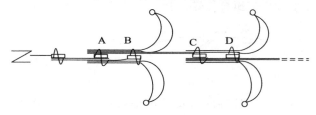

图3-28　加强复式爆破网路

后仍能使第一段起爆雷管和第二段传爆雷管正常使用。同样，B 拒爆时，A 仍作用。从图中还可以看出，与 B 组合的导爆管在 A 以前被切断时，还可以通过 A 的作用起爆 B。

这种类型的爆破网路使传爆干线之间可以相互作用，而且网路中的支线使起爆次数增加，从而使整个爆破网路的可靠性大大提高。

（二）网路延期

导爆管爆破网路和延期时间可用延期雷管或利用导爆管本身的固有延期来实现。

1. 利用延期雷管实现延期

利用导爆管延期雷管来实现网路延期的方法主要有以下三种。

（1）孔内延期。在孔内延期爆破网路中，采用瞬发雷管作传爆雷管，利用不同段别的导爆管毫秒延期雷管作炮孔装药的起爆雷管，以实现各段炮孔按规定的微差时间间隔顺序起爆。这种方法对设计、操作要求较严，容易出差错，影响效果。

根据炮孔起爆顺序及炮孔间微差间隔的设计，可以确定出各段炮孔中起爆雷管的段别。按炮孔的起爆顺序，首段炮孔所选用的起爆雷管的段别是决定以后各段炮孔中起爆雷管段别的基础。首段炮孔所选用的起爆雷管的毫秒延期时间，应保证在段炮孔起爆前其余各段炮孔中起爆雷管均获得激发冲量而被点火。

（2）孔外延期。在孔外延期爆破网路中，各段炮孔均采用瞬发雷管作起爆雷管，传爆干线中的传爆雷管选用导爆管毫秒延期雷管（同段或不同段），使各段炮孔按一定的微差时间间隔顺序起爆。这种方法操作简便，不易出差错。

孔外延期网路的特点是：不管传爆雷管的延期精度如何，各段炮孔之间不会产生窜段现象；即可实现多段炮孔间不等时间间隔起爆，也可实现多段炮孔间等时间间隔起爆。与孔内延期相比，使用延期雷管数量较少。但存在前段炮孔爆炸影响后续网路传爆可靠性的问题。

（3）孔内外延期。在孔内外延期的爆破网路中各段炮孔中的起爆雷管及传爆干线中的传爆雷管，可分别采用不同段别的导爆管毫秒雷管，且起爆雷管的段别高于传爆雷管的段别，使各炮孔按一定的延期时间顺序起爆。

孔内外延期的特点是可实现对传爆雷管和起爆雷管段别选择，合理调节微差时间间隔。

2. 利用导爆管固有延期实现延期

在某些微差爆破中，微差时间间隔要求准确，并且能够按需要连续可调。而有时微差时间间隔要求比较小，毫秒延期雷管系列中的最低段别也满足不了，这样就有必要在爆破网路中利用导爆管的固定延期来满足时间间隔的准确要求。这种比毫秒雷管最低段别的延期时间还要短的微差时间间隔，有时称作半段延期。

爆破网路中的起爆雷管为瞬发雷管，所以，与孔外延期爆破网路一样，应考虑前段炮孔爆炸后对后面爆破网路的影响问题。

利用导爆管固有延期与毫秒延期雷管相配合，能够实现半段延期间隔的孔内延期微差爆破网路。

（三）与电雷管、导爆索配套使用组成爆破网路

1. 与导爆索配套使用

用导爆索作传爆干线，把组合起爆雷管并联在此干线上，可以组成导爆索和导爆管构成的混合网路。导爆索比导爆管的爆速高3倍多，故混合网路中同一段炮孔的起爆同步性好。图3-29为利用导爆索作传爆干线，采用孔内延期实现微差爆破的混合网路。图3-30为利用继

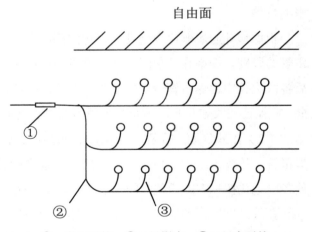

①—激发雷管；②—导爆索；③—组合雷管

图3-29 配用导爆索组成的爆破网路

爆管实现孔外延期的混合网路。导爆管与导爆索的联结与导爆索之间的联结方法相似，要注意联结长度及传爆方向等问题。

2. 与电雷管配套使用

用电雷管组成爆破网路的传爆干线，然后把炮孔中组合起爆管上的导爆管再连接到电雷管上。这种与电雷管配套的导爆管网路，也可以通过孔内或孔外

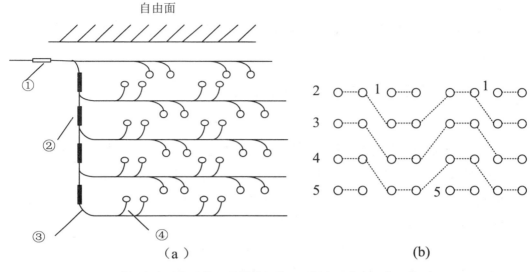

①—激发雷管；②—继爆管；③—导爆索；④—组合雷管

图3-30　配用导爆索与继爆管组成微差爆破网路

延期的方法实现微差爆破。

三、导爆管网路使用注意事项

（1）使用前应进行外观检查，管口必须热封。如有破损、拉直、压扁等不正常现象，均应剪断去掉。

（2）敷设网路时，要注意勿使导爆管扭劲、打死结和拉伸变形，以免影响传爆可靠性。

（3）导爆管与导爆管或传爆雷管连接加工时，要严防接头部进水和砂粒堵塞，接续应确实，接续部应用胶布包裹严密。

（4）用于药孔爆破时禁用反向装药。填塞时，导爆管要紧贴孔壁，并注意不要捣伤管体。

（5）用雷管起爆导爆管时，应先在雷管外侧及端部及聚能穴处缠2~3层胶布，然后再用塑料包扎带等把导爆管均匀而牢固到捆扎在雷管的周围，并对传爆雷管加以防护。

（6）为保证起爆的可靠性，大中型爆破应敷设复式网路。

（7）网路要敷设在无水、无高温、无酸性的安全地带，并防止在日光下暴晒。

（8）水下爆破时，应对导爆管与雷管连接处密封处理，并加固以防水流、风浪拉断。

四、导爆管网路优缺点和应用范围

（一）优缺点

（1）优点。操作技术简单，容易掌握，与电起爆法比较，起爆准备工作量少；安全性较高，一般不受外界电影响，除非雷电直接击中它；成本低，便于推广；它能使成组炮孔或药室同时起爆，而且同时起爆的炮孔数不受限制，并且它能实现各种方式的微差爆破。

（2）缺点。起爆前无法用仪表来检查起爆网路连接的质量；不能用于有沼气和矿尘爆炸危险的场合；爆区太长或延期段数太多时，空气冲击波或地震波可能会破坏起爆网路；在高寒地区塑料管硬化会恶化导爆管的传爆性能。

（二）应用范围

导爆管起爆法的应用范围比较广泛，除有沼气和矿尘爆炸危险的环境中不能采用以外，其他各种条件下几乎都可应用。

第六节　特种起爆方法

前述几种起爆方法在陆地爆破中被广泛采用，十分方便和可靠。但是，在水中使用时，由于水的浸湿性、导电性和水流、风浪及能见度的影响造成许多不便，对网路敷设提出许多严格要求，不仅要求有足够的强度，防止被水流、风浪扯断，同时还必须严格密封、防潮、绝缘，防止因受潮、漏电而造成起爆网路失效。为此，发展了能更好适应水下爆破要求的起爆方法，诸如电磁波起爆法、水下声波

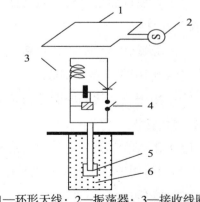

1—环形天线；2—振荡器；3—接收线圈；
4—开关；5—电雷管；6—炸药

图 3-31　电磁波起爆装置原理图

起爆法及高能电磁感应起爆法等，其中水下声波起爆法及高能电磁感应起爆法还可实现无线遥控起爆。

一、电磁波起爆法

电磁波起爆方法是一种便于在水下实施大规模遥控爆破的起爆技术，它是采用电磁感应原理制成的遥控装置，图 3-31 所示是其原理图。

起爆系统由振荡器、环形天线、接收线圈和起爆元件组成。振荡器和环形天线在一起。环形天线用直径 1 mm 的硬铜线盘绕 6 圈，围成直径约 100 m 的环状，用浮子悬浮在爆区水面上。接收线圈和起爆元件装成一体，设在炮孔口部。接到点火命令时，即可接通振荡器电源，振荡器开始工作，产生低频交流电流流过环形天线，形成一个交变电磁场，感应接收线圈产生感应电动势，经整流后变成直流电，向电容器充电。一段时间后，电容器充电电压达到额定值，停止充电，开关闭合，接通电容器与电雷管，电容器放电，引爆电雷管和炸药。

电磁波起爆装置有如下的优点。

（1）采用 550 Hz 低频发射，结构简单，造价低。

（2）接收线圈内不装电池，完全靠强力电磁波经检波器积分进行电压积累，结构简单，成本低，可靠性高。

（3）对水的穿透力强，海水中深度可达 100 m。

其缺点如下。

（1）天线大，且需浮在水面上，敷设时很不方便，灵活性差。

（2）接收线圈抗干扰能力差，若水下存在强电场时，会造成误爆。

（3）需要产生强力电磁波，发射机功率大，因而机身笨重，移动不便。

二、水下声波起爆方法

水对电磁波的吸收能力很强，电磁波在水中传播时衰减很快，传送距离不能很远。然而水对声波的传送能力却要强得多，为了实现远距离水下遥控爆破，大多采用水下声波起爆法。图 3-32 所示为水下声波起爆系统原理图。

水下声波起爆装置由声波发生器、送波器及起爆装置组成。声波发生器和送波器安装在指挥船上，起爆装置安装在炮孔口部与起爆元件连接。当接到点火命令，即接通安装在指挥船上的声波发生器，通过伸入水中的送波器向起爆

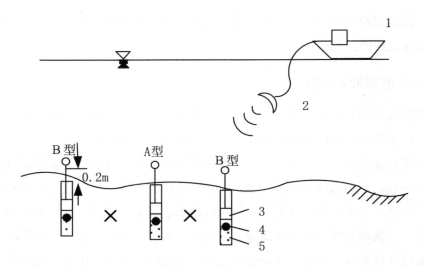

1—声波发生器；2—送波器；3—起爆装置；
4—电雷管；5—药包

图 3-32　水下声波起爆系统原理

装置发射超声波，水下炮孔口部的起爆装置接收到超声波后，接通电源，引爆雷管和炸药。

起爆装置分为 A 型、B 型两种，分别与雷管和电池连接，装入水下炮孔内，将接收器引出孔外 0.2 m 左右。声波通过水传到 A 型元件时，受波器接收信号后接通起爆装置电源，引爆电雷管和炮孔内炸药。当该炸药爆炸产生水下冲击波，当其压力达到 10 MPa 时，可使 B 型受波器工作，引爆药包，由此可做到一次引爆大量炸药包，完成一次大面积爆破。

采用该系统在一次大面积爆破时，尽管起爆的药包很多，但是每一次只需使用一套 A 型装置。它有一套电子装置，接收水面声波发送器送来的信号，引爆炸药。而后只有爆炸波压力超过 10 MPa 才能引爆设有 B 型起爆装置的炸药，所以这套起爆系统不仅能完成一次起爆多个药包，而且由于电子线路抗干扰能力强，不会产生早爆现象，大大提高了系统的安全性。该系统有如下突出优点。

（1）接收装置的抗干扰能力强，能防止误爆。

（2）接收装置有内藏电池，减轻发射机的负担，便于携带，实用性强。

（3）能穿透水深 100 m，遥控距离 1~2 km。

该系统的不足之处是超声波发射器和接收装置结构复杂，成本高。

三、高能电磁感应起爆法

高能电磁感应起爆法的实质上就是电磁感应原理，它包括小型携带式起爆电源（即放炮器）、电爆破网路和带有小型磁环的电雷管。当进行起爆时，由起爆器输出数万赫兹的高频冲电流，流经爆破母线和辅助母线（相当一次线圈），然后通过电磁转换器的磁芯，使电雷管短接的环形脚线中产生几伏特的感应电压而起爆雷管。

这种起爆系统由于带磁环的电雷管只接受放炮器输出的一定频率的交流电，而工频电和其他频率的交流电对它不发生作用；同时，在网路中电雷管一直处于短接状态，而且与放炮器没有直接的电联系，从而提高了该系统抗外来电的干扰，使它在水中和外来电干扰较严重的场合均能使用，扩大了电磁起爆法的适应性，是一种有广泛发展前途的水下爆破起爆系统。

？ 思考题

1. 导火索点火法的优、缺点及使用场合是什么？

2. 导爆索起爆法的优、缺点及使用场合是什么？

3. 导爆管传爆法的优、缺点及使用场合是什么？

4. 电起爆法的网路形式有哪些？主要器材有哪些？主要优、缺点及使用场合是什么？

5. 如何对电爆网路进行检查？常见故障有哪些？如何排除？

6. 使用电爆网路有哪些安全措施？

7. 掌握电爆网路的计算方法？

8. 了解其他特种起爆方法的作用原理？讨论水下爆破起爆方法的发展趋势？

第四章 水下爆破装药

第一节 陆地爆破药包

实施爆破用的准备好的定量炸药叫装药。装药量应根据爆破目标的坚固程度、断面尺寸、破坏程度及装药配置于目标的内部或外部等条件来决定。装药按其形状不同,可分为集团装药和直列装药。此外,还可根据爆破目标断面情况,捆包成各种不同形状的装药。

捆包装药时,根据炸药的性能、爆破目标周围的潮湿程度以及等待点火时间的长短,可用纸、麻袋、塑料布等捆包,也可装在铁桶、木箱、竹筒及陶瓷容器内。在潮湿地点和水中实施爆破时,尚须在包装好的装药表面和接缝处涂以沥青或蜡等。

一、集团装药的捆包

集团装药的形状近似立方体,其长度不大于宽度或高度的3倍。其捆包方法是:

(一)块状炸药的捆包

捆包块状炸药时,将药块放在包皮上,根据需要的形状将药块紧密靠拢,并使雷管孔朝向外,包起各边,然后用绳索或铁丝捆扎牢固(图4-1)。

(二)粉状炸药的捆包

捆包粉状炸药时,根据需要可采用单层或多层包皮,将包皮在地上展开,放好炸药,包起各边,并压实,同时修正装药形状,然后用绳索或铁丝捆扎牢固。捆包时,应先用绳索十字交叉固定,再根据装药的大小按横三、竖三、拦腰一道或横五、竖五或横五、竖五、拦腰一道进行捆扎,绳索的交叉处均要打结。

图4-1 用麻袋捆包的集团装药

捆包好后，为了使用和携带方便，可做一提环（图4-2），也可捆一木（竹）杆（图4-3）。

除按上述方法捆包外，还可将炸药装入铁桶、木箱或陶瓷容器内。装入时，先将炸药的一半装入容器，放入点火管或电雷管，再装入剩余的炸药，轻轻压实，最后将口部严密封闭。当装药使用电雷管起爆时，电雷管脚线与导电线接续部，应放在容器内，并将导电线的末端捆上一根横木棍，以防止电雷管被拉出或拉断接续部（图4-4）。

图4-2 系以绳索的装药

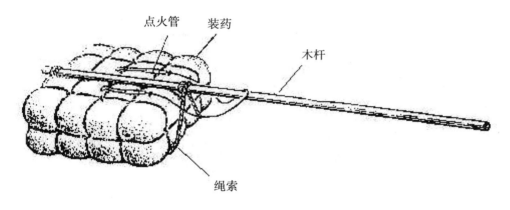

图4-3 带木杆的装药

用于水中的浮游装药，炸药约占容器容积的一半，为了使炸药在容器中不松动，上面可压以内盖（图4-5）或交叉横木。

二、直列装药的捆包

直列装药的形状为长方体，其长度大于宽度或高度的3倍。一般由一至数列药块或药粉捆包而成。

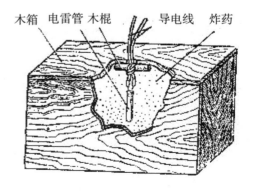

图4-4 装入木箱的装药

（一）块状炸药的捆包

装药可捆在与其长、宽相等的木板上，捆包时先用塑料薄膜等把装药的长边包起来，然后包两端（两端药块的雷管孔朝外），以使药块紧密靠拢。最后用细绳或细铁丝每隔 20~30cm 捆扎一道（图 4-6）；如不用塑料薄膜捆包，每块药块应捆扎一至两道。

（二）粉状炸药的捆包

捆包直列装药时，可先将包装材料缝成圆筒形的袋子，装入炸药

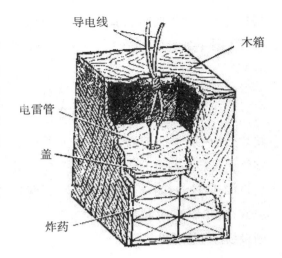

图 4-5   用于水中的浮游装药

后再根据需要固定在木板上或竹材内，也可将炸药直接装入竹筒或金属管内。为使用方便，可在装药插入目标端装上木尖头（图 4-7）。

图 4-6   捆在木板上的直列装药

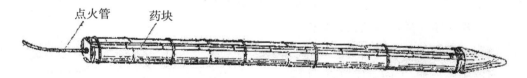

图 4-7   用竹材捆包的直列装药

为了携带方便，直列装药的长度超过 3m 时，应分成数节捆包，使用时再连接在一起。为了使连接在一起的装药可靠地爆炸，各节之间用导爆索连接起来。根据使用方便，可将点火管固定在装药的一端或中间。

三、捆包装药的基本要求

（1）捆紧——药块靠紧，药粉适当压实，包皮包紧，并打成死结。

（2）防潮——装药要防潮、防水，保持炸药的干燥，以充分发挥炸药的爆炸作用。

（3）便于使用——装药要便于携带，便于投送，便于配置。

（4）装药应有两套点火装置。

第二节 水下爆破药包

水下爆破种类不同，装药方法和药包形式也不同，主要包括集团装药、扁平装药、直列装药、聚能装药、钻孔装药等。由于选用的炸药种类和起爆器材种类不同、爆炸水深不同，对装药加工采取的措施也不同。如采用防水、防压装药，则一般包装即可；若采用非抗水炸药，则需进行密封防水处理；而若将非抗水性炸药用于深水爆破时，还要采用耐压壳体。爆破前需根据爆破要求，对装药进行包装加工。

一、水下爆破药包的加工

（一）药包加工的一般要求

为便于水下爆破施工和取得较好的爆破效果，药包的加工应满足以下要求：

（1）药包密度应满足不同爆破方式浮稳性要求。对水下钻孔爆破应大于 $1.1\sim1.2$ g/cm^3，水底裸露爆破不宜小于 1.3 g/cm^3，水中爆破药包不宜小于 $1.4\sim1.5$ g/cm^3，以克服水浮力及流速的影响。药包密度不能满足上述要求时，可在药包内或外侧附上铁砂、石块等进行配重或用重物压住、捆住药包。

（2）药包直径至少大于所装炸药的临界直径，以保证爆轰稳定传播。

（3）应具有一定抗水性。

（4）使用非抗水性炸药时，应有可靠的防水措施。

（5）单个药包的重量应便于搬运、敷设，外形尺寸应与药孔或药室大小相适应。

（二）水中裸露药包的加工

悬吊在水中进行爆炸的药包称为水中裸露药包。主要用于水下炸礁；开挖厚度小于 1.5 m 的水下岩石；深孔或硐室爆破后的大块二次破碎和欠挖处理，诱爆拒爆的深孔装药；清除废弃桥墩水下部分的圬工物；物探矿源；水深超过

30 m 的水下岩石爆破等。

用于水下炸礁时的药量计算公式为

$$C = KV$$

式中：

C——总装药量，kg；

V——礁石总体积，m^3；

K——系数，一般取 5~10 kg/m^3；礁石小、投药方便、流速大的地方取小值。

一般情况下，将药包加工成 1 : 1.5 : 3 长方体，内部安放 2 个起爆体。药包分两层，第一层为防水包装，用塑料袋捆扎封口；第二层包装为麻袋、编织袋或草席，以防塑料袋擦坏。

使用感度较低的炸药时，应加装中继起爆药包，将其放在炸药的中心部位。对于铵油炸药，中继起爆药包的药量约占药包总重量的 8 %~10 %。

（三）水底裸露药包的加工

根据爆破目的不同，水底裸露药包可加工成扁形、圆柱形及聚能药包。

1. 扁形药包

放在水底岩石或覆盖层表面爆破的水底裸露药包，与爆破对象的接触面积愈大，药包中心到岩石表面的距离越近，接触愈紧密，爆破效果也愈好。因此，水底裸露药包宜加工成扁形，如扁矩形、扁圆形、扁梯形及盘形等。

加工后的扁形药包厚度应大于炸药的临界直径，宽高比约为 3~4，不宜超过高度的 4 倍；以避免离雷管最远部分的炸药爆炸不完全。潜水员敷设时，单个药包重量不宜超过 25 kg。

需增大药包比重时，可将塑料袋横放，然后将砂装入袋的一侧，或捆扎坠石配重。置于礁石或孤石顶部的药包用双侧坠石，置于礁石侧面的药包用单侧坠石。引出起爆体的导线后，用绳索捆绑袋口与药包。

爆破大块礁石需要较大药包时，可将装药箱加工成矩形药包。将包装炸药纸壳用防水材料（沥青、石蜡和松香混合剂）涂抹均匀，放入箱内，再将起爆体装入木箱内的炸药，并从箱盖上预钻的小孔中引出导线。为增加药箱比重，在木箱一边或两边捆绑石块或沙袋。

扁圆形及扁梯形药包可用塑料布或涂有防水剂的牛皮纸、硬纸壳包裹密封。

用于一定流速水中的裸露药包还可用麻袋、竹篾摺或竹笆裹扎，以增加抗撞击、抗摩擦能力，然后用竹筋或绳索捆孔。水深大于 3 m 时，硬纸壳做的药包易被水压挤裂变形，只适用于浅水区。

盘形药包爆破时，能使爆炸气体垂直分布于药包底面，增强破碎、浚深效果；但加工复杂，可用 TNT 炸药熔铸，或采用金属外壳。主要用在产生较大炸坑和较大松动面积的场所。

2. 圆柱形药包

药包高度约为直径的 1~4 倍。破坏范围不如扁形药包大，水底稳定性及定位困难。但如水底土石较紧密，又要抛出砂土，造成相互重叠的爆破漏斗坑来达到浚深目的时，采用圆柱形药包较为有效。

可用硬纸壳或金属片预先加工成圆筒形，也可用塑料管。从装药中引出起爆体导线后，封口形成圆柱形药包。

3. 聚能药包

采用聚能药包爆破，较之普通圆柱形药包的爆破效果可明显提高。试验证明，同样尺寸而装药结构不同的普通药包和聚能药包相比，普通药包爆后漏斗直径为药包直径的 2~4 倍，深度为药包直径的 3~4 倍，而聚能药包则分别为 1.5~3.0 倍及 3.5~5.0 倍。

聚能药包的聚能穴可做成圆锥形、半球形、抛物线形及线形凹穴等形式。其中，普通聚能药包的凹穴未采取隔离措施，凹穴内充满环境水；而用硬纸板、塑料板或薄铁片等将凹穴隔开，凹穴中充满空气的药包，具有更强的聚能效果。因此，若想使聚能药包取得所需爆破效果，应保证炸高内没有水。

（四）埋入式药包的加工

装入水底岩石或覆盖层内的药包称为埋入式药包。可根据爆破目的不同，将其加工成集团药包或延长药包。

集团药包爆破抛掷效果较好，但爆破块度不均匀，宜用在水下要求抛掷的爆破工程。延长药包则相反，破碎块度较均匀，主要用在破碎或松动岩石为目的的爆破中。水下钻孔爆破主要用延长药包；水下药壶爆破、硐室爆破主要用集团药包。

钻孔爆破中根据药包尺寸与钻孔孔径相对关系，可分为密接式药包与非密接式药包。一般水下工程爆破采用密接式药包，药包外径接近或稍小于钻孔孔径。非密接式药包外径仅为钻孔孔径的 0.25~0.5 倍（即不耦合系数为 2~4），主要用于水下控制爆破及预裂爆破。

1. 密接式药包

水下钻孔爆破、药壶爆破的药包都须经钻孔放入，宜加工成长圆柱形，为便于沿孔下滑，头部可做成尖头或圆弧形。

孔深在 3 m 以内时，可加工成一个爆破药包，内置雷管及炸药。深孔爆破时，长药包的加工和放入比较困难，宜分别加工成长度不大的爆炸药包和起爆药包。每节药筒长约 0.5~2.0 m，一般采用 0.5~1.0 m，药包外径比孔径小 1.5~2.0 cm，且大于炸药的临界直径。

抗水性好的胶质炸药可直接将出厂药卷扎成圆形药节，再将药节接长，用竹片夹紧后，外包牛皮纸，用细麻绳捆扎即可使用。

对防水性差的炸药或散装炸药可预制药筒盛装炸药及起爆材料，药筒外壳用铁皮、硬塑料筒组成，或由软塑料袋、防水纸装药后用竹条加固做成圆柱形密封药包。

为便于水面连接和迅速沉放，对铁皮药筒可在筒盖连接坚固绳索及钢丝钩环。绳索另一端拴活动小铁钩或弹簧插销自动脱钩器，利用承重索下放药筒至孔底后，向上拉动脱钩绳，即能迅速脱钩。若采用钩环将上下药筒连成一体，同时下沉于孔内，则只需在水面连接，但有可能会发生药筒不能下到孔底的现象。

随着塑料制品的发展，采用硬塑料筒制作密封药包的水下爆破工程越来越多。为简化装药工序，利用硬塑料管和两端封口盖组成药筒，塑料管一端开有引出导线的小孔。装药后，只需涂上一层黄油，旋上封口盖，即起防水作用。需在一个钻孔内放入多个药筒时，可在硬塑料筒两端套接螺丝或扣环，在水面连接成整体使药柱下沉。软皮药筒采用外缚竹片，用麻绳或铅丝绑扎成长药柱下沉。

当采用水下药壶法爆破时，为了增大装药密度，宜采用柔性材料包装炸药，加工成块状或短圆柱形药包。

2. 非密接式药包

应保证药包不直接接触被保护壁面。可将加工好的药包捆绑在木棒或竹片上（竹片要去掉节眼，以免刺破塑料袋），或固定在硬质塑料管内，以保证药包在钻孔内居中位置。

　　水下处理瞎炮很困难，可采用药包定期失效措施，使非抗水炸药在一定时间内而自行失效；即使出现瞎炮也不必处理。定期失效措施有：按选择进水速率制成微量漏水管，安装在药包上；或设置一块厚纸板作为端帽，让水逐渐渗入，使炸药失效。还可采用经一定时间会溶于水的塑料袋包装炸药，例如聚合度 2 200、碱化度 97 % 的聚乙烯薄膜（强度达 6 kgf/mm²），聚合度 1 700、碱化度 99 % 的聚乙烯醇薄膜等。当薄膜厚度为 0.05 cm 时，5 h 后薄膜完全被水溶化，抗水性差的炸药接着被水冲蚀、溶化，失去爆炸能力。

　　要适当控制爆炸药包装药密度。装药密度小，传爆速度小，影响爆破效果；密度过大，敏感性降低，甚至拒爆。卷制药筒或药包时，应尽量符合原装密度或接近试验最佳密度。

　　雷管的放置部位应特别注意（表 4-1）。在无钻孔情况下，放置在顶部效果最好。

表 4-1　雷管放置部位对爆破效果的影响

药卷长度（cm）	爆破情况（cm）	药卷直径为 15 mm			药卷直径为 20 mm		
		雷管在药卷中安放部位			雷管在药卷中安放部位		
		顶	中	底	顶	中	底
10	爆去长度	10	8	6	10	9	8
10	残留长度及部位	2（上部）	4（上部）	1（上部）	2（上部）	——	——
15	爆去长度	15	11	7	15	13	8
15	残留长度及部位	——	4（上部）	8（上部）	——	2（上部）	7（上部）
20	爆去长度	11	13	7	20	14	7.5
20	残留长度及部位	9（下部）	7（上部）	13（上部）	——	6（上部）	12.5（上部）
25	爆去长度	13			25		
25	残留长度及部位	12（下部）	2（上部）	4（上部）	——	1（上部）	2（上部）
30	爆去长度	10			30		
30	残留长度及部位	20（下部）	——	——	——	——	——
60		——	——	——	直至60均全爆	——	——

为确保装药可靠起爆，一般应在距药包顶面和底面 1/4 高度处各放一个起爆雷管。当起爆药筒长 3 m 以上时放 3 个雷管，其中两个分别在距顶、底面 1/6 长度处，另一个在中间。

当水较深时，水压力会降低普通电雷管的起爆能力，应适当增加雷管数量。水深 6~15 m，一个起爆药筒内放 3 个电雷管；水深 15~20 m，放 5 发电雷管。

为保证装药安全，加工成药筒后，尽可能先放炸药，后放雷管。装药时应逐渐装入和压实，严禁捣击。严禁采用冻结或半冻结的胶质炸药加工药包。当使用硝铵炸药时，最好用少量胶质炸药做起爆体。雷管插入胶质炸药后，不宜再拆动硝铵炸药的防水包装。

起爆药包内的电雷管脚线应至少弯曲两道，以免受拉脱离雷管。

用导火索和火雷管起爆时，应将火雷管全部插入炸药中。若药包内有对火花敏感的炸药（胶质炸药等），则只能将火雷管 2/3 高度插入药包，使导火索不与炸药接触。

采用一个起爆体难以起爆大装药量时，可制作几个副起爆体，分别放在药室内不同位置，可增加起爆能量使药室起爆均匀，缩短药室内炸药的爆炸反应时间。但这样的副起爆体一般都不装雷管，而是用导爆索安放在副起爆体中心，并由导爆索与主起爆体互相连接。

二、装药水下可靠起爆的技术措施

一般炸药用于水下爆破时，会遇到抗水性、浮稳性或耐压性差的问题，可采用下述技术措施改善水下爆炸条件。

（一）防水密封措施

采用抗水性差的硝铵类炸药进行水下爆破时，即使有一定的抗水能力，在水下安置时间过长也会降低爆炸威力，必须考虑适当的防水措施。

常用的防水措施有以下几种。

1. 药卷防水

在药卷上涂刷如表 4-2 中所列的任一种防水剂。

配制防水剂时，加热熔化防水剂的火炉距涂刷防水剂的地点应不少于 25 m，火堆设在下风方向。涂刷时，防水剂温度不应超过 90 ℃，药卷浸入防

表 4-2 常用防水剂

含量 成分 \ 序号	1	2	3	4	5	6	7	8	9	10	11	12	13	14	15
沥青	100	70	40	60	50	40	40	25	15	——	——	——	——	——	——
石蜡	——	25	——	——	——	5	——	——	——	100	70	55	40	40	28
树脂	——	——	45	——	50	50	60	75	——	——	——	——	——	——	——
焦油	——	——	——	——	——	——	——	——	45	——	——	——	20	——	——
松节油	——	——	——	——	——	——	——	——	——	——	——	10	——	——	——
松香	——	5	15	10	——	5	——	——	40	——	30	35	40	50	54
汽油	——	——	——	——	——	——	——	——	——	——	——	——	——	——	5
酒精	——	——	——	——	——	——	——	——	——	——	——	——	——	——	4
豆油	——	——	——	10	——	——	——	——	——	——	——	——	——	10	9
蜂蜜	——	——	——	20	——	——	——	——	——	——	——	——	——	——	——

水剂内的时间不超过 5 s，然后放到细沙或木架上，冷却后使用。

2. 纸包防水

用 2~3 层牛皮纸做成坚实纸筒，麻丝扎紧后，放入约 -70 ℃熔融防水剂内浸泡一下（不超过 15 s），然后晾干。使用时，放入炸药和雷管并密封两端。

水深超过 3~4 m 后，这种硬质纸筒会受压破裂。为克服这一缺点，可直接采用牛皮纸包装炸药，每个药包包 3 层，然后放在 60~70 ℃熔融石蜡中浸泡一下，约可防水 2h 时，最大爆破水深达 13 m。

3. 不透水容器防水

小型水底裸露药包用玻璃瓶、罐头盒、竹筒等作防水外壳，装入炸药、雷管后，将开口处涂抹沥青等防水剂，即可用于水下爆破。

药包较大时，对不透水和浸泡时间要求较高，可采用特制铁皮筒或木箱防水。

铁皮筒盛药后的封口形式有以下几种：封口处用木塞或 3~4 cm 厚的黏土做隔热层，外涂熔融沥青或石蜡；在封口处设止水环，引出导线后，用水泥砂浆或环氧砂浆封口；封口处放置橡皮垫和弹簧压紧装置；药筒内装放 2~2.5 cm 厚的吸热材料，锡焊封口，焊接时，用湿毛巾围住焊缝附近，以免局部升温过高产生爆炸。

由于铁皮等坚硬物质爆破后碎片易划破潜水衣，影响潜水员动作，在潜水作业多的场所，宜改为木箱防水。先在木箱内涂刷一层沥青等防水剂，冷却后装入炸药及雷管；箱外再涂二层防水剂，温度不能高于 70 ℃，厚度约 5~8 mm，并应注意涂抹所有缝隙。若在水中放置时间较长，可改用双层木箱，两箱之间用沥青隔开。

4. 塑料制品防水

将炸药及雷管装入塑料袋或特制塑料筒内，引出雷管导线后，将袋口捆紧或利用塑料粘胶及防水剂封口。

5. 利用惰性液体保护

注入密度比水大、比炸药小、且不溶于水和溶解炸药的惰性液体，置换出钻孔或药室内的水；然后加压注入浆状炸药、液体炸药或沉入药包，使惰性液体隔绝水对炸药的溶解。

防水处理后的药包使用前应抽样进行水下试验，浸泡水深应不小于药包放置水深，浸泡时间不少于实际操作所需时间，也不必超出过多。浸泡后，若药包内进水，将其从水中提上时，漏水处会冒气泡。

根据工程实践，潜水员在水底施放裸露药包时，平均每分钟可放一包，若每次爆破量不超过 20 包，从开始装药到合闸爆破，时间一般不超过 2h 时。因此，一般水下裸露药包有 3h 的防水能力就足够了。至于装药时间比较长的，应有 8h 以上的防水能力。

（二）增大浮稳性措施

水流对药包浮稳性影响表现在减少装药有效密度及由水流动和波浪压力造成的冲击移位两个方面。为保证水下爆破效果，必须针对药包所处环境，采取不同措施增加浮稳性。

1. 水中爆炸药包

一般用木杆、钢管固定法、悬吊重物法、锚定法及桩定法固定在距水面一定高程上。

2. 水底裸露药包

采用压重法（在药包上覆盖混凝土块、沙包、石块等）、坠石法（悬吊块石）、嵌入法（嵌入断裂岩层内、破碎带裂隙内、岩洞内）及配重法，增大水底裸露药包的浮稳性，并使药包紧贴爆破目标，增大爆破效果。

3. 埋入水底钻孔内的药包

采用带弹簧钢片药筒及配重法增加药筒浮稳性。弹簧钢片呈倒刺针结构，设置在药筒下端，很容易沿钻孔下插；水的浮力向上顶托药筒时，弹簧钢片便撑在孔壁上而不会浮动。配重可采用铁砂、块石或废铁块、铁屑，控制整个药筒的综合比重使之不小于 1.2 g/cm³。

（三）深水耐压措施

利用药筒承受水压或药筒内充气平衡水压，可克服深水压力对装药爆炸性能的影响。

1. 采用硬质耐压药筒

依靠硬质药筒承受水压力，耐压药筒可用内加筋的铁皮筒、钢管及玻璃（或陶瓷）器皿制成密封药筒。

2. 采用充气药筒

药筒用金属材料制成，通过预装在药筒盖上的气嘴，根据水深不同，在筒内加适当预压力。采用 2# 岩石硝铵炸药的充气药筒，在水深 30 m 处浸泡 100 多小时，仍能顺利起爆。

第三节　聚能爆破装药

带有空穴的装药称为聚能装药，主要用于炸穿装甲、炸断金属构件、爆破坚固的钢筋混凝土工事以及在土壤、岩石中快速开设药孔等。采用聚能装药爆破具有独特的优点，不仅效果好，而且还可大大减少炸药量，如果加工制作成系列的装备器材或根据就便器材制作成应用装药，使用起来将十分方便。

一、聚能现象

装药爆炸的聚能效应是爆炸作用的一种特殊情况。所谓聚能效应，实际上就是装药爆炸时，由于装药结构的原因可以使爆炸能量向某一个方向相对集中，增强了该方向的爆炸局部效应。通过一组实际的实验可以很好地说明这一现象，实验设置如图 4-8 所示。实验所用炸

图 4-8　不同装药结构爆破情况

药为 TNT/RDX 50/50，药柱直径 30 mm，高 100 mm，药量为 50 g，靶板目标为中碳钢。四种不同形状的药柱爆炸对钢板的穿透情况如表 4-3 所示。

表 4-3 四种不同形状的药柱爆炸对钢板的穿透情况

序号	药柱形状	药柱与靶板距离（mm）	破甲深度（mm）
1	圆柱，平底	0	浅坑
2	圆柱，底部有锥孔	0	6~7
3	圆柱，底部有锥孔，有药型罩	0	80
4	圆柱，底部有锥孔，有药型罩	70	110

由此可见，圆柱形装药底部加一个空穴，爆炸能量即向空穴方向集中；若再加一个药型罩，破甲作用进一步加强；如若再有一个合理的炸高，其破甲作用更进一步加强。这种有聚能效应的装药称之为聚能装药。

二、聚能原理

为了解释聚能效应现象，首先研究一下爆轰产物飞散过程。如图 4-9 所示，圆柱形药柱爆轰后，爆轰产物沿近似垂直原药柱表面方向向四周飞散。作用于钢板部分的仅是药柱端部的爆轰产物，作用面积等于药柱端部面积。而带锥孔圆柱形药柱则不同，当爆轰波前进到锥体部分，其爆轰产物则沿着与锥孔内表面垂直的方向飞出。由于飞出速度相等，药形对称，爆轰产物要聚集在轴线上，汇聚成一股速度和压力都很高的气流，称为聚能流，它具有极高的速度、密度、压力和能量密度。无疑，爆轰产物的能量集中在靶板的较小面积上，在钢板上就形成了更深的孔，这是带有锥孔装药能够提高破坏作用的原因。

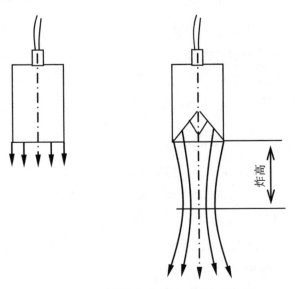

图 4-9 普通装药与聚能装药爆轰产物流

试验表明，锥孔处爆轰产物向轴线汇聚时，有下列两个因素在起作用：

（1）爆轰产物质点以一定速度沿近似垂直于锥面的方向向轴线汇聚，使能量集中；

（2）爆轰产物的压力本来就很高，汇聚时在轴线处形成更高的压力区，高压迫使爆轰产物向周围低压区膨胀，使能量分散。

由此可见，由于上述两个因素的综合作用，爆轰产物流不能无限地集中，而是在离药柱端面某一距离处达到最大的集中，随后则又迅速地飞散开了。因此，必须恰当地选择高度，以充分利用聚能效应。

一般地说，对于聚能作用，能量集中的程度可用单位体积能量——能量密度 E 来衡量。爆轰波的能量密度可用下式表示：

$$E = \rho\left[\frac{P}{(n-1)\rho} + \frac{1}{2}u^2\right] = \frac{P}{n-1} + \frac{1}{2}\rho u^2$$

式中：

E——爆轰波的能量密度，J/m^3；

ρ——爆轰波阵面的密度，kg/m^3；

P——爆轰波阵面的压力，Pa；

u——爆轰波阵面的质点速度，m/s；

n——多方指数。

当 n 取为 3 时，$P = \frac{1}{4}\rho_0 D^2$，$\rho = \frac{4}{3}\rho_0$，$u = \frac{1}{4}D$，代入式中，则得：

$$E = \frac{1}{8}\rho_0 D^2 + \frac{1}{24}\rho_0 D^2 \qquad\qquad （4-1）$$

式中：

ρ_0——炸药的密度，kg/m^3；

D——炸药的爆速，m/s。

公式（4-1）右边第一项为位能，第二项为动能。也就是说，位能占 3/4，动能占 1/4。而在聚能过程中，动能是能够集中的，而位能则不能集中，反而起分散作用，所以只带锥孔的圆柱形药柱的聚能流的能量集中程度不是很高的。必须设法把能量尽可能地转换成动能的形式，才能大大提高能量的集中程度。

实践表明，在药柱锥孔表面加一个药型罩（铜、玻璃）时，爆轰产物在推动罩壁向轴线运动过程中，就将能量传递给了药型罩（图4-10）。

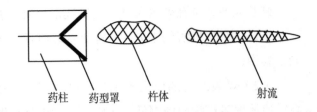

图4-10　有罩聚能药包的射流与杵体

药柱　药型罩　杵体　射流

由于罩的可压缩性很小，因此内能增加很少，能量的极大部分表现为动能形式，这样就可避免高压膨胀引起的能量分散而使能量更为集中。同时，罩壁在轴线处汇聚碰撞时，使能量密度进一步提高，形成金属射流以及伴随在它后面的一支运动速度较慢的杵体。细长的金属射流具有很高的动能，沿长度方向各质点存在一个速度梯度，即端部速度很高，一般为 7~8 km/s，甚至可达上万米，其尾部速度则降低，至杵体时只有 0.5~1.0 km/s。如果将炸药爆轰波阵面的能量密度作为 1 进行比较的话，其药型罩壁的能量密度可达 1.4 倍，而射流端部的能量密度则高达 14.4 倍，可见药型罩的聚能作用是非常显著的。

高速射流打在靶板上，其动量变成高达数十万及至百万大气压的压力，相比之下，靶板材质（钢）的强度就变得微不足道了。这时，可以将金属射流的破甲，比拟为射流在液体中的高速运动。由此可见以下几种情况。

（1）聚能效应的产生，在于能量的调整、集中，它只能改变药柱某个方向的猛度，而没有改变整个药包的总能量。

（2）由于金属射流的密度远比爆轰产物聚能流的密度大，能量更集中，所以有罩聚能药包的破甲作用比无罩聚能药包大得多，应用得也更多。

（3）金属射流和爆轰产物聚能流都需要一定的距离来延伸。能量最集中的断面总是在药柱底部外的某点，由此断面至锥底的距离称为最佳炸高。对位于最佳炸高处的目标，破甲效果最好。

三、影响聚能效应的因素

（一）装药

1. 装药的性质

聚能效应是炸药猛度的一种特殊表现形式，凡是影响炸药猛度的因素，对炸药的聚能效应都有影响。密度大、爆速高、爆压高的炸药，其聚能破甲效果必定更好。爆轰压力大者，破甲深度就大。同时，装药密度大，则爆速高，破甲深度也大。这就是说在制作聚能装药时要尽量采用密度大、爆速大的炸药。

2. 装药的尺寸及形状

装药尺寸确定的原则是：保证爆轰时具有最大的有效药量。为了结构合理，一般装药直径和药型罩底部尺寸相同，其外壳与药型罩底部相配合，不必太大。若要保证装药利用率最大时，装药的高度应满足：

$$H = h + 2r$$

式中：

H——装药高度，mm；

h——药型罩高度，mm；

r——药柱半径，mm。

在实际使用时，往往再稍降低一下装药高度，这样总药量可减少较多，但有效装药减少不多。故实际使用时多采用：

$$H = h + r$$

实践表明：图 4-11 中装药（a）和装药（b）的破甲威力是相当的，而装药（a）却比装药（b）少用了不少炸药，说明了装药（a）的形状比装药（b）好。故实际中多采用装药（a）的形式。

（a） （b）

图 4-11 破甲能力相同的两种药柱形状

（二）药型罩

金属射流是由药型罩破碎之后产生的，所以药型罩的形状、尺寸、材料等都对形成的射流质量有很大影响，进而影响到破甲威力。

1. 药型罩的形状

常用的药型罩有锥形、半球形和喇叭形等，如图 4-12 所示。

（1）半球形罩。形成的射流速度和长度小，但射流直径大，稳定性好。因而破甲深度小，但孔径大，形成的射流较稳定。因此，多用于大直径的聚能装药中。例如用于破碎混凝土、钢筋混凝土及岩石时的聚能装药，也用于作为鱼雷的战斗部。

（2）喇叭形罩。形成的射流速度大和长度大，但射流不稳定。再加之机械加工工艺困难，目前尚少使用。

（3）圆锥形罩。形成的金属射流从速度、长度及其稳定性都在上述两种罩形之间。该罩形便于加工，实际使用较多。

（1）半球形　　　（2）喇叭形　　　（3）锥形

图 4-12　常用药型罩的形状

2. 药型罩的直径

药型罩底部直径应与药柱直径相同。若为锥形罩，其顶角以 35°~60° 为宜。顶角太小，射流细而长，不稳定；顶角太大，射流短，速度低。壁厚一般取 1.0~2.5 mm 为最佳。

3. 药型罩的材料

对药型罩材料的要求是：可压缩性小，在聚能过程中不气化，密度大，在高温下可延性好，质地均匀。实际上，能够制造药型罩的材料多种多样，只要爆炸后能形成射流者均可以。通常选用紫铜、钢为宜，而铝、锌、铅的效果不好，也可以用玻璃、陶瓷等。

通过大量试验比较，铸铁虽然在常温下是脆性的，高温高压条件下却具有良好的可塑性，形成的射流长而不易拉断，侵彻能力最大。但是，铸铁本身材质均匀性差，制造的药型罩对称性差，均一性不好，使用不可靠，所以在制式、成批生产的聚能装药很少使用。而对于数量不多，要求不高，口径比较大的爆破罐则多采用。这种药型罩成本低，可通过翻砂直接获得，不用车削和冲压，易于加工。

其次是紫铜罩，形成射流质量最好，破甲能力大，易于车削和冲压加工。但紫铜价钱贵。在精度要求高的且成批生产的中小型聚能装药多采用，如各种破甲弹战斗部中多用紫铜。

钢质药型罩仅次于紫铜，但没有紫铜稳定，对于精度要求不高的聚能装药，采用钢制药型罩可以节省成本。

对于玻璃和陶瓷药型罩，其效果不如金属，用的也不多，一般可作为应用器材使用。

（三）隔板

为了改变聚能装药中爆轰波的传播规律，提高破甲效果，可在药型罩上面一定位置放置隔板（图 4-13）。隔板的作用：增大在药型罩壁上爆炸产物作用的动压；缩短爆轰波到达药型罩表面所需的时间。这样，就使爆轰产物的能量更加集中地作用于药型罩，从而提高破甲效果。隔板的材料应是均质的，一般用石墨、纸板、木板、压缩锯木粉等非爆炸性物质。隔板的形状有圆台形和扁圆柱形两种。据试验结果，同一结构的聚能装药加隔板后，破甲效果可以提高 13 %~17.4 %，而药量则减少 6.2 %~21 %。必须指出：所加隔板对称性要好，尺寸位置要合适，否则将降低穿孔效果。

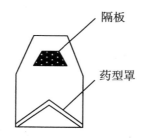

隔板

药型罩

图 4-13　带隔板的聚能装药

（四）炸高

炸高是装药底面与目标表面的距离，炸高的大小对破甲能力影响很大。炸高太小，接触目标时射流尚未形成；炸高过大，接触目标时射流已经断裂。处于有利炸高时，射流有效长度最大，故破甲能力大。与最大侵彻深度相对应的炸高，则称之为最佳炸高，最佳炸高通常是个区间。有利炸高值与装药条件、药型罩形状、尺寸都有关系，一般需要实验得出。当使用玻璃质药型罩，对黏性土、硬土、永冻土穿孔时，有利炸高约为空穴直径的 4.0~4.5 倍；对松散土、粘结性小的土穿孔时，有利炸高约为空穴直径的 4.5~5.0 倍；对石灰岩穿孔时，有利炸高约为空穴直径的 3~4 倍。实际上，有利炸高一般都按药型罩直径的 1~3 倍选取，可以获得较大的侵彻能力。

（五）目标物材料强度对聚能效应的影响

当装药一定时，聚能射流侵彻目标的深度与目标材料密度的平方根成反比。即

$$h_{c2} = h_{c1}\sqrt{\frac{\rho_1}{\rho_2}}$$

式中：

h_{c1}——对某材料的侵彻深度，mm；

h_{c2}——对另外料的侵彻深度，mm；

ρ_1——已知侵彻深度材料的密度，g/cm^3；

ρ_2——未知侵彻深度材料的密度，g/cm^3。

四、聚能装药的制作及应用

聚能装药是提高局部爆炸作用的有效方法，在军事上被广泛应用。诸如，用于各种破甲战斗部的装药、炮弹、导弹、地雷等；用于起爆大型水雷装药，用于穿孔、水下破岩、切割等。大多采用屋顶形聚能罩，或金属罩装药，做成不同规格尺寸，用于切割不同厚度的钢板、钢梁、钢管等。橡胶药条及柔性切割装药具有良好的耐水性，被广泛用于水下切割金属结构。在打捞"阿波丸"沉船工程时，取得了成功的运用。

在"阿波丸"沉船打捞时，为了解决深水爆破切割难题，在打捞中进行了大量试验。分别采用 $\varphi50$、$\varphi40$、$\varphi30$、$\varphi25$ 四种规格橡胶炸药，在其朝向钢板方向开一"V"形聚能槽，其顶角分别为 60°、90°、120° 和 150° 等。

在打捞工程中，将橡胶炸药聚能切割药条与 TNT 炸药进行了对比（表4-4）。从表4-4中可以看出，橡胶炸药聚能药条比 TNT 炸药优越得多，在炸断同样结构时，使用橡胶炸药聚能药条仅为 TNT 炸药的1/4，水下使用时非常方便、可靠。

应该指出，上述使用方法并未达到最佳效果。一是仅仅在药条下开设了一个"V"形聚能槽，而没有设置金属药型罩。若设置了金属药型罩之后，其威力还要提高得多；二是在水下爆破时，"V"形聚能槽中有水，影响了聚能效果；三是爆炸时没有设置炸高，装药不是在最佳位置爆炸。若综合考虑到上述问题，切割效果还要好得多。

表4–4　橡胶炸药聚能切割药条与TNT爆破切割钢板效果比较

规格 （mm）	单位长度重量 （kg/m）	爆破切割钢板厚 （mm）	炸断每米钢板用药量	
			橡胶炸药（kg）	TNT（kg）
φ50	2.15	30	2.10	7.50
φ40	1.60~1.70	20	1.39	5.10
φ30	0.81	15	——	——
φ25	0.60	10	0.60	2.60

　　这类聚能装药的厚度一般为爆破结构物厚度的1.0~1.2倍，可以按此原则选择合适的装药型号或是自制相当的切割装药。在水下使用时，要注意对聚能槽进行密封，防止进水，以保证其聚能效果。

　　可以自制大型的楔形切割聚能装药，用于切割水下钢索、传动轴、钢梁、钢筋混凝土结构、破坏舰船等。

　　大型石油钻井平台的钢管柱脚，直径大，厚度也大，有时不能自动拔出，也需采用爆破方法炸断。但若用普通药包需要药量大，可能造成对整体的破坏。若采用自己设计制作的两个半圆形的聚能装药（两个半圆对起来正好套在圆柱脚上）进行爆破，其药量仅为普通装药的1/6~1/5，而且爆破效果好，水下潜水员设置方便，作业可靠。

　　对于水下钢结构桥柱脚，其他类似的钢结构，均可采用类似的方法进行水下爆破。采用小型圆柱形聚能装药在金属结构上穿孔，以便拴揽，固定浮筒等，这在救捞工程中具有重要的作用，既方便又快速；采用大型的圆柱形聚能装药进行水下破障，如破碎轨条砦基座，破碎大块石等很有效；也可用它诱爆水下爆炸物，如大型水雷、废弃的鱼雷、深水炸弹及航弹等，尤其是当这些爆炸物被淤泥覆盖时，采用聚能装药进行诱爆更有效。在陆地上进行过试验，大型聚能装药可以诱爆深埋地下5~6 m深处的航空炸弹。

? 思考题

1. 如何进行陆地药包的加工？

2. 如何将非抗水性炸药用于水下爆破？

3. 如何提高常用爆破材料的防水耐压性能？

4. 什么是聚能效应？影响聚能效应的主要因素有哪些？

5. 如何制作聚能装药？

6. 聚能爆破在军事上及水下爆破工程中有哪些用途？

第五章 水下爆破理论基础

第一节 水中爆炸的基本物理现象

一、水中冲击波的形成及其特点

装药水中爆炸后，形成高温高压爆炸产物，装药表面上的爆轰波压力急剧增加到约 2×10^{10} Pa，由于爆炸产物压力比周围介质——水的静压大得多，爆炸产物迅速发生膨胀。

水在高压作用下，具有一定的可压缩性。因此，爆炸产物高速膨胀时，就如同在空气中一样，在水中亦形成冲击波。水中冲击波的传播规律与空气冲击波的传播规律基本是相似的。但由于水的特殊性质，水中冲击波亦有它的特点。

水的密度大，可压缩性比空气小得多，几乎是不可压缩的。例如，当压强为 100 MPa 时，密度变化仅为 0.05。但在爆炸产物高压作用下，水成为可压缩的，形成水中冲击波。由于水的可压缩性小，爆炸产物的膨胀在水中要比空气中慢得多，使得水中冲击波的初始压强比在空气中的大得多，其初始压强比爆轰波压强约小 30 %~35 %，可达 1.0×10^{10} Pa 以上（对于 TNT 约为 1.4×10^{10} Pa），而爆炸空气冲击波的初始压强一般不超过 80~130 MPa。

水中的音速较高，在 18 ℃的海水中，声速为 1 494 m/s。装药附近冲击波的初始传播速度比爆轰波速度低 20 %~25 %，可达 6 000 m/s 左右，比音速大数倍。但随着波的推进，冲击波传播速度下降很快，如球形冲击波在约 10 倍装药半径处压强下降为初始压强的 1/100；当压强下降到约为 25 MPa 时，虽然波阵面的压强仍有相当大的数值，但波阵面的传播实际上已接近声速。因此，水中冲击波传播到一定距离之外就可以采用音波近似。

水中爆炸冲击波压力在离爆心较近处，波阵面压强下降较快，而较远处则较缓慢。

水中冲击波的正压作用时间比同距离同药量的空气冲击波正压作用时间

短，前者约为后者的1/100。这是因为水中冲击波阵面速度与其尾部速度相差较小。如水中冲击波压力为500 MPa时，冲击波速度是2 040 m/s，而当其压强下降为25 MPa时，波阵面的速度已实际接近于声速，此时的波头与波尾几乎以同一速度运动。

水中冲击波经过介质时，由于水相对来说是不可压缩的，所以水的温度不会显著上升；而空气冲击波通过介质时，可使空气温度升高到4 000~5 000 ℃。因此，水中爆炸能量很少转变为热能而消耗，绝大部分用于推送水运动。

二、气泡的运动

冲击波离开后，爆炸产物在水中以气泡的形式继续高速膨胀，迅速增大其体积，推动周围的水向外流动。气泡表面把水与爆炸产物分隔开来，应用水下高速摄影装置，可以看到气泡半径的变化情况。例如250 g的特屈儿在海中深91.5 m处爆炸时，气泡半径随时间的变化情况，如图5-1所示。

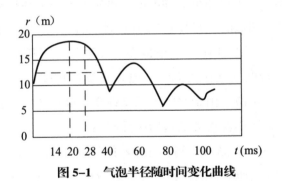

图5-1 气泡半径随时间变化曲线

由该图可以看出，球形气泡最初迅速膨胀，之后膨胀速度逐渐缓慢下来。在爆炸结束后的0.014 s时，气泡停止膨胀。然后，气泡以不断增加的速度压缩至最小0.028 s。此后，气泡再次膨胀，产生第二次脉动。当气泡膨胀时，水流也以高速度向外流动。随着气泡的急剧膨胀，气泡内的压力将随之降低，并且在某一时刻与周围的静压强相等，但气泡的膨胀并不停止，水流继续顺其惯性向外运动，气泡作"过度"膨胀，一直到最大半径。这时气泡内的压力低于周围介质的静压力，约为其1/5。图5-1中虚线表示气泡第一次脉动时爆炸产物气体在水的静压强作用下的平衡半径之值（气泡平衡半径即是当气泡内的压强与周围介质静压强相等时的气泡半径）。该图表明了，在约为第一个周期的80 %

的时间内，气泡里面的压力都小于周围水的静压力。当气泡膨胀到它的最大半径时，周围的水开始反方向向内运动，不断压缩爆炸产物，使气泡不断收缩，气泡内压力逐渐增加。同样，聚合水流惯性运动的结果，气泡被"过度"压缩，使气泡的半径再一次小于平衡半径，气泡中又积聚一定的压力，其压力高于周围介质的静压力，直到气体压力高达能阻止气泡的压缩而达到新的平衡。于是，气泡脉动的第一次循环结束。但是，由于气泡内的压力比周围介质的静压力大，从而产生气泡的第二次膨胀和压缩的脉动过程（图5-2）。由于水的密度大、惯性大，爆炸产物所形成的气泡往往要发生多次脉动。当装药爆炸发生在水下足够深处时，在气泡浮至水面以前，通常可以观察到三次或四次脉动，而在深度很大处爆炸时，脉动可达十次以上。最后，气泡因气体逐渐逸散而在水中消失。

在脉动过程中，由于气体产物的浮力作用，气泡逐渐上升。在具有自由表面的有限水域中，气泡朝着自由表面移动。当气泡膨胀时，上升极缓慢；当气泡受压缩时，则上升较为迅速。图5-3为137 kg的TNT装药在自由水面下15 m深处爆炸时所生成气泡的位移，爆炸产物所形成的气泡一般接近于球形。如果装药本身非球形，长与宽之比在1~6范围内，则离装药25 r_0（r_0指装药半径）的距离处就接近于球形了。

对TNT装药：气泡最大半径可用下式计算：

$$R_{\max} = \frac{30.7}{P_0^{1/3}} r_0$$

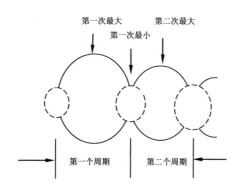

图5-2　水中爆炸气泡的脉动

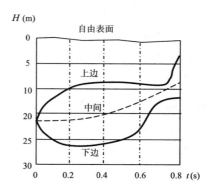

图5-3　气泡的位移

式中：

r_0——装药半径，m；

P_0——水的静压力，10^5 Pa。

气泡在第一次脉动终止时的最小半径，由实验得到：

$$R_{max} = (3.0 \sim 3.5)R_{min}$$

气泡脉动时，水中将产生稀疏波和压缩波。稀疏波的产生与每一次气泡体积达最大值时相应，而压缩波则与每一次最小值时相应。例如，137 kg 的 TNT 装药在水面下 15 m 深处爆炸时，距爆心 18m 处，在冲击波作用后的 0.69 s 处，出现了压力的第二次升高（图 5-4）。首先到达冲击波，第二次到达的是二次压力波。通常，除冲击波外，仅是气泡第二次脉动所引起的压力波（二次压力波）才有实际意义，其最大压力通常约为冲击波最大压力的 10 %~20 %，可按下式计算：

$$P_{max} - P_0 = 72.4 \frac{C^{1/3}}{r} \quad （10^5 \text{ Pa}）$$

式中：

C——TNT 的装药量，kg；

r——距爆炸中心的距离，m。

二次压力波的作用时间显著地较冲击波作用时间长，它的作用冲量与冲击波差不多，且由于气泡脉动频率较低，因此它对一些水下目标和设施同样具有一定的破坏能力。至于以后的几次气泡脉动，由于气泡逐次压缩时的能量损失，所引起的压力作用就较小，可忽略不计。

以上所述现象，可以用图 5-5 清楚地表示出来。

若爆炸在相当浅的地方，爆炸产物气体则喷入大气中，不会形成气泡脉动。

若爆炸发生在水底，将形成半球状气泡附在水底。然而，由于浮力的影响，气泡很快从水底上移，完成脉动过程。

水中障碍物的存在会对气泡运动产生很大的影响。

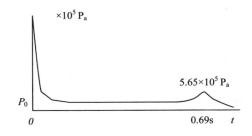

图 5-4　水中爆炸压强与时间关系曲线

气泡膨胀时，近障碍物处水的径向运动受到阻碍，气泡有离开障碍物的现象。但是，当气泡不大时，气泡内腔处于正压的周期不长，这种效应不大。当气泡受压缩时，近障碍物处水的流动受阻，而其他方向的水径向聚合流动速度很大，使得气泡朝着障碍物方向运动，就像似气泡被引向了障碍物一样。再一次脉动时，就可能对障碍物作用而引起破坏。

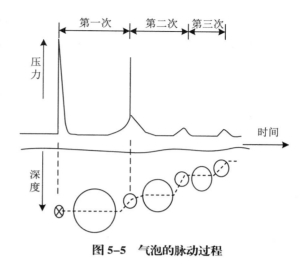

图 5-5 气泡的脉动过程

三、水面上的现象

在有自由水面存在时，水中冲击波首先到达水面，可以看到一个迅速扩大的暗灰色的水圈。它移动的速度很大，经过百分之几秒就会消失。接着，可以观察到大量泡沫的产生，然后水分子克服了表面张力的作用，向上飞溅，形成飞溅的水冢。这是由于冲击波到自由表面时，大气没有足够的阻力，水的运动不会遇到阻碍，冲击波在自由表面上发生反射。

根据自由表面处入射波与反射波的压力之和实际上接近于零的条件，反射波应为稀疏波。虽然稀疏波最大压力的绝对值要比入射冲击波最大压力的绝对值小，但是前者到达较迟，加于后者的尾部，因而使得合压力小于周围水介质的静压力。合压力决定于入射波的衰减情况和装药离开水面的距离，即到达先后的时间差。自由表面的影响可归结为将冲击波削去一截，如图 5-6 所示。

由于入射波与反射波内的速度在自由表面法线方向上分量的叠加，给水质点予合速度，使自由表面处水质点向上飞溅，形成特有的飞溅水冢。

水中经常都溶有气体，冲击波在自由表面反射形成稀疏波时，会使靠近自由表面处形成大量空泡性的水气泡，在自由表面能够观察到大量的泡沫。

最后，由爆炸产物形成的气泡到达自由表面时，爆炸产物气体冲入大气中，出现了与爆炸产物混在一起的喷泉状或柱状的水柱。当气泡在开始压缩之前达到水面,则气泡具有较小的上浮速度,气体产物几乎径向排出,水柱向各个方向喷射;如果气泡在最大压缩的瞬间到达水面,则具有很大的上浮速度,气泡上方所有的水都垂直向上喷射,从而形成高而窄的水柱,水柱的高度和上升速度决定于装药量和装药在水下设置的深度。

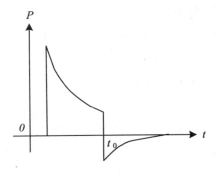

图 5-6 近自由表面处压力变化曲线

在形成水冢和水柱同时,还传出沿水面的波浪。

气泡接近最小体积时对圆球形状的偏离,是其运动过程中外形变化的一个特征。在大深度处,接近最小体积时的气泡形状与圆球形相差不大。但是,若气泡迅速上浮时,其外形突

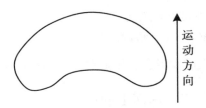

图 5-7 气泡对圆球形状的偏离

出象肾状,朝向上运动,如图 5-7 所示。特别是大型药包,当爆炸发生在接近水面处时,在气泡第一次脉动期间,由于从自由表面反射回来的稀疏波同气泡的作用,这种偏离现象更加明显,这是因为气泡底部与顶部的液体压强不同。

自由表面上述现象,在小深度处爆炸时很明显,而在大深度处爆炸时几乎看不见。这是因为装药在足够深的水中爆炸时,气泡在到达自由表面以前就被分散和溶解了,此时水面上就没有喷泉出现。在自由表面处看不到有关水中爆炸任何现象的爆炸深度,对于普通炸药来说,经实验得到此爆炸深度为:

$$H \geqslant 9.0 \sqrt[3]{C} \ (\text{m})$$

式中:

H——装药中心的爆炸深度(即沉深),m;

C——TNT 装药量,kg。

水底存在时,冲击波在水底发生反射,使水中各点压力升高。对于在绝对刚性水底上的装药爆炸,相当于两倍装药量的作用。实际上,水底不可能是绝对刚性的,它吸收了一部分能量。实验表明,对砂质黏土的水底,冲击波的压

力约增加 10 %，冲量约增加 23 %。

总之，装药在水中爆炸时能产生水中冲击波、气泡和压力波。这三者对目标都会造成一定程度的破坏作用。在离开装药的距离超过气泡膨胀的最大半径时，目标还将受到由于气泡脉动所引起的径向水流的作用。

第二节　水下爆炸相似律

爆炸相似律主要是阐明各种爆炸现象和爆炸结果之间的关系和规律性。

水下爆炸冲击波参数的相似性问题已为实验所证明。根据相似原理：如果两个几何相似的装药，炸药成分相同，但尺寸不同，当在相同环境条件下爆炸时，在相同的比例距离上产生自相似的爆炸波（冲击波）。即两个特征尺寸和所有其他长度参数均按相同的比例改变时（即包括比例距离、比例深度等），则在相应点处两者的冲击波具有相同的压力峰值，而持续时间、作用冲量等则相差同一个几何比例倍数。

如果一个药包的特征尺寸为 0.3 m，则在离药包 10 m 远处的 A 点测得的冲击波压力峰值，与另一个具有特征尺寸为 0.6 m 的药包（即药包重量增加 $2^3=8$ 倍），相距为 20 m 处的 B 点是一致的。但爆炸冲击波压力峰值到达 B 点的时间比到达 A 点的时间要长一倍，按绝对单位测得的持续时间也增加一倍。故有：

当

$$\frac{C_1^{\frac{1}{3}}}{R_1} = \frac{C_2^{\frac{1}{3}}}{R_2}$$

则

$$P_{m_1} = P_{m_2}$$

$$\frac{C_1^{\frac{1}{3}}}{t_{\tau_1}} = \frac{C_2^{\frac{1}{3}}}{t_{\tau_2}}$$

$$\frac{C_1^{\frac{1}{3}}}{\tau_1} = \frac{C_2^{\frac{1}{3}}}{\tau_2}$$

式中：

$C_1.C_2$——两个药包的炸药量，kg；

$R_1.R_2$——两个药包爆心至测点的距离，m；

$P_{m_1}.P_{m_2}$——两相应测点的超压峰值，Pa；

$T_{\tau_1}.t_{\tau_2}$——冲击波到达时间，s；

$\tau_1.\tau_2$——两个测点冲击波的正压作用时间，s。

利用相似原理，如果某一药包的爆炸冲击波参数为已知，则对于其他同种炸药和几何相似的药包爆炸时，其爆炸作用场的某些冲击波可以利用以上关系式进行计算。

第三节　水下爆炸荷载

一、水下爆炸荷载的特点

水下爆破时，装药与目标一般都处在水的包围中。水既作为传递能量的介质，又是约束装药和目标的物质。由于水的密度比空气大得多，且压缩性小，因而使水下爆炸荷载与空气中爆炸荷载相比，有许多不同之处，具有以下特点：

（一）爆炸荷载既由冲击波阵面传递，又由脉动的气泡传递

水的基本特点是：可压缩性小，密度大。在 1 000 个大气压下，水的密度变化仅有 5 %，在一般压力下可近似地认为水不可压缩。但在爆炸产物的高压作用下，水则是可压缩的介质，因此水中爆炸形成冲击波。水中冲击波在传播途中遇到目标时，将以荷载作用其上。

由于水的密度相当于空气的 1 000 倍，爆炸产物不像在空气中那样很快扩散，而是以气泡形式"膨胀——压缩——再膨胀——再压缩"，形成气泡脉动，产生脉动压力。

装药在无限水介质中爆炸时，爆炸总能量的 53 % 形成初始冲击波。初期传播时能量损失 20 %，水中冲击波携带的有效破坏能占爆炸总能量的 33 %。爆炸总能量的 47 % 赋予气泡的脉动，其中首次脉动释放出的能量占总能量的 13 %，损失约 17 %，第二次脉动能量还具有爆炸总能量的 17 %。

水中爆炸时，除水中冲击波荷载外，一般还有气泡脉动荷载的作用。当构筑物距爆心较近时，还会受到气泡的直接作用。

（二）水中冲击波的初始压力高，气泡的作用冲量大

水中冲击波的初始压力约为爆轰压力的 0.65~0.70 倍，一般为 10 万个大

气压以上。TNT 炸药在水中爆炸时的初始压力约为 14 000 MPa。而 TNT 在空气中爆炸时，其初始压力最高也只是 100 多兆帕，约为水中冲击波初始压力的 1/100 左右。但是，水中冲击波的正压作用时间却很短，约为空气冲击波正压作用时间的 0.7 %~0.8 %。

气泡脉动形成的压力波（二次压力波），其最大压力约为水中冲击波最大压力的 10 %~20 %。但是，由于脉动压力作用时间长，就其对目标的作用冲量而言，却与水中冲击波差不多。当气泡运动到目标附近或接触目标时，它将加剧和扩大了水中冲击波的破坏效应。

由于水中冲击波的初始压力高，加之水的压缩性小，能量损耗小，因而荷载传播范围大。加之气泡脉动荷载作用，使水中爆炸对目标的作用范围和破坏程度都比空气中大得多。

（三）水中冲击波的传播速度快，热能损耗小

在爆心附近，水中冲击波速度约为装药爆轰速度的 75 %~80 %，达 6 000 m/s 左右，为常温下海水音速的 4 倍。随着水中冲击波传播，波阵面压力下降，传播速度逐渐降至常温下水中音速，约为 1 500 m/s。但水中音速比空气冲击波脱离爆炸产物时的传播速度（约为 1 000~1 400 m/s）还要快一些。可见，水中冲击波的传播速度比空气冲击波的传播速度大得多。

水介质压缩性小，水中冲击波传播速度快，波阵面上水温度无明显变化，热能损失小。而空气冲击波却能使空气温度升高到数千度，造成大量热能损耗。这也是水中爆炸荷载作用大，破坏效果好的原因之一。

（四）水下爆破受界面及装药入水深度的影响

当水下爆破装药入水深度较小时，装药爆炸形成的水中冲击波，在自由水面反射形成稀疏波，爆炸能量从水面散失到空气中，使水中爆炸荷载减小。在浅水中爆炸，球形装药入水深度小于装药半径 6 倍时，就会形成空气冲击波，使水中冲击波峰值压力和作用冲量明显下降，同时爆炸气体突入空气中，不产生气泡脉动。因此，水下爆炸时，若装药入水深度小，爆破效果也就较差，而对水面以上危害会较大。

装药接近水底爆炸时，形成反射冲击波或绕射冲击波。由于水底地质、地形不同，反射波及绕射波的强度和方向变化复杂。在离水底较近爆炸时，水底

存在可使爆炸荷载增大，有利于破坏目标。而对于需要保护的水底目标来说，则会产生不良后果，需加强防护。

二、无限水介质中爆炸荷载的计算

当装药在水深 d 与装药半径 r_0 之比大于 10~20，装药沉深 H 与装药半径 r_0 之比大于 5~10 的深水中爆炸时，水中冲击波峰值超压不受或基本不受自由水面和水底反射的影响，其值与无限水介质中爆炸时相同或相近，可视为装药在无限水介质中爆炸。

应用各种不同药量的同一种装药，在同样的水介质中进行爆炸实验。实验结果表明，对于水中爆炸，爆炸相似律还是近似成立的。因此，可以运用相似理论对水中爆炸荷载计算进行研究。现以有代表性的球形装药来进行分析。

（一）最大压力的确定

1. 球形装药爆炸时的最大压力

当半径为 r_0 的球形装药在水中爆炸时，其冲击波最大压力 P_m 取决于装药爆炸的总能量 E_0、测点至装药中心的距离 r、水的静压力 P_0 及水的密度 ρ_0，即：

$$P_m = P_m\left(E_0, \; r, \; P_0, \; \rho_0\right)$$

通过量纲分析可得：

$$\frac{P_m}{P_0} = f\left(\frac{E_0^{\frac{1}{3}}}{r P_0^{\frac{1}{3}}}\right)$$

炸药的能量 E 是装药量 C 与爆热 Q_V 之积，即 $E = C \cdot Q_V$

所以

$$P_m = P_0 f\left(\frac{Q_V^{\frac{1}{3}}}{P_0^{\frac{1}{3}}} \cdot \frac{C^{\frac{1}{3}}}{r}\right)$$

在同一爆炸中，水的静压力 P_0 及爆热 Q_V 应为常数，上述公式则可简化为：

$$P_m = \psi\left(\frac{C^{\frac{1}{3}}}{r}\right) \tag{5-1}$$

通过试验确定其函数形式为：

$$\psi\left(\frac{C^{\frac{1}{3}}}{r}\right) = K\left(\frac{C^{\frac{1}{3}}}{r}\right)^{\alpha}$$

从而有：

$$P_m = K\left(\frac{C^{\frac{1}{3}}}{r}\right)^{\alpha} \qquad （5-2）$$

式中：

P_m——无限水介质中爆炸时水中冲击波峰值压力，10^5 Pa；

K、α——系数，由实验确定（表5-1）。

表5-1　几种炸药的 K、α 等值

炸药	P_m（10^5 Pa）		i（N·s/cm^2）	
	K	α	l	β
TNT $\rho_0=1.52$ g/cm^3	533	1.13	0.588	0.89
	$1.57 > \dfrac{C^{\frac{1}{3}}}{R} > 0.078$		$0.95 > \dfrac{C^{\frac{1}{3}}}{r} > 0.078$	
PETN $\rho_0=1.6$ g/cm^3	645	1.2	0.772	0.92
	$3.3 > \dfrac{C^{\frac{1}{3}}}{r} > 0.067$		$1 > \dfrac{C^{\frac{1}{3}}}{r} > 0.1$	
TNT/PETN 50/50 $\rho_0=1.6$ g/cm^3	555	1.13	0.926	1.05
	$1.5 > \dfrac{C^{\frac{1}{3}}}{r} > 0.082$		$1 > \dfrac{C^{\frac{1}{3}}}{r} > 0.088$	

根据库尔的大量试验结果，TNT球形装药在无限水介质中爆炸时，水中冲击波最大（峰值）压力计算公式中的 $K = 533$，$\alpha = 1.13$，可得到库尔公式为：

$$P_m = 533\left(\frac{C^{\frac{1}{3}}}{r}\right)^{113} \times 10^5 \text{Pa} \left(1.57 > \frac{C^{\frac{1}{3}}}{r} > 0.078\right)$$

该式若应用于水深 $H > 30$ m 以上时，考虑到水深对爆破的影响，需作如下修正：

$$P_m = K\left(\frac{C^{\frac{1}{3}}}{r}\right)^{\alpha} \cdot \frac{H-30}{10}$$

式中，H——装药爆炸水深，m。

如果将式中式（5-1）的装药量 C 用装药半径来表示，则可写成如下形式：

$$P_m = F\left(\frac{r_0}{r}\right)$$

通过实验，可以确定出在 $P_0 \leq 400 \times 10^5 \, \text{Pa}$ 的压力范围内，函数的具体形式为：

$$\Delta P_m = A \left(\frac{r_0}{r} \right)^\alpha$$

式中，A 和 α 为实验确定的系数和指数（表5-2）。

表5-2　一些球形和圆柱形装药的 A 和 α 值

炸药	球形装药			圆柱形装药		
	A	α	适用范围 r_0/r	A	α	适用范围 r_0/r
TNT 球形 ρ_0=1.52 g/cm³；圆柱形 ρ_0=1.60 g/cm³	37 000	1.5	6~12	15 450	0.72	35~3 500
	14 700	1.13	12~240			
PETN ρ_0=1.6 g/cm³	147 500	3	1~2.1	48 000	1.08	1.3~17.8
	74 800	2	2.1~5.7	17 700	0.71	17.8~240
	21 900	1.2	5.7~283			

2. 流水中装药爆炸时的最大压力

至于在流水中的冲击波传播规律，我国长江科学院在八十年代曾进行了大量试验工作。从试验结果看出：不论是顺流向、逆流向、还是垂直流向，水中冲击波的衰减规律和自由场静水中式公式（5-2）的计算结果相差甚大。而且逆流向水中冲击波压力大于顺流向水中冲击波压力；但流水中三个不同方向水中冲击波的衰减规律很相近。在水流速度为 2~3 m/s 时，水中冲击波压力可用下式计算：

$$P_m = 2729 \left(\frac{C^{1/3}}{r} \right)^{2.014} \cdot 10^5 \, \text{Pa} \qquad \left(0.10101 > \frac{C^{1/3}}{r} > 0.1587 \right)$$

此式是三个不同方向实测值综合回归计算的结果。

3. 装药附近的冲击波压力

在装药附近，冲击波压力衰减异常迅速，可按下列经验公式计算：

当 $r < 2r_0$ 时

$$P_m = 133.5 \times 10^3 \left(\frac{r_0}{r} \right)^{2.99} \quad (10^5 \, \text{Pa})$$

当 $2r_0 < r < 5r_0$ 时

$$P_m = 62 \times 10^3 \left(\frac{r_0}{r} \right)^{1.95} \quad (10^5 \text{ Pa})$$

J. 享利奇则给出了以下的公式：

$$\left. \begin{array}{ll} \Delta P_m = \dfrac{355}{\bar{r}} + \dfrac{115}{\bar{r}^2} - \dfrac{2.44}{\bar{r}^3} \quad (10^5 Pa) & 0.05 \leqslant \bar{r} \leqslant 10 \\[3mm] \Delta P_m = \dfrac{294}{\bar{r}} + \dfrac{1387}{\bar{r}^2} - \dfrac{1783}{\bar{r}^3} \quad (10^5 Pa) & 10 \leqslant \bar{r} \leqslant 50 \end{array} \right\}$$

式中：$\bar{r} = \dfrac{r}{C^{1/3}}$。

4. 直列装药水中爆炸时的水中冲击波阵面超压

$$\Delta P_m = 720 \, \bar{r}^{-0.72} \quad (10^5 \text{ Pa})$$

（二）载荷随时间和距离的变化关系

水中冲击波波阵面压力随时间衰减很快，从实验结果得出的压力变化规律为：

$$P = P_m e^{-\frac{1}{\theta} \left(t - \frac{r}{C_0} \right)} \quad (10^5 \text{ Pa})$$

此式在 $t \geqslant r / C_0$ 时方可使用，其中 θ 为时间指数衰减常数，表达式为：

$$\theta = \left(\frac{C^{1/3}}{r} \right)^{-0.24} \cdot C^{1/3} \cdot 10^{-4} \quad (\text{s})$$

$$\left(\frac{r}{r_0} > 18 \sim 20 \right)$$

当装药沉深水很大时，冲击波波阵面压力与时间的关系为：

$$P(t) = \Delta P_m \begin{cases} e^{\frac{1}{\theta} \left(t \frac{r}{C_0} \right)} & (t < \theta) \\[3mm] 0.368 \dfrac{\theta}{t} & \theta < t < (10 \sim 15)\theta \end{cases} \quad (10^5 \text{ Pa}) \qquad (5\text{--}3)$$

式中：

$$\theta = B\left(\frac{r}{r_0}\right)^{\beta_1} \cdot \frac{r_0}{C_0} \quad (\text{s})$$

其中 B 和 β_1 为与炸药性质有关的常数（表5-3）。

表5-3   一些球形和圆柱形装药的 B 和 β_1 值

炸药	球形装药			圆柱形装药		
	B	β_1	适用范围 r_0/r	B	β_1	适用范围 r_0/r
TNT	1.4	0.24	20~240	1.565	0.45	35~3 500
PETN	0.995	0.3	18.9~189	1.96	0.43	17.8~240

（三）比冲量的确定

由于水中冲击波的超压作用时间很短，而水中构筑物如舰船、闸门等自振频率远远大于超压作用时间，这时爆炸对构筑物的破坏则不是依据其最大压力，而是要根据作用在构筑物上的爆炸冲量来计算，只有当目标物的自振频率与冲击波的超压时间相近时才能用最大压力来计算。因此，仅研究水中冲击波的最大压力是不够的，还需研究其单位爆炸冲量。

距爆心距离为 r 处的单位爆炸冲量 i，其大小取决于炸药的爆炸能量 E_0、爆心到目标物的距离 r、水的静压力 P_0 和密度 ρ_0，即

$$i = i(E_0, \ r, \ P_0, \ \rho_0)$$

通过量纲分析可得：

$$\frac{i}{E_0^{1/3} P_0^{1/6} \rho^{1/2}} = \varphi\left(\frac{r}{E_0^{1/3} P_0^{1/3}}\right)$$

将 $E_0 = CQ_V$ 代入，可得：

$$i = C^{1/3} \cdot Q_V^{1/3} \cdot P_0^{1/6} \cdot \rho^{1/2} \cdot \varphi\left(\frac{r}{C^{1/3} Q_V^{1/3} P_0^{1/6}}\right)$$

由于在同一爆炸中 Q_V、P_0、ρ 应为常数，代入上式，则有：

$$i = C^{1/3} \cdot \psi\left(\frac{r}{C^{1/3}}\right)$$

通过试验确定函数 φ 的具体关系为：

$$i = l C^{\frac{1}{3}} \left(\frac{C^{\frac{1}{3}}}{r} \right)^{\beta} \tag{5-4}$$

式中：

i——单位冲量，$\mathrm{kg \cdot s/cm^2}$；

l、β——系数和指数，由实验确定，见表 5–1。

对于 TNT 装药在无限水介质中爆炸时，其比冲量为：

$$i = 0.0588 C^{\frac{1}{3}} \left(\frac{C^{\frac{1}{3}}}{r} \right)^{0.89}$$

$$\left(0.95 > \frac{C^{\frac{1}{3}}}{r} > 0.078 \right)$$

（四）水中冲击波正压作用时间

水中冲击波正压作用时间 t_+ 很短，可用下列经验公式求出 t_+ 的近似值：

$$t_+ = 0.00001 r^{\frac{1}{2}} C^{\frac{1}{6}} \quad (\mathrm{s}) \tag{5-5}$$

在 $0 \leqslant t \leqslant 7\theta$ 时，t_+ 还可以由下式确定：

$$t_+ = 2 \cdot 10^{-4} (rC)^{\frac{1}{4}} \quad (\mathrm{s})$$

对于直列装药，J·享利奇则给出了以下的公式：

$$\theta = B \left(\frac{r}{r_0} \right)^{\beta_1} \cdot \frac{r_0}{C_0} \quad (\mathrm{s})$$

直列装药水中爆炸时，由于起爆点在装药的一端，因此在不同部位上的压力是不同的，一般侧面的压力要高于两端的压力。从定性解释，这种情况是由于直列装药的某单位长度对冲击波阵面的作用，与其他各个单位长度上的作用完全无关造成的。实验证明，线性装药水中爆炸时，装药的垂直两等分线方向上的压力是两端压力的数倍；未设雷管端（远端）的压力稍大于设置雷管端（近端）的压力。而在到装药轴线的距离与装药半径之比很大（达到 700）的地方，垂直两等分线方向上（侧面）的压力仍将是两端压力的数倍；峰值压力随距离的增大而衰减的情况在三个方向基本相同。

直列装药爆炸所产生的冲击波侧面冲量只比两端大约 30 %，这是由于冲击波压力的持续时间虽然和离开装药的距离有关，但侧面压力的持续时间一般都比两端压力的持续时间短。

第四节 界面影响下的水中冲击波参数

实际情况中，装药往往不是在无限介质中爆炸的，而是在有限水介质中爆炸的。考虑自由水面、水底对水中爆炸载荷的影响，或水面和水底的共同影响，统称为界面影响。

通常以爆源的相对沉深 $\overline{H}$（装药沉没深度 H 与装药半径之比 r_0）和水介质的相对深度 $\overline{d}$（水深 d 与装药半径之比 r_0）作为衡量界面影响和水中爆炸分类的标准。当 $H \geq （5\sim10）r_0$、$d \geq （10\sim20）r_0$ 时，称为深水中爆炸，可作为无限水介质中爆炸来看待。而当 $d < 10r_0$ 时，称为浅层水中爆炸，自由水面和水底均会对水中冲击波的传播产生影响。当 $H < 5r_0$ 时，不管水介质的深浅，均称为浅水爆炸或近自由水面爆炸。而当装药距水底距离小于装药半径或置于水底表面爆炸时，称为水底裸露爆炸。

装药在深水爆炸时，其初始时刻没有爆炸能量溢出水面，在这种情况下自由水面的反射属于线性反射，此时爆炸能量全部消耗在水中。否则，在爆炸能量溢出自由水面时，必将影响冲击波的特性，这种情况下的水中爆炸就不能称为浅水爆炸，而应属于浅水中爆炸。

一、线性反射时水面影响的声学近似公式

自由水面会对水中冲击波的传播有明显影响，水中冲击波到达自由水面时就会反射为稀疏波。此稀疏波好像是从装药相对于水面的镜像处发出一样，即从水面上高为 H 的虚拟中心处发出的（图 5-8）。稀疏波负压力的绝对值约等于入射波到达水面时的压力。水面下任一点 A 最初受到入射波的正压作用，后来反射稀疏波到达，使得合成压力低于周围水介质的静压力（图 5-9）。因此，自由水面的影响可看成将冲击波削去了一截。这种自由水面反射造成的"切断"现象，直达入射波峰值并没有受到影响，仅是波的作用时间被减少，波的冲量减少了。这种反射属于线性反射，理论和实践表明，采用声学近似处理足够精确。

图 5-8 中，A 点是由爆心 O 产生的冲击波压力，是沿着 OA 入射的直达冲击波和沿着 OKA 反射的稀疏波之和。两波到达 A 点的时间差，由两波途径的

长短而决定。

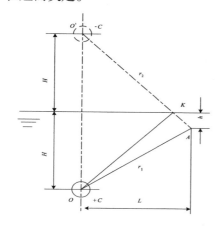

图 5-8　线性反射时的水中冲击波传播　　　**图 5-9　自由水面某 A 点压力变化曲线**

经计算，可知两波到达 A 点的时间差为：

$$t_0 = \frac{r_2 - r_1}{C_0} = \frac{2Hh}{r_1 C_0}$$

式中 C_0 为水中音速。此时间又称为"切断"时间

由此式及公式（5-3）式可以得出比冲量

$$i = \int_0^{t_0} P_m e^{-\frac{1}{\theta}} dt = P_m \theta \left(1 - e^{-\frac{t_0}{\theta}} \right)$$

实践证明，当要求计算冲量精度达 98 %，即误差不越过 2 % 时，可用下列近似公式计算：

当 $t_0 / \theta < 0.35$ 时，略去其三阶以上小量，则有

$$i = P_m t_0 \left(1 - \frac{1}{2} \cdot \frac{t_0}{\theta} \right)$$

当 $t_0 / \theta < 0.04$ 时，略去其二阶以上小量，则有

$$i = P_m t_0$$

二、水中冲击波在自由水面的非线性反射

当爆源离测点更远的某些场合，或爆源接近水面情况下的水下爆炸，冲击波在水面发生非线性反射。这里需要解决的问题是：什么情况下产生非线性反

射；浅水爆炸时爆炸能量的分配；以及非线性反射情况下冲击波参数计算。下面就这三方面问题分别加以讨论：

（一）临界状态的确定

通过实验，在非线性反射情况下，冲击波波形发生了很大畸变，波形接近于压强峰值不太尖锐的圆突形，如图 5-10 中的 1 点的波形；波的上升和下降几乎没有差别，近似成了三角形波；正压作用时间比深水爆炸直达波大为缩短，压力的上升和下降都相当快。图 5-10 表示了一组同当量、同距离、相应于不同测深水下爆炸的实测波形比较。

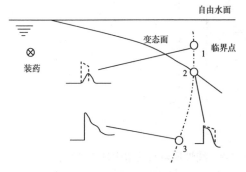

图 5-10　非线性反射时的变态面示意图

由图中 1 点和 3 点波形的比较可以看出，越接近水面，不仅冲击波正压作用时间相差很大，波峰也大为降低，二者的差别反映在流场中可以找到这两种情况之间存在着的过渡状态，即存在着一个"变态面"。虚线是指按声学处理的结果。

非线性反射的造成，是由于稀疏波整个地卷入了直达波，也就是稀疏波追上了直达波，使波形发生了急剧变化。而线性反射，则是稀疏波没有追上直达波，只产生了波的"切断"现象，而直达波的波峰没有受到削减，显然这两者的临界点（它们组成了"变态面"）就是以稀疏波刚刚追上直达波为转折。

实验表明，当直达波与自由水面垂直线的夹角 α 较小时（图 5-11），就将产生非线性反射，其临界角 α^* 可由下式确定。

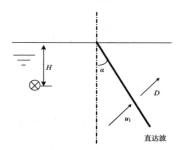

图 5-11　非线性反射时的临界角

α^* 可利用反射稀疏波和直达波沿自由水面的移动速度分量相等的条件

得到：

$$C_1 + u_1 \cos\alpha^* = \frac{D}{\cos\alpha^*}$$

由于临界角较小，可以近似地取 $\cos\alpha^* = 1 - \dfrac{\alpha^{*2}}{2}$，并根据下列关系式：

$$C_1 = C_0\left(1 + \frac{n-1}{2Bn}P_1\right)$$

$$D = C_0\left(1 + \frac{1+n}{4Bn}P_1\right)$$

$$u_1 = C_0\frac{P_1}{Bn}$$

可以得到：

$$C_0\left(1 + \frac{n-1}{2Bn}P_1\right) + C_0\frac{P_1}{Bn}\left(1 - \frac{\alpha^{*2}}{2}\right) = \frac{C_0\left(1 + \frac{1+n}{4Bn}P_1\right)}{1 - \frac{\alpha^{*2}}{2}}$$

略去 α^* 高于二阶的小量，可以得到 α^* 的表达式为：

$$\alpha^* = \sqrt{\frac{n+1}{2Bn}P_1} \qquad\qquad （5-6）$$

以上各式：

P、u_1、C_1——直达波波阵面的压力、质点速度、音速；

D——直达波波阵面的速度；

C——未扰动水介质中的音速；

对 TNT 炸药，$n = 7.15$，$B = 3\,045$（10^5 Pa）。

将 B、n 值及 $P = 533\left(\dfrac{\sqrt[3]{C}}{r}\right)^{1.13}$ 代入公式（5-5），并将 C 用装药半径 r_0 表示之，

则得：

$$\alpha^* = \frac{1.66}{r^{0.56}}$$

相应的临界沉深 H^* 也可以近似求得：

$$H^* = 1.66r_0^{0.56}r^{0.44}$$

或

$$\overline{H}* = \frac{H*}{r_0} = 1.66\left(\frac{r}{r_0}\right)^{0.44}$$

上式表明，在某一确定距离上产生非线性反射的装药沉深和装药量大小有关。

由上可知，当夹角 α 大于 $\alpha*$ 时，反射稀疏波赶不上直达波，为线性反射，可用声学近似计算水中冲击波参数；当 α 小于 $\alpha*$ 时，出现非线性反射，水中冲击波参数计算另行考虑。

（二）浅水爆炸时爆炸能量的分配

根据长江科学院的研究成果，建议以相对沉深为 7 时，作为浅水爆炸与深水爆炸的界限。实验资料表明，当装药沉深为 $7\,r_0$ 时，在不受到水面非线性反射稀疏波影响的测点上，压强峰值和深水爆炸时相同，波形也没有畸变。而当装药沉深小于 $7\,r_0$ 时，即使在更深的测点上，压强峰值（和冲量）仍然下降；实验还表明，当装药沉深小于 $7\,r_0$ 时，会产生空气冲击波，有时空气冲击波还是很强的。这说明，当装药沉深很浅时，爆源的能量会向空气中逸出，形成空气冲击波；而在不受水面非线性反射稀疏波影响的测点上，压强峰值的降低也可以理解为爆源能量向空气中的逸出所造成。

如以 C_W 表示向空气中逸出能量后保留在水中的当量，根据实验结果得到拟合函数为：

$$C_W = \left(\frac{H}{7r_0}\right)^{0.5} C$$

（三）非线性反射时水面影响下的冲击波参数

在非线性反射时，除了爆炸能量向空气中逸散外，同时由于自由水面的影响所产生的稀疏波整个地卷入直达波，使冲击波波形发生了很大的变化，峰值压力受到了强烈地削弱。因此，最大压力、冲量、正压作用时间等冲击波参数不能再按照深水爆炸时的公式进行计算。

1. 最大压强

实验表明，当装药沉深 $H = 7r_0$，在相对距离 $r/r_0 < 31.2$ 时，所测得的峰值压强和深水爆炸时一样；当 $r/r_0 > 31.2$ 时，进入了非线性反射区，峰值压强受到削弱；而当 $H < 7r_0$ 时，在任何情况下，最大压强都小于深水爆炸的值。根

据实验资料分析，最大压强 P_m 随着距离 r、装药沉深 H、测点深度 h 的变化都有明显的变化，并得出如下计算公式：

$$P_m = \begin{cases} 533\left(\dfrac{H}{7r_0}\right)^{0.18}\left(\dfrac{C^{\frac{1}{3}}}{r}\right)^{1.13} & \begin{pmatrix} 10r_0 \leqslant r \leqslant 31.2r_0 \\ 1 \leqslant \overline{H} \leqslant 7 \\ 1 \leqslant \overline{h} \leqslant 7 \end{pmatrix} \\[6mm] 533\left(\dfrac{H}{7r_0}\right)^{0.18}\left(\dfrac{C^{\frac{1}{3}}}{r}\right)^{\eta} & \begin{pmatrix} 31.2r_0 \leqslant r \leqslant 200r_0 \\ 1 \leqslant \overline{H} \leqslant 7 \\ 1 \leqslant \overline{h} \leqslant 7 \end{pmatrix} \end{cases} \tag{5-7}$$

式中：$\eta = 1.13 + \dfrac{0.6}{\overline{h}^{\frac{1}{2}}} + \dfrac{0.3}{\overline{H}^{\frac{1}{2}}}$。

2. 冲击波正压作用时间

由于水面反射稀疏波在流场中整个地卷入了直达波阵面，波形发生了畸变。实验表明，不仅正压作用时间比深水爆炸大为缩短，而且不再随距离增大而增加；与深水爆炸情况相反，却是随距离的增加而减少，大致按 $r^{-0.45}$ 的规律衰变，这与线性反射情况的 r^{-1} 衰减相比又慢一些。实验还表明，正压作用不仅与装药几何参数有关，而且与装药量大小有关；而在线性反射的情况下，正压作用时间仅与几何参数有关。

冲击波正压作用时间可用下式计算：

$$t = \frac{1.2h}{C_0 r}\left(H^* + H\right)$$

3. 单位面积冲量

根据实测波形分析，可以认为在非线性反射的情况下，冲击波的波形可以按三角形处理。因此，比冲量就可以根据最大压力 P_m 和正压作用时间 t 按以下简单方法算出：

$$i = 0.5P_m t$$

实测结果表明，因为最大压力和正压作用时间同时减少，浅水爆炸时的比冲量比深水爆炸大为减少；且比冲量随距离的衰减更为迅速，沉深愈浅衰减愈快，这与深水爆炸不同。因此，浅水爆炸时的载荷是特别的小，尤其是距离较远时，载荷大为削弱。如在距爆心为 $31.2\,r_0$ 处，当装药沉深和测点深度都在 $7\,r_0$ 以内时，比冲量不到深水爆炸时的 30 %，也就是说，爆炸的当量减少

83.5 %。当距爆心的距离为 $200\,r_0$ 时，比冲量不到深水爆炸时的 10 %，即相当于爆炸的当量减少了 98 %。

根据对压力和正压作用时间的修正，可以得到比冲量的计算公式：

$$i = \frac{1}{2}P_m t$$

$$= \frac{1}{2} \cdot 533\left(\frac{H}{7r_0}\right)^{0.18}\left(\frac{C^{\frac{1}{3}}}{r}\right)^{\eta} \cdot \frac{1.2h}{C_0 r}\left(H^* + H\right)$$

$$= 320\left(\frac{H}{7r_0}\right)^{0.18}\left(\frac{C^{\frac{1}{3}}}{r}\right)^{\eta} \cdot \frac{h}{C_0 r}\left(H^* + H\right)$$

公式的适用范围同式（5-7）。

表 5-4 是球形 TNT 装药水面爆炸产生的水下峰值压力实测值。

表 5-4　球形 TNT 装药水面爆炸产生的水下峰值压力

相对测深 $\bar{h}$	水下冲击波峰值压力							
	相对距离 $\bar{r}$							
	100	90	80	70	60	50	40	30
0.8	——	——	1.07	1.52	2.20	3.46	5.04	8.53
0.9	0.69	0.90	1.17	1.67	2.41	3.71	5.31	9.03
1.0	0.74	0.98	1.29	1.82	2.60	3.91	5.72	9.30
1.5	1.09	1.37	1.77	2.43	3.30	4.72	6.96	10.85
2.0	1.37	1.71	2.15	2.92	3.85	5.32	7.78	11.90
2.5	1.60	1.96	2.50	3.32	4.29	5.89	8.45	12.81
3.0	1.79	2.21	2.76	3.67	4.63	6.31	9.10	13.54
3.5	1.96	2.40	2.97	3.91	4.90	6.70	9.53	14.18
4.0	2.11	2.59	3.20	4.14	5.18	2.09	9.98	14.85
5.0	2.36	2.89	3.47	4.50	5.67	7.65	10.75	15.84
6.0	2.57	3.14	3.78	4.76	6.00	8.22	11.36	16.60
7.0	2.76	3.29	4.00	5.05	6.32	8.60	11.90	17.37
8.0	2.89	3.45	4.14	5.23	6.58	8.94	12.34	17.89
9.0	3.03	3.64	4.38	5.42	6.83	9.32	12.69	18.55
10.0	3.14	3.74	4.48	5.57	7.00	9.53	13.05	18.89
15.0	3.51	4.19	4.98	6.22	7.85	10.55	14.58	20.72
20.0	3.78	4.51	5.37	6.65	8.40	11.25	15.41	21.90
25.0	4.00	4.72	5.67	6.89	8.94	11.68	16.17	22.89
30.0	4.14	4.90	5.89	7.22	9.27	12.12	16.60	23.59

【例题】：装药量为 343 kg 的 TNT 爆炸，试确定距离水面上 30 m 远，水深为 2 m 处的峰值压力。

$$r_0 = \left(\frac{3C}{4\pi\rho_0}\right)^{1/3} = \left(\frac{3 \cdot 343}{4 \cdot 3.14 \cdot 1600}\right)^{1/3} = 0.371 \quad (m)$$

解：

$$\bar{r} = \frac{r}{r_0} = \frac{30}{0.371} = 80.9$$

$$\bar{h} = \frac{h}{r_0} = \frac{2}{0.371} = 5.39$$

由表 5-4 用内插法可得出压力为 3.54 MPa。

浅水爆炸时，通常会出现爆炸气体产物突破自由水面并产生水柱的景象，水体高速运动，气泡不断扩大，这两种作用一起促成了具有巨大破坏力的空气冲击波。近水面水下爆炸产生的空气冲击波按照测点至爆炸的不同距离，可分别采用以下公式计算。

$$P_m = 4.6A\left(\frac{C^{1/3}}{r}\right) \qquad \left(\frac{r}{r_0} < 120\right)$$

$$P_m = 0.71\frac{(\beta C)^{1/3}}{r} + 1.92\frac{(\beta C)^{2/3}}{r^2} + 4.2\frac{\beta C}{r^3} \qquad \left(\frac{r}{r_0} > 120\right)$$

上两式中，A、β——常数，均与 $\bar{H}$ 有关，其值见图 5-12。

（四）水底对冲击波参数的影响

水底对水中冲击波的影响同自由水面相反，在水底土层或岩石上反射时，或从其他巨大的障碍物表面反射时，均形成反射冲击波。水底反射对水中冲击波传播的影响，不仅与入射角、反射角有关，而且与水底介质的性质（或障碍物的结构）有关。

当装药置于水下岩石或复盖层表面上爆炸时，其爆炸能量一部分消耗于岩石复盖层的破碎、抛掷、形成漏斗坑（弹坑）；一部分转化为振动能量，以爆破振动形式在岩层介质中传播；一部分能量以水中冲击波形式在水介质中传播。其能量分配问题研究，不论在理论上或实验上都很困难。

对于平坦的刚性边界，当自由水面影响在线性反射范围内，可认为水底反射波的传播来自水底镜像反射的虚拟装药，如图 5-13 所示。因此，对于水中

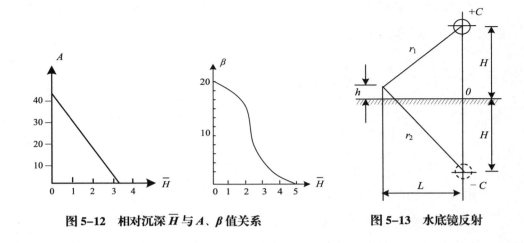

图 5-12 相对沉深 $\overline{H}$ 与 A、β 值关系   图 5-13 水底镜反射

任意一点的载荷作用，可以看作是真实装药与虚拟装药的共同作用。

$$P_m = \alpha_2 P_1$$

式中：

P_1——真实装药在测点处的冲击波压强；

α_2——水底反射修正系数，

$$\alpha_2 = 1 + \left(\frac{R_1}{R_2}\right)^{\alpha}$$

由此可以得出，对于边界上的任一点，如装药在水底上的投影点为 O。因 $r_1 = r_2 = H$，从而得出 $P_m = 2p_1$。即得出，假设水底是绝对刚性，则在边界上的压强是双倍的结论。

实际上任何水底都不是绝对刚性的，在计算中并未考虑两个波到达的时间差，故这一结论是过高的估计。为了说明真实的水底对于传给它的能量的反射效率，先来研究一下装药在水底爆炸的情况。如果水底为刚性的，能量不为水底所吸收，那么装药置于绝对刚性水底上爆炸时，如同在半无限空间爆炸，这个装药相当于在无限水介质中爆炸时装药量增加 1 倍，代入式公式（5-2），公式（5-4），公式（5-5）中，可以得到其 P_m、i、t_+ 之值。作为一次近似值（如 α 取为 1），质量为 2C 的装药将使得在任何距离上的峰值压强增到 $2^{1/3} = 1.26$ 倍。同样，比冲量增至 $2^{2/3} = 1.59$，由于水底不是绝对刚性的，该数值是过高的估计。

压力和正压作用时间的实际增大值决定于水底性质，但它很少能超过假设上限的 1/3~1/2。例如，在硬泥砂底的水底上爆炸 136 kg TNT 装药的实测表明，在距装药 18 m 处测得的压力和冲量比装药远离水底爆炸时，在相同距离处所测得的值分别增大 10.23 % 和 47 %。这些增大值相当于将无限介质爆炸的装药量增大 35 %~50 %，而不是增加一倍。所以，在一般的计算中，可以用 1.3~1.5 倍装药量代入公式进行计算。

第五节　水中爆炸破坏作用的初步分析

水下爆炸所引起破坏作用是一个非常复杂的问题。当爆炸所产生的压力作用在障碍物或目标上时，压力本身在这些障碍物或目标的影响下要发生变化。因此，应当将水和障碍物或目标的运动作为一个总的动力学问题放在一起来研究。

在该情况下，即使进行近似地简化，也会遇到很多困难。水中爆炸破坏作用决定于一系列因素，这些因素除与水中爆炸产生的冲击波、气泡和二次压力波等有关外，还与障碍物（目标）的结构有关。如舰船的结构复杂性，使得对舰船的破坏作用的研究更为复杂。

水中爆炸起主要破坏作用的是冲击波呢？还是气泡脉动呢？还是其他时间的压力？对于一般猛炸药，大约有一半左右的初始化学能量以冲击波的形式传播出去。因此，冲击波的作用是对周围介质最大的有效能量的来源。在多数情况下，冲击波的作用所引起的破坏是主要的。所以，无论在什么情况下，没有足够的根据，就不应假定它的影响很小。

在冲击波传播后，气泡中余留能量较小。在深为 900 m 的海水中，质量为 91.5 kg 的装药，对沉深不大于 280 m 的各种深度爆炸所量测得到的数据表明，装药爆轰时放出能量的 59 % 用来形成水中冲击波，气泡含有的能量为初始能量的 41 %，第二次气泡脉动开始时具有的能量仅为初始能量的 14 %；二次压力波的最大压力仅为冲击波最大压力的 10 %~20 %。但二次压力波却有可能引起附加破坏，特别是气泡恰好在目标物附近脉动时（例如，气泡脉动很接近于船体，特别是发生在船底时）。这时气泡脉动的持续时间很长，其作用在很多情况下，都接近于"静止"的作用，可由最大压力来估计所引起的破坏。一般说来，气泡脉动只有当装药与目标物处于特别有利的位置时，才能起基本的或决定性的作用。

对于舰船，在实际中，船底的破坏往往是冲击波单独作用的结果。但更常见的是后来的气泡脉动的帮助，增大了冲击波造成的破坏（或变形）。因为气泡脉动需要一定的时间，二次压力波较冲击波晚些时候出现，故二次压力波作用于船底的部位可能与冲击波不同。两个位置的偏移率与船速和气泡脉动的时间有关。

气泡收缩时的二次压力脉动，由于它的持续时间比冲击波持续时间长，二次压力波的冲量可以和冲击波的冲量相当。但脉动所发生的能量较小，约为冲击波所发生能量的1/3或者更小，因而在距两过程发生点等距离远的地方，二次脉动的压力只是冲击波压力的一小部分。就其冲量来说，二次压力脉动总冲量的很大一部分决定于缓慢变化着较低压力的持续时间，而这些压力的作用不是重要的。

第一次气泡脉动时，因气泡底部与顶部之间的流体静压强不同，故大型装药（水雷、鱼雷）产生的气泡会失去对称。当气泡收缩到最小时，气泡最低部分的水向中心运动的速度较侧面水的运动速度快些，而侧面水又较顶部水的运动速度为快，因而形成穿透圆环状气泡的高速水喷嘴。水喷嘴会同那一瞬间气泡周围的高压场一起产生极大的破坏力（图5-14）。

在大多数浅水爆炸情况下，爆炸能量大部分在水中传播，虽有一部分能量穿出水面形成空气冲击波，但其可能造成的破坏一般说来是微不足道的。但如水下爆炸发生在距水面很近处，或者高威力武器在浅水中爆炸时，则会出现例外情况，此时空气冲击波可能造成的破坏作用会比水中冲击波更为重要。

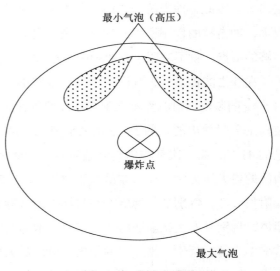

最小气泡（高压）

爆炸点

最大气泡

图5-14　高速水喷嘴

水中爆炸所引起的波浪，在某些特定条件下，如装药中心沉没在水中的深度为装药半径一半时，这种表面波也会引起舰船的巨大破坏。

水中冲击波对水中障碍物的作用，取决于障碍物的尺寸及某些时间特点。如果障碍物结构的特征时间（如自振周期或自然变形时间）比冲击波时间衰减常数（在有水面影响情况下，则为"切断"时间）小得多，则波的作用基本上象流体静压强一样，在这种情况下，峰值压力具有首要意义。如果两者可以相比拟，或者前者比后者大得多，则主要是冲击波的冲量起主要作用。如果自由水面的反射稀疏波在初始冲击波到达之后很快到达障碍物，将会大大降低对障碍物的破坏作用。如果障碍物结构可以承受大的永久性（塑性）变形，则其破坏程度主要取决于冲击波阵面单位面积上的能量，即能流密度。

舰船的自振周期大约在 0.001~0.1 s 范围内，大多数舰船的自振周期都偏小，小型舰船的自振周期一般不大于 0.001 s；大型舰船自振周期较大，可能接近于 0.1 s。

水中爆炸对舰船的破坏作用，有接触爆炸与非接触爆炸两种情况。水中接触爆炸是指装药与舰船直接接触或相距很近的情况。水中接触爆炸时，除了爆炸产物直接作用外，同时也有水中冲击波的作用，两者的联合作用使舰体甲板壳体遭到严重破坏。水中非接触爆炸，则主要是水中冲击波的作用。

实验证明，当爆炸中心与舰船外壳的距离为某一最佳值时，爆炸所造成的破坏作用最大，这个最佳距离 R_0 可用下式求出：

$$R_0 = 0.35 \sqrt[3]{C} \ （m）$$

式中：

C——水雷装药的 TNT 当量，kg。

舰船隔墙之间充填流体，如燃油、淡水等时，水中冲击波会通过流体传至其他部分，由此会增大破坏作用。由于冲击波的作用，可能发生机器与机座的破裂、仪器设备的破损，也可能使舰船着火或弹药爆炸等。

分析战时舰船的破坏情况及对超龄舰船的专门水中爆炸试验表明，触发水雷直接在船舷旁爆炸时，对舰船船舷所造成的破洞大致为一椭圆形，其长轴沿着船舷方向，长短轴的比值为 3∶1。在破口周围出现凹陷和裂缝，破口（损）长度，即长轴长度可用下式计算：

$$L = K \frac{\sqrt{C}}{\sqrt[3]{\delta}} \ (\text{m})$$

式中：

δ——舰船壳板厚度，cm；K——经验系数，见表5-5。

表5-5 系数 K 值

爆炸距离	破口长度的 K 值	破损长度的 K 值
紧靠舰壳	0.85	1.10
最佳距离	1.20	1.55

若水雷于舰船底部爆炸，则破口长度由下求出：

$$L = 0.5 \frac{\sqrt{C}}{\sqrt[3]{\delta}} \ (\text{m})$$

第六节　水下爆破对周围环境的作用

　　水下爆破不仅要获得一定的爆破效果，还要避免或减少爆破飞石危害，以及通过水和水底岩层传播的水中冲击波、地震波、爆破涌浪等对周围环境带来的不利影响。即水下爆破具有一定目的性，在达到破坏特定目标物的同时，还要能够保护周围其他目标物及环境。爆炸能量在水介质中传递时，会对周围目标产生不同程度的危害，如对水产养殖，水上、水下构筑物，水面浮游设备等。因此，在掌握水中爆炸荷载的特点、规律和水中爆炸破坏作用之后，还要认真研究水中爆炸荷载对周围环境的作用特点、规律和防护方法。破坏与防护是爆破这一事物的两个方面，只有把二者统一起来，才能圆满完成各种爆破任务。

一、水下爆破能量的传播特点

　　水的可压缩性小，密度比空气大得多。水的波阻抗也比空气大很多倍，爆炸产物在水中膨胀速度比空气中慢得多。水的这些特点，还会影响到位于水层以下的岩层，使水下爆破能量具有许多与陆地爆破不同的传播特点。

（一）从破坏因素的作用规律来看

　　在水深较浅时，飞溅水花中夹带的碎石受到水阻力作用，飞散距离小得多。在水深较深时，水面有时会喷出很高的水柱，而飞石数量较少。水深进一步增大时，飞石会全部淹没在水中。因此，水下爆破通常可忽略飞石的破坏作用，主要考虑水中冲击波和地震效应。

（二）从能量衰减规律来看

大量观测资料表明，水下爆破产生的水底地震波的主要特征与陆地爆破基本相似。但是，在衰减规律方面二者却有明显区别，表现在水下爆破振动衰减指数比陆地爆破要小；水中冲击波的衰减速度也比空气中慢，但作用距离可增加许多倍。

（三）从对周围环境的影响来看

水底地震效应首先是通过水底，再传播到地面，而水底任一质点的振动还将受到水中冲击波的影响。因此，水下爆破的破坏作用大多是水中冲击波和地震波共同引起的，在计算其危害影响时，单纯引用某一公式是不恰当的。实际上，大多情况下在爆破现场进行多次小型试验，找出有关经验公式中的试验系数和指数，再进行计算，才能与实际情况相符。

二、水下爆破的地震效应

装药在弹性体内爆破时所释放出来的能量，有一部分转变为地震波，向四周传播。所谓爆破地震效应，就是指地震波产生的一切物理现象，包括地震波强度、频率和持续时间等，而地震波强度通常可以用质点的振动加速度、速度和位移来表示。

（一）爆破地震波的传播特点

爆破地震与天然地震相比，具有许多不同特征。

（1）爆破震源埋藏深度浅，一般仅几米至几十米，能量较小，可以人为控制震源大小及作用方向；也可以通过改变爆破技术来调节振动效应。而天然地震的震源埋藏深度为几公里至几十公里，能量大，破坏范围广，事先无法控制，只能在能量释放后，根据产生的破坏程度，标示出震级。

（2）爆破地震持续时间短，仅 0.1~2.0 s 左右。而天然地震的主震段持续时间一般在 10~40 s 以上。

（3）爆破地震的振动频率较高，为 10~90 Hz，并含有较多的高频冲击和振动分量。而天然地震的加速度主频率一般为 2~5 Hz 的低频振动，很少超过 10 Hz（与普通工程结构自振频率相接近），并且有较多长周期的振动分量。

（4）爆破地震幅值高（大爆破近区测得的加速度高达 20 g 以上），在爆源近区竖向振动较显著，衰减快，破坏区范围小。天然地震加速度最大值仅 1.3 g，衰减慢而影响范围大。

影响结构物在地震作用下反应的主要因素是其自振频率与地震波主频率接近的程度和地震波主震波相持续时间。一般港工及水工建筑结构物自振频率在 10 Hz 以下，因此，在地面运动速度和加速度峰值相同情况下，结构物对爆破地震的反应要比天然地震小得多。

药包在水下岩体内爆炸，涉及到能量分配及波在两种介质中的传播问题，使得水下岩体爆破的地震效应具有下述特点。

（1）药包在水下岩体内爆炸时，由于有水体覆盖，影响抛掷作用，且水下堵塞效果也比较好，从而使一部分抛掷能量转化为内部能量。因此，水下爆破时产生的地震效应比同量级陆地岩土爆破大。

（2）受水介质的影响，水下爆破地震波的衰减较陆地爆破慢，实测的振速衰减指数接近于水的衰减指数。因此，水下爆破振动影响范围比陆地爆破大。

（3）水下岩体爆破地震波频率有偏高趋势。岩基地表上的振动频率约为 10~60 Hz；在水坝上，除基频振动外，还有高频振动出现。

（4）位于水域中的港工、水工建筑物对基础振动的抑制作用比较明显。通过坝基的地震波衰减较快，加速度经验公式中的衰减指数均大于 2.0。由于坝体的抑制作用以及两个不同部位的高程、地形条件、振动向量差别等因素影响，使得岩基上坝基振动的加速度较地表约减小 60 %~80 %。

（二）水下爆破地震效应的影响因素

1. 爆源

同等药量时，多药包爆破地震效应比单药包低，毫秒爆破比瞬发爆破显著降低。若维持某点振动强度不变，分段毫秒爆破药量约为瞬发爆破的 2~3 倍。水中悬挂药包产生的水底爆破地震效应比水底裸露药包大；钻孔爆破小于裸露爆破（100 kg 炸药钻孔爆破仅相当于 15~25 kg 裸露药包爆破）。但浅水裸露爆破时，引起的地面振动较深水爆破要小。

2. 传播介质

水下爆破冲击波的传播一部分是由钻孔直接传递给周围岩石，经河床传递到河岸陆地；另一部分是经水或水、地传播到河岸。河床地形和水层会使冲击波在界面上产生折射和反射。河床地质的变化使地震波传播也发生折射、吸收等。不同介质在爆炸中释放出来的能量转变成地震波的比例也不相同，最大可达爆炸释放能量的 20 %。因此，地质条件（岩性、构造、物理力学性能）和水深变化的不同，也会引起振动强度随距离的衰减规律不相同。

3. 建筑物地基的地质地形条件

岩石地基的振动加速度比土壤低，在岩石地基上的建筑物就较安全。而在较陡高地上，则振动强度明显放大。在同样距离情况下，山顶振动强度要比平地大，大高程比低高程大。

4. 建筑物的自振频率

自振频率主要与建筑物的结构形式和刚度有关，细长状结构物如烟囱、水塔等的顶部振动强度较大。在同一建筑物内，上部要比下部大。

（三）水下爆破质点振动速度

由于影响爆破地震效应的因素比较复杂，特别是地形地质因素。因此，即使通过试验得出的地震效应计算公式，也只能使用特定条件。

通常采用爆破质点振动速度来描述爆破地震波的强度大小，并用来衡量建（构）筑物的破坏程度。其计算公式如下：

$$V = K\left(\frac{\sqrt[3]{C}}{R}\right)^{\alpha}$$

式中：

V——质点振动速度，cm/s；C——装药量，kg；R——爆破源至测点的距离，m；K、α——与介质物理力学性质有关的系数和指数，见表 5-6。

表 5-6　爆区不同岩性的 K、α 值

岩性	K 值	α 值
坚硬岩石	50~150	1.3~1.5
中硬岩石	150~250	1.5~1.8
软岩石	250~350	1.8~2.0

为了保证爆破时对周围建（构）筑物的安全，国家标准《爆破安全规程》6722—2003 规定了相应的建（构）筑物的地面质点安全振动速度（表 5-7）。

表 5-7 爆破振动安全允许标准

序号	保护对象类别		安全允许振速（cm/s）		
			< 10 Hz	10~50 Hz	50~100 Hz
1	土窑洞、土坯房、毛石房屋		0.5~1.0	0.7~1.2	1.1~1.5
2	一般砖房、非抗震的大型砌块建筑		2.0~2.5	2.3~2.8	2.7~3.0
3	钢筋混凝土结构房屋		3.0~4.0	3.5~4.5	4.2~5.0
4	一般古建筑与古迹		0.1~0.3	0.2~0.4	0.3~0.5
5	水工隧道		7~15		
6	交通隧道		10~20		
7	矿山隧道		15~30		
8	水电站及发电厂中心控制室设备		0.5		
9	新浇大体积混凝土	龄期：初凝 ~2d	2.0~3.0		
		龄期：3~7d	3.0~7.0		
		龄期：7~28d	7.0~12		

（四）地震效应对周围环境的影响

地震效应对邻近建筑物的影响取决于地面震动特征和工程结构特征。高大烟囱、塔形结构的破坏主要受长周期部分震动强度影响；一般房屋的破坏主要受短周期部分震动强度影响；而笨重器物的移动主要受速度脉冲冲量影响；对地层影响主要是震动加速度作用的结果。

1. 爆破地震波对地面人员产生心理和生理的影响

不同地面振动速度造成的人员反映情况见表 5-8，在人口密集区爆破时，地面振动速度宜控制在 1 cm/s 以内。

表 5-8 人员对地面振动速度的反映情况

地面振动速度（cm/s）	0.2~0.5	0.5~0.96	0.96~1.93	1.93~3.3	3.3~5.0
人员的反映	可感	感到显著	不适	感到骚扰	反感

2. 爆破地震波对地层与建筑物的影响

（1）产生振动应力。在一般砖石混凝土结构中，抗拉强度远低于抗剪强度。因此，在地震波纵波作用下，建筑物出现拉力波破坏的可能性比在横波影响下出现剪力破坏的可能性大得多。混凝土与基岩接触面属两种不同密度的介质粘结，地震波将产生反射和折射，当反射应力超过混凝土与基岩间的临界粘结力时，粘结面遭受破坏。

（2）产生位移，影响地层与建筑物的稳定。爆破地震波作用范围内的地层和建筑物内产生的振动加速度，会在建筑物内形成惯性力。惯性力在向不利于地层及建筑物稳定方向作用时，会增加一些不利因素，使建筑物产生滑动，影响其稳定性。

（3）产生孔隙水压力。水下爆破若在饱和砂土中进行，可能在其内部产生能够传递水中冲击波的孔隙水压力，影响其稳定性。

（4）共振影响。当爆破地震波的振动周期与建筑物的固有周期相等时，便会产生共振。若振动历时较长时间，结构物的变形达到接近水下爆破所传播能量时，则招致损坏建筑物。因此，对重要防护建筑物应进行固有振动周期的计算。

三、水下爆破产生的空气冲击波

当装药置于水面附近或浅水中爆破时，会产生较强的空气冲击波，不仅会使鱼类致伤，也可能会对附近工业和民用建筑物的玻璃造成损害。

在浅水区进行爆破时，空气冲击波主要是通过水中冲击波在"水—空气"界面上折射和水豕上升引起的。其中，在水豕以超声速向上运动的活塞作用下，会形成较强的空气冲击波，而折射空气冲击波的强度不是很大。试验结果表明，即使在离爆源很近的地方（球形药包半径的20~30倍），折射空气冲击波的压力也与声波相接近。在浅水区爆破时，动水豕的活塞作用是空气冲击波固定辐射源，离爆源较近的地方，冲击波衰减程度不大，这与超声速运动的圆柱水流形成的特点有关。当然，爆炸产物在冲出水层时同样会产生一定强度的空气冲击波。

通常情况下，水下爆破产生的空气冲击波压力可用下式计算：

$$\Delta P = 4.7 \times K_1 K_2 K_3 \left(\frac{\sqrt[3]{C}}{R} \right)^{1.5} \tag{5-8}$$

式中：

ΔP——超压，即空气冲击波波阵面的压力，10^5 Pa；

C——水下裸露药包的重量，kg；

R——与爆心的距离，m；

K_1——爆破岩石的坚硬程度，中等岩石为 1.0，坚硬岩石为 1.5；

K_2——考虑到气象条件影响的系数，如在夏季，当距离 $R < 200$ m 时，

$K_2 = 1.0$；$200\text{ m} < R < 2\,000\text{ m}$ 时，$K_2 = 0.07\,R - 0.5$；$R > 2\,000\text{ m}$ 时，$K_2 = 3.0$；

K_3——考虑药包以上水层对冲击波压力强度的影响系数，可用下式计算：

$$K_3 = 0.03\left(\frac{\sqrt[3]{C}}{H}\right)^{1.5}$$

式中：H——药包上方的水层厚度，m。

实践证明，作用于建筑物玻璃上的空气冲击波最大允许值为 500 Pa。

水下深孔爆破时，空气冲击波的强度通常比较小。但是，当药包上方的水层厚度不大时要引起重视。在水下爆破时，可以假定水层增加了深孔药包的相应堵塞长度。因此，相对堵塞长度可用下式表示：

$$L' = \frac{L_H + H}{d}$$

式中：

H——药包上方的水层厚度，m；

L_H——深孔口部未装药部分的长度，m；

d——深孔直径，m；

水下深孔药包的空气冲击波仍可用式（5–8）进行计算。但当深孔药包的长度大于 12 倍的深孔直径时，应用 $12\,qdn$ 来代替深孔药包的总重量，这里的 q 为深孔每延米装药量，n 为深孔药包数量。水层影响系数 K_3 与相对堵塞长度的关系见表 5–9。

表 5–9   水层影响系数 K_3 与相对堵塞长度的关系

相对堵塞长度 L'	0	5	10	15	20	25
水层影响系数 K_3	1	0.35	0.13	0.05	0.04	0.03

四、水下爆破的表面效应

水下裸露药包爆破时，在冲击波从自由水面突出的地方，可以看到一个向四周迅速扩散暗灰色水圈。随后出现一个向上飞溅的水冢，它是在冲击波从自由表面反射的作用下形成的。水冢的上升初速度与入射波的压力成正比，并在药包的正上方达到最大值。最后，由于气体涌出，出现了与爆炸产物混合在一起的飞溅的喷泉。根据水冢的扩展特征，可将爆破深度分成两组：一组存在着有爆轰产物的气泡在浮动时引起的二次脉冲；另一组则没有上述二次脉冲。这两组有一个相当明显的界限，即爆破深度与无限水域中爆轰产物气腔的最大半径近似相等。当静水压为 0.1 MPa 时，这个最大气腔半径近似等于 130 倍的球形药包半径。

当气泡在最大压缩的瞬间到达表面，此时具有很大的上浮速度。在这种情况下，会形成一个相当狭窄的竖向喷泉，几乎所有气泡上方的水都垂直向上喷射。同样，如果气泡达到自由表面时处于压缩开始前，此时气泡具有较小的上浮速度，气泡几乎呈径向喷射。当水冢跌落时，便形成了水面波浪。在岸边有构筑物时，应注意到重力波有可能会带来一定的危害，浪头在接近浅水区时会增大 1~2 倍。其时，形成重力波的能量只是炸药能量的很小一部分，大约仅占 0.3 %~0.4 %。

五、水中冲击波对鱼类的作用

鱼类对水中冲击波作用的敏感程度不同。根据有关实验资料，可以根据爆破作用的特点把它们分成三类：①高度敏感的鱼类，如安抽鱼、银汉鱼、鲻鱼；②中度敏感的鱼类，如石斑鱼、鲈鱼、鲤鱼、鲟鱼；③低敏感的鱼类，如小虾和有机物饲料。第一类鱼生活在水的上层，第三类鱼没有鱼鳔。第一类鱼和第三类鱼对冲击波作用的敏感程度有很大不同，主要取决于鱼鳔的作用，显然这是因为鱼鳔和肾脏的致伤是同步发生的，而肾脏对大多数鱼来说是夹在鱼鳔和骨骼之间的。鱼鳔不仅影响鱼类对水中冲击波的敏感程度，而且还作为评估鱼类致伤的概率要素。首先它与鱼体及其鱼鳔相对于水中冲击波波阵面的空间方位有关，因为鱼鳔呈细长的纺锤状，其尾部呈流线形，通常体积不大。

在水中冲击波作用下，充气鱼鳔的变形决定于鱼鳔表面曲率和水中冲击波的时间参数。所以，从某一波长开始，甚至当波阵面上的压力达到 10 MPa，鱼鳔也不会被击破。

鱼的腹部和侧面正对水中冲击波的作用方向时，鱼鳔的变形最大（其他内部器官的受伤程度也与此有关）；头部正对水中冲击波时较小；尾部朝向水中冲击波时最小。

可以认为鱼体与其鱼鳔体积之比，是影响不同大小的鱼和鱼种对水中冲击波敏感程度的一个因素。对于成年的鱼，它们的体积比在 15~25。生活在水底的鱼类，一般没有鱼鳔，如鲇鱼和比目鱼。浮游性的鱼类，该体积比较大。还有凡是栖息在水域上层的鱼都属于对水中冲击波高度敏感的鱼类，这是因为它们的鱼鳔尺寸相对比较大。

通常将水中冲击波的最大压力作为水下爆破对鱼类损伤作用的临界参数，对于最敏感的鱼类，其安全压力为 0.6~0.7 MPa。

思考题

1. 水下爆破的基本物理现象是什么？

2. 什么是水下爆炸相似律？

3. 水下爆破爆炸荷载有哪些特点？

4. 无限水介质中的爆炸参数如何确定？

5. 水下爆炸的破坏作用有哪些？

6. 水下爆破地震波有何特点？影响水下爆破地震效应的主要因素有哪些？

7. 如何评判水下爆破震动对周围环境的危害？

第六章　水下土岩爆破

　　水下土岩爆破无论是在军事上，还是在水下工程建设中，都是大量采用的施工方法。诸如在加深、疏浚航道，清理暗礁、加深港池，打捞沉船时在岩礁上攻打千斤洞，帮助搁浅舰船脱礁，埋设水下输油管、水管及水下电缆时开挖水底沟槽，在水底基岩上开挖基槽安装大型水工构筑物，进行爆破清淤、处理水下软基等，均可采用水下土岩爆破的方法来完成。由于以上任务的性质、特点、规模大小及环境条件不同，可采用炮孔法和深孔爆破法、裸露药包爆破法和硐室爆破法以及爆破清淤、排淤和爆夯压密法等不同的爆破方法。

　　当水底岩层剥离厚度在 0.4 m 以下，开挖面积小于 1 000 m^2，岩层风化较严重时，宜采用水下裸露药包爆破法。特别是当工期要求紧，又缺少钻孔设备，采用水下裸露药包爆破法可较好地完成施工任务。而对水下个别大块石、孤立石破碎、个别突出水下岩礁爆破时，更适合采用水下裸露药包爆破法。在工程量不大，要求爆破的沟槽又不太深，工期要求又比较紧时，采用水下裸露药包抛掷爆破法则很有效，爆后可以不经清渣就能使用。但这种情况下，因一次用药量较大，对周围环境影响较大，要注意爆破安全。

　　水底岩层厚度大于 0.4 m、面积较大、方量不太集中时，宜采用水下炮孔爆破法。钻孔直径通常小于 50 mm，潜水员可直接在水下钻孔或用机械钻孔。在方量不大但周围环境不允许采用裸露药包爆破时，如在爆破难船附近的岩礁，通常也只能采用水下炮孔爆破法。

　　对于水底破岩厚度大于 1 m，且方量集中，工程量大时，则宜采用水下深孔爆破法。在开挖深度更大，超过 10 m 以上时，采用水下深孔台阶爆破则更加有利。

　　对临岸的水下大量集中石方，其地质条件较好，无大的裂隙，可从岸上向里开挖导硐和药室，采用水下硐室爆破方法是最为有利的，可以有效地降低成本和缩短工期。

在确定采用何爆破方法时，应综合考虑各个影响因素，如工程特点、规模、地质情况、气候及水文情况、工期要求、成本要求及周围环境安全要求等诸因素。因此，在确定方案之前必须认真进行工程勘察，查明工程的实际地形、地貌，基岩性质、地质构造、复盖层性质、厚度分布，爆破水域的水深、流速、潮汐规律和风浪规律等。查明工程所在水域周围水产养殖情况，水上航运及水上水下需保护的重要构筑物情况。根据工程本身要求，综合考虑诸因素才能选择一个合理的爆破方案，这一步是十分关键的，只有把握好这一点，才能从总体上获得成功。至于具体设计，那则是有章可循的，下面将具体阐述。当然，对于总体方案选择并不是一个工程只确定一种爆破方法，而是确定一种基本方法，同时还要根据具体情况，将几种方法灵活地综合运用。诸如采用水下硐室爆破，成本低，速度快，但是爆破块度大，不便清理，此时需要采用水下裸露爆破法破碎大块石；再如对较集中方量宜采用深孔爆破，而对于边角方量不太集中的地方则可采用水下炮孔爆破法。

第一节　水下土岩爆破的分类

一、按装药在水中的位置分类

1. 水中爆破

将装药悬置在水面以下，利用爆炸产生的水中冲击波破坏目标、破碎岩石、压实土层等中，其作用与空气中爆炸相似，但水中冲击波的破坏作用大于空气中冲击波。

2. 水底裸露爆破

将装药安放在水下爆破目标表面，如紧贴水底、礁石实施爆破。这是长时间以来最常用的水下爆破方法，施工设备简易，对工程量较小时较经济可行。但爆破效果较差，耗药量大，且受水深、流速限制，不宜大规模施工。

3. 水下岩层内部爆破

将装药放入水下岩层的药孔、药室实施爆破。随着施工机械和施工技术的发展，在开挖量大的工程中已成为水下爆破的主要方法。

二、按爆破作用方式分类

1. 水下抛掷爆破

利用装药爆破作用破碎水下土岩介质，并将其一部分抛至沟槽以外，一部分被水流冲走，爆破无须清碴即可获取设计沟槽（航道、管线沟）。该方法的炸药消耗量较多，采用裸露装药爆破时，单耗药量比松动爆破高出几倍至几十倍，且要求流速较大，才能冲走碎石。

2. 水下松动爆破

利用水底裸露装药或钻孔装药爆破破碎岩石，再用挖泥船清碴，最终得到符合设计要求的基坑或航道。该方法技术可靠、经济合理，适合于水下面积大、方量集中或深水炸礁工程。但要求机械化程度较高，必须配备钻孔工作船及清碴设备。

三、按爆破工程目的分类

1. 水工建筑物基坑爆破

包括码头、系船墩、桥梁墩台的基础，堤坝、水中建筑物的基坑开挖等。根据建筑物设计要求，可广泛采用水底裸露装药、水下钻孔装药及水下药室装药等爆破方法。

2. 航道疏浚爆破

包括内河、港湾航道疏浚，运河开挖，水底开挖基槽等。要求形成一定深度沟槽，便于水流畅通、船只通航和敷设管路等。浅水时用水底裸露爆破，深水时则用水下钻孔爆破。

3. 岩塞爆破

用常规方法修建引水隧洞，在靠近水库（湖泊）底部预留一定厚度的岩层（即岩塞），最后对其一次性爆破，炸除岩塞形成进水口，即可引出水源为发电、灌溉服务。

第二节 水底裸露爆破

水底裸露装药爆破就是把装药直接放置在水底被爆破介质的表面进行爆破。具有施工设备简单、操作方便和机动灵活等特点。广泛用于航道整治工程中的炸礁、沉积障碍物和旧桥墩的爆破清除，过江沟槽的开挖以及密实胶结沙石层的松动爆破。爆破能量大多散失于水中，会造成炸药消耗量大、一次爆破深度较浅、水中冲击波危害大等。相对水下钻孔爆破来说，效率较低、不能开挖较深的岩层。经验表明：要求破坏层厚度小于3m，周围不存在难于防护的建筑物，用其他爆破方法困难时，可采用裸露装药爆破。

一、爆破参数的确定

影响水底爆破的因素很多，对于水底爆破参数的计算尚没有准确统一的公式。在工程施工中常采用类似工程条件的参数，或者采用一些经验公式估算，然后在实践中不断修正。

（一）药量计算

1. 根据爆破岩体厚度计算药量

$$C = K_1 W^3$$

式中：

C——水下裸露装药药量，kg;

W——要求破碎的厚度（炸碎深度），m;

K_1——水底裸露装药爆破单位耗药量，kg/m³，其值见表6-1。

表6-1　水底裸露装药爆破单位耗药量系数

序号	土岩种类	裸露爆破 K_1（kg/m³）	钻孔爆破 K_2（kg/m³）
1	含砾石的土	3.5	0.70
2	坚硬黏土	9.8	1.40
3	松软有裂隙岩石	13.5	1.53
4	中等坚硬岩石	27.0	1.86
5	坚硬岩石	40.0	2.20

注：

1. 表中系数适用于水深不大于 $2W$。如水深小于 $2W$ 的30%~65%时，系数应增加25%~50%。

2. 表系数是根据2#岩石铵梯炸药得出的，如使用其他炸药时要进行换算。

3. 当爆破多临空面的孤礁时，药量可减少10%~15%。

2. 根据炸除岩体体积计算药量

$$C = q \cdot V$$

式中：

V——要求炸除岩体体积，m^3；

q——单位耗药量系数，kg/m^3，根据工程实践或多次试验得出（表6-2）。

表6-2　水下裸露爆破平均单位耗药量系数 q

序号	岩石等级	地形条件	水流条件	q (kg/m^3)
1	9级岩石	爆区面积小于20 m，周围有深潭	水流平顺，流速约2m/s，水深约2m	1.5~2.0
2	9级以下或风化较严重岩石	爆区面积小于200 m，周围有深潭	水流平顺，水流2~3 m/s，水深2~3 m	3.0~4.0
3	中等硬度岩石（9级左右）	爆区面积约200 m，其长度或宽度不超过30 m，一侧或下游有深潭	水流平顺，水流2~4 m/s，水深2~4 m	5.6~6.0
4	硬度较高岩石（10级以上）	爆区面积或爆区两边长度较大，深潭较远，河床较平坦	水流紊乱，流速小于2 m/s，或大于4 m/s；水深小于1.5 m或大于4 m	6.0~9.0

注：表中系数是根据实际工程整理得出，所用装药为防水处理良好的硝铵类炸药。

（二）炸碎深度

计划炸碎岩石的深度 W 应力求合理选取，W 值过大会残留根底，增加大块石碴；W 值过小，消耗炸药增多，成本增大。经验证明：在水深 1~2 m 时，一次炸碎深度可达 10~25 cm，破碎效果良好。

（三）药包间距和排距的计算

装药的间距应以不留岩埂和爆后块度尺寸适当为原则，通常以相邻装药所破碎的地带紧相衔接为依据进行简略估算：

1. 药包间距

$$a = (1.5~2.5)\,W$$

2. 药包排距

$$b = (1.5~2.0)\,W$$

也可由装药量直接估算出装药间距和排距，即：

$$a = b = f \cdot \sqrt[3]{C}$$

式中，f——与岩石硬度有关的系数（卵石 0.54，中等坚硬岩石 0.51，坚硬岩石 0.48）。

二、爆破施工

爆破施工包括装药的布置、加工和投放。

（一）装药的布置

布置装药时，应考虑爆破的要求和充分利用有利的地形、地质条件。

（1）如水底高低不平时，应尽量将药包装在水底凹陷处，以提高爆破效果。

（2）在水急流乱的水中布设药包时，药包要布置在礁石上游的迎水面或侧面，以使药包承受一定的水的流动压力，并使它紧贴在礁石上。

（3）应将药包尽量布设在断裂岩层和破碎带的缝隙中，以提高爆破效果（图6-1）。

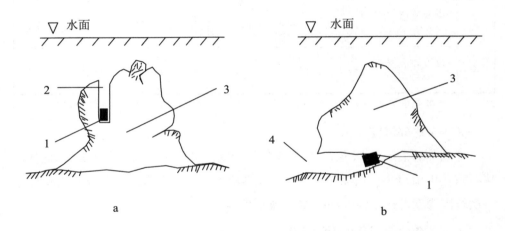

1—药包；2—破碎带；3—礁石；4—断裂岩层
a.药包布置在破碎带中；b.药包布置在断裂岩层中

图6-1　药包布置在断裂岩石和破碎带中

（4）在大面积平整的礁石上投放大量药包时，应将药包布置成网状药包群（方格式、梅花式或错开三角式），如图6-2所示。

（5）对凸出礁峰或大孤石布药时，可布单个药包或两个药包，如果水底礁石很陡，固定药包困难时，布置单药包可利用重物平衡；布置双药包可用绳索将药包系在两端，并使其重量大致平衡，见图6-3。

（6）在水底进行大块破碎时，可将药包布置在大块的顶面、侧面或底下（图6-4）。

（二）药包的加工

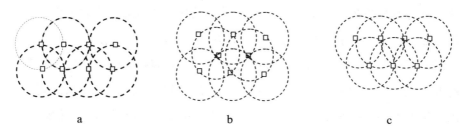

a.方格式药包布置图；b.梅花式药包布置图；c.错开的三角形布置图

图 6-2　网状的群药包的布置图

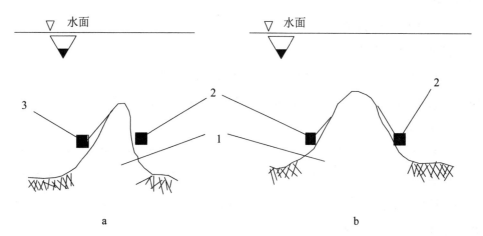

1—礁石；2—药包；3—石块
a.单个药包；b.两个药包

图 6-3　单药包或双药包布置图

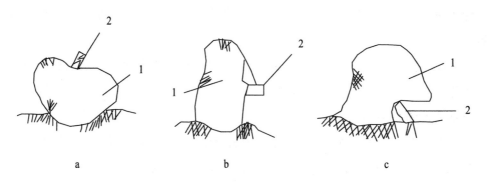

1—礁石；2—药包
a.药包在顶部；b.药包在侧面；c.药包在底部

图 6-4　二次爆破药包布置图

水下裸露药包爆破时，药包与被爆破物之间只有一个面接触，所以爆破时能量大部分都损失掉了。为提高爆破效果，最好将药包加工成扁平形，以增大药包与爆破目标的接触面积。对于抗水性炸药，只需将炸药卷包裹成规定形状。在外层再以竹篾加固，然后用细绳捆扎。对于不具有抗水性的硝铵类炸药，在装药前必须进行防水处理。其方法有二。一是预制一定规格的塑料薄膜口袋，装入规定的炸药，并插入雷管，然后将袋口折叠后，用细绳扎紧。此法操作简便，速度快，得到广泛地采用。二是将水泥袋纸制成大小适当的纸盒，表面涂上沥青，然后往盒中装入炸药，插入雷管，再在封口处刷上沥青。

（三）药包的投放

投放药包的方法有以下几种。

（1）叉插药包法。在水流为 1.5~3.0 m/s 的险滩上，将爆破工作船驶至爆破区水面上，并按照导标所示，测量预计投放药包位置，用竹杆叉插药包的提绳，逆流送至礁石面上。

（2）滑杆法。在水流小于 2.5 m/s 的浚深处，将爆破工作船驶至预计投放药包位置的水面上，根据测量定位的指示，将一根或两根长钢钎（或竹竿）的一端，固定在礁石的迎水面或侧面上，然后将药包按要求的爆破点沿杆下滑，并紧贴在礁石上。

（3）水力冲贴法。当水流速大于 3.0 m/s，无法采用上述两种方法时，可根据爆破工作船所测量的位置，以提绳控制深度，看准目标方向，对好流向将药包下沉至一定的深度，随船划动下送，利用水力将药包冲贴至所要投放的位置上。

（4）潜水员安放药包法。在水流小于 1.5 m/s 且无漩涡时，潜水员可以下水工作，按药包的位置，将药包紧贴于礁石上，然后用砂土覆盖药包，操作时注意不要撞断起爆的导线。

（5）斜坡平台滑动投放药包法。适用于大量药包群爆破，在工作船上设有斜坡平台，将网状框架放在平台上，在框架上捆扎好药包，由拖轮将工作船顶推至爆破水域，接好导线，工作船后退，将框架推下水，沉放于爆破位置。

第三节　水下钻孔爆破

该方法应用最广,适用于大规模航道疏浚、运河开挖、河道整治、港口扩深、水下管线拉槽爆破（包括开挖沉埋式水底隧道基坑）、水工建筑物地基开挖、桥梁基础开挖等。

水下钻孔爆破中的钻孔作业和装药通常是在水面上的专用作业平台上进行,锚定作业平台是保证钻孔位置正确的关键。在钻孔之前,先要将一根下端带有环形钻头的中空套管钻过覆盖层（砂砾或淤泥层）,并钻入基岩中达到一定深度,然后将钻孔用的钻杆插入套管中。在基岩中进行钻孔,一直钻到所要求的深度。套管的作用是避免泥沙和岩粉堵塞钻孔,妨碍装药。为了确保开挖达到设计的深度,钻孔应有一定的超钻深度。国内超钻深度一般采取 1.0~1.5 m。在国外,考虑到钻孔内可能落淤和清碴的困难,超钻深度一般达到 2.0 m 以上,在较深的水域中钻孔时,超钻深度甚至达到 3.0m 以上而不管开挖深度如何。

在套管保护下开钻,待钻孔结束取出钻具,沿套管插入一根半软半硬的塑料管把炸药装入炮孔中,然后拔出水中套管。另一种方法是将预先制作好的直径较孔径略小的炸药卷沿套管装入钻孔,然后慢慢地拔出套管至炸药卷顶部 20~30 cm 后,再用砂土充填堵塞,堵塞长度一般不小于 30~50 cm。

水下钻孔爆破设计,包括钻孔形式、布孔方式、孔网参数及药量计算等。

一、钻孔形式

水下爆破钻孔一般采用垂直和倾斜钻孔。垂直钻孔优点是:定位易于控制、操作简便、钻孔效率高、利于装药堵塞。缺点是炮孔底部夹制作用大、多排孔爆破时不利于岩石膨胀、炸药单耗高。倾斜钻孔则有利于多排孔爆破时岩石充分膨胀、大大减少过量装药、炮孔数量可减少、炮孔抵抗线较垂直孔均匀、爆破岩块较均匀、大块率低,且底盘夹制作用小、有利于减少根坎。缺点是定位控制困难、钻孔底部偏差大,钻孔总长度增加,装药困难。

由于水下爆破条件复杂,应因地制宜来选用钻孔形式,才能获得良好的爆破效果。

二、布孔原则

（一）水下炮孔布置形式和孔网参数

作业方式要与钻孔、装药、堵塞方法、所用机具等相适应。潜水员水下钻孔、装药、起爆网路连接作业方式，受水下作业条件限制，钻孔深度不可能太深，但孔距、排距不宜过小，否则会给潜水员水下装药、堵塞和起爆网路连接带来困难和危险。若采用水上作业平台施工方法，则钻孔深度和台阶高度可以较大，钻孔直径和孔、排距可相应增大。

（二）水下钻孔布置形式

水下炮孔布置原则上应越简单、越规则就越好。在一般条件下，可采用一字形、方形、矩形、三角形或梅花形的布孔形式。

水下钻孔布置应确保孔底开挖面上不残留未被爆岩埂。同时，炮孔上部不致产生过多的大块率，以避免和减少水下二次爆破工作量。根据经验，孔、排距布置经验公式为：

坚硬完整岩石

$$孔距：a = （1.0{\sim}1.25）W$$

$$排距：b = （0.8{\sim}1.2）W$$

裂隙发育或中等硬度岩层

$$孔距：a = （1.25{\sim}1.5）W$$

$$排距：b = （1.2{\sim}1.5）W$$

式中：

W——要求破碎的厚度（炸碎深度），m。

（三）水下钻孔的超深值

应略大于陆地爆破，尤其在多泥沙水域和无套管保护，钻孔可能会被泥沙部分淤填时。鉴于水下爆破欠挖时补充爆破难度大、效率低、耗时长，国内水下钻孔爆破超深一般取 1.0~1.5 m。而国外考虑到水深孔愈深，孔底偏差愈大，钻孔内可能落淤和清运底部泊层石碴时效率低、困难大等因素，钻孔超深一般达到 2.0 m，水域较深时达 3.0 m 以上。

（四）采用斜孔布置形式

在钻孔设备和机具备件许可，钻孔定位和钻进稳定技术有保证时，可采用斜孔布置。其优点是炮孔底盘夹制作用小，炮孔抵抗线均匀，岩碴块度小，有利于减少根坎，多排炮孔爆破时利于岩石充分膨胀，可大大减少过量装药，炮孔顶部产生的大块率较低利于清运。

三、装药量计算

水下爆破的重要特点之一是爆破介质与水的交界面上承受着水的压力，同时爆破介质的膨胀运动亦须克服水体的阻力。因此，水下钻孔爆破装药量应该包括破碎岩石所必需的能量和克服水体阻力所做的功，故水下爆破的炸药单耗较陆地爆破为大。

平地开挖爆破的装药量，可将水深的影响计入单耗药量系数内考虑，用以下公式计算：

$$C = K_2 \cdot W^3 \qquad (6-1)$$

式中：

C——水下钻孔爆破装药药量，kg；

W——要求破碎的厚度（炸碎深度），m；

K_2——水下钻孔爆破单位耗药量，kg/m³。

为使爆后块度小些，便于出碴，也可按孔长的 0.7~0.8 倍装药。

装药间距和排距可按下式确定

$$a = b（0.8{\sim}2.0）W$$

公式中的符号意义同前，括号内系数按要求块度选定，块度小时取小值。

水下梯段开挖爆破药量，仍可用公式（6-1）计算，但 W 用计算抵抗线 W_{p} 代替，即

$$W_{\mathrm{p}} =（0.4{\sim}1.0）H$$

式中，H——开挖高度，m。

上式括号内的系数根据 H 及岩石硬度选定。H 大、岩石硬度小时取小值；反之取大值。

四、水下钻孔爆破工艺

（一）水上作业辅助设施

1. 固定支架平台

固定支架平台适于靠近岸边的小规模水下爆破，有悬臂式和浮船傍岸式工作台等。

2. 钻孔船

最简单的钻孔船可临时用驳船改装。钻孔船适用于 10~20 m 水深，流速小于 1.0 m/s，浪高 1 m 以下的水域。因其移动方便，对爆破点分散、工程量大的爆破尤显优越。

3. 自升式水上作业平台

船体四角装有大型立柱的平底船，由牵引船拖到作业点，用自身动力将立柱放至水底，船身支在立柱上抬离水面。可在 50 m 水深、4 m/s 流速、60 m/s 风速和 6 m 浪高下作业。

4. 潜水员水下钻孔

该方法一般用于水深不超过 30 m 的水下作业。

（二）水上作业钻机

国产的有水上作业钻机有 XJ-100 和 XU-300 型地质钻、100B 型航道钻机、DPP-100 型汽车钻，以及 CZ-301，CZ-501.CL-1 型风动钻机。

国外钻机有 Atlas Copco 公司的 BBE 型钻机，日本的 WM 钻机等。

（三）OD 爆破法施工要点

在瑞典 OD 爆破法（Overburden Drilling methed）叫林德爆破法，其施工要点如下：

（1）钻孔。孔径一般是 51~100 mm。先下套管到硬基岩几十厘米（穿过淤泥、覆盖层或直接下到基岩），然后用直径较小的接杆凿岩钻机在套管内进行钻孔作业。

（2）装药。可使用套管装柱状药包。也可在打好炮孔拔出钻杆时，通过套管往孔内插入塑料软管，然后拔出套管。塑料软管将炮孔连接到水面上，通过塑料软管进行装药。

（3）起爆。每个炮孔至少装两发雷管，分别接到不同的串联组中去，全部雷管分成几个串联组支路（每个支路的电雷管个数是起爆器在非水下起爆允许串联数的一半），再以串并联方式联接起爆。

（四）水下钻孔爆破变成陆地作业的方法

（1）当水深小于 4 m 时，可采用堆石钻孔爆破法。

（2）在海边建筑岸壁式码头，可以用扇形孔取代水上钻孔。

第四节　水下硐室爆破

一、水下硐室爆破法的适用性

该方法是在陆地上或临水背面开挖竖井和导洞，通至水底岩层，然后在岩层中开挖药室装药进行爆破。根据工程特点，具有下列条件之一可考虑水下硐室爆破法施工。

（1）为了争取时间发挥工程效益的重点整治浅滩工程。如疏浚航道的礁石区，开凿运河的重点土石方地段。

（2）处于航道上裸露的大面积礁石区域。

（3）在航道急流险滩水域处，如用炮孔爆破疏浚坚硬岩石，需要长期水上作业，影响正常通航能力，对安全生产不利。

（4）能利用航道两岸的有利地形条件，从陆地上开挖通到水底的导硐和药室，以达到加宽和挖深水域的目的。

（5）通过各种爆破疏浚方案的技术经济指标比较，认为有利。

但有下列情况之一，则不应采用水下硐室爆破施工。

（1）水底地质条件比较差，断层、裂隙比较发育，导洞药室开挖中易发生崩塌事故。

（2）在地表和地下涌水、渗水比较严重的地层，由于药室开挖排水工作十分困难，或者炸药防水措施不能取得良好效果。

（3）在航道两岸山体有明显的滑坡面，爆破后可能影响岩层的稳定性，产生大量塌方和滑坡而造成正常航道的堵塞。

（4）在地面和水下水工建筑物以及其他重要建筑物附近进行硐室爆破，有可能被水中爆炸冲击波和地震波破坏而无法进行防护。

二、水下硐室爆破法爆破参数的确定

（一）装药量的确定

装药量计算通常以陆地集中药包的计算公式为基础，考虑水压的影响加以修正。

1. 折算抵抗线法

即把药包最小抵抗线处的静水压力折合成附加抵抗线 $\Delta W = 0.1H$（H 为计算点的水深，m），这种方法在航道爆破和浅水爆破中广泛被采用。

2. 经验估算法

考虑到水下爆破时的能量消耗较陆地爆破时大，建议采用下式进行修正：

$$C = C_0 \frac{1}{1-\gamma}$$

$$\gamma = 0.28 \left(1 - e^{-a\frac{H}{W}}\right)$$

式中：

C_0——无水时的计算装药量，kg；$C_0 = KW^3(0.4 + 0.6n^3)$；

C——考虑水压力影响的计算装药量，kg；

W——岩石介质的最小抵抗线，m；

H——计算点水深，m；

a——常数，一般取为 0.3。

从上两式可知，当 $H/W = 1.0$ 时，$C = 1.21C_0$；当 $H/W \to \infty$ 时，则

$C_{max} = 1.39C_0$。

（二）爆破作用指数 n 的选取

由于水远较空气的阻力大，实际上水中的抛掷距离不可能很大，故 n 值选取不宜过大，否则会引起强烈地震效应和水中冲击波，甚至水喷现象，一般取 0.75~1.25 为宜。

（三）压缩圈及爆破破坏作用半径的计算

水下硐室爆破设计时，应该把压缩圈的边缘放到设计标高以下，避免挖泥船清挖工作时产生困难或进行二次爆破所造成的浪费。

压缩圈或压碎圈的半径 R_1 可根据下式计算：

$$R_1 = 0.062W \sqrt[3]{\frac{\mu k f_0\left(\dfrac{n}{\alpha}\right) f(H)}{\Delta}}$$

式中：

μ——压缩系数，对松软岩石 $\mu = 50$；中等坚硬岩石 $\mu = 20$；坚硬岩石 $\mu = 10$；

Δ——装药密度，kg/m^3；

k——单位耗药量，kg/m^3；

$$f_0\left(\frac{n}{\alpha}\right) = \frac{f(n)}{f(\alpha)}$$

式中：

$f(n)$——爆破作用指数函数，$f(n) = 0.4 + 0.6n^3$；

$f(\alpha)$——爆破漏斗体积增量函数，其值见表 6-3；

$f(H)$——水深作用指数函数，其值可根据下式计算：

$$f(H) = \left[1 + 0.45\left(1 - e^{-0.33\frac{H}{W}}\right)\right]$$

表 6-3 爆破漏斗体积增量函数表

地面坡度（α）	0°	15°	30°	45°	60°	75°	90°
$f(\alpha)$ 硬岩	1.0	1.01	1.10	1.28	1.55	1.59	2.28
$f(\alpha)$ 软岩	1.0	1.02	1.26	1.58	2.05	2.60	3.25

水下平坦地面和斜坡地形爆破时，爆破漏斗下坡方向的破坏半径可用下式

计算：

$$R' = W\sqrt{1+n^2}$$

水下斜坡地形爆破时，爆破漏斗上坡方向的破坏半径可用下式计算：

$$R' = W\sqrt{1+\beta n^2}$$

式中：

β——破坏系数，见表6-4。

表6-4　破坏系数 β 值

水下地形坡度	β 值	
	土壤、软岩、次硬岩	坚硬和整体岩石
10°~20°	1.1~1.3	1.0~1.1
20°~30°	1.3~2.1	1.1~1.4
30°~40°	2.1~3.8	1.4~2.0
40°~50°	3.8~6.0	2.0~3.0
50°~60°	6.0~9.5	3.0~4.5
60°~70°	9.5~14.5	4.5~6.5
70°~80°	14.5~21.5	6.5~9.0

（四）爆破漏斗可见深度的计算

爆破漏斗的可见深度 P 按下列不同条件分别进行计算：

（1）水下平坦地形抛掷爆破。

土壤：

$$P = 0.53（n-0.8）W$$

岩石：

$$P = 0.3（2n-0.8）W$$

（2）水下斜坡地形抛掷爆破。

$$P = （0.3n+0.32）W$$

（3）水下多面临空地形抛掷爆破。

$$P = （0.7n+0.22）W$$

（4）水下陡壁地形松动或崩塌爆破。

$$P = 0.2（4.2n+0.6）W$$

各种爆破方法的适用范围和优缺点见表6-5。

表 6-5　各种水下爆破方法比较

爆破方法	作业方式	适用条件	爆破效果	特点和问题
裸露爆破	直接往水中抛投药包	5 m 水深以内的静水区	差	施工简单，可用普通炸药，但药包难以正确定位，冲击波压力大
	由潜水员安放药包	一般在 15 m 以浅静水区	较好	施工简便，可用普通炸药，但药包只能单个安放，不能大范围作业，炸礁效果好，冲击波压力大
钻孔爆破	由潜水员在水底进行简单钻孔和装药	10 m 以浅静水区	较好	钻孔深度在 2 m 以内，作业效率低，同时起爆孔数有限，雷管脚线易碰断
	在浮船上钻孔装药	15 m 以浅静水区或低流速水区	良好	钻孔深度可达 5~8 m，可用机械完成钻孔装药，多孔同时爆破
	自升式作业平台以套管钻孔，在作业台上钻孔及装药	可在 30 m 水深，流速达 3 m/s 以及中等风流时作业	良好	用耐水耐压雷管和炸药，孔深可达 8 m，实现钻孔装药机械化，可大范围作业
硐室爆破	在陆地上开挖导洞或竖井通向临水面药室位置	水深不限，不受流速、风流和天气的影响	良好	属于干法施工，对地形地质测绘要求较高，水冲击波压力小，地震波强度较大

思考题

1. 如何根据爆破对象的不同，灵活地选择水下爆破的方法？有何依据？

2. 水底裸露爆破的使用范围是怎样的？有何特点？爆破参数如何确定？

3. 如何根据不同条件布置水底裸露装药？药包的投放有哪些方法？

4. 水下钻孔爆破法的优、缺点是什么？如何选择合适的孔网参数？

5. 水下硐室爆破法的适用范围是怎样的？

第七章　水中构筑物爆破

第一节　构筑物爆破分类

构筑物爆破是军事爆破工程的重要组成部分。任何构筑物都由基本构件组成，构件又由各种建筑材料制成。因此，构筑物爆破实际上就是对其基本构件进行爆破。材料种类及力学性能不同、装药与构件的相对位置（即爆破方式）以及周围的介质不同，爆破效果会有显著差异。因此，构件的爆破必须根据不同情况分别进行考虑。

构筑物爆破可按其构成材料的种类、力学性能、爆破方式以及装药和构件周围的介质情况进行分类。

一、按照爆破目的和应用范围分类

军事爆破：根据战斗情况的发展，有时要求对一些军事目标进行破坏，统称为破坏作业。进行这种破坏作业，通常用爆破法，它具有速度快、效果好等优点，容易满足战斗要求。这种爆破对周围环境的影响考虑较少。

民用爆破：主要是对废旧建（构）筑物的拆除爆破，通常是在城市建筑群中进行，对保护周围建筑、设施要求较高。

二、按照构件材料的种类不同分类

构件常用的材料有：钢材、木材、砖、石、混凝土、钢筋混凝土等。相应地，可将爆破分为：钢材爆破、木材爆破，砖、石、混凝土、钢筋混凝土爆破等。

三、按照材料的力学性能不同分类

按材料力学性能不同，可将材料分两大类：一类为抗拉强度较高的韧性材料，如钢材等；另一类则是抗拉强度低、但抗压强度高的脆性材料，如砖、石、混凝土等。对于这两类材料的爆破分别称之为韧性材料爆破和脆性材料爆破。

钢筋混凝土是由韧性材料和脆性材料组合而成，对钢筋混凝土爆破称为组合材料爆破。

四、按照爆破方式不同分类

爆破方式主要有两种：一种是将炸药置于构件内部进行爆破；另一种是将炸药置于构件表面或外部进行爆破。前者称之为内部爆破，后者称之为外部爆破。

外部爆破又分两种情况：一是将炸药直接接触构件表面；另一种是离开构件一定距离进行爆破。前者称之为接触爆破；后者称之为非接触爆破。

五、按装药和构件周围介质的不同分类

装药和构件周围可能是空气、水、土壤等。由于它们的密度不同，对爆破效果将产生很大的影响。因此，可根据周围介质的不同分为空气中爆破和密实介质中爆破。在密实介质水、土中的爆破，又分别称为水中爆破和土中爆破。

由于构筑物的基本构件和炸药所处的环境周围介质不同，水中构筑物爆破又可分为三种情况：一是炸药和构件均在水中；二是炸药在水中，而构件一面在水中，一面在空气中；三是炸药在空气中，而构件一面在空气中，一面在水中。这三种情况的爆破效果大不相同，需要分别进行研究。

除上述分类方法外，按照能否保证周围环境安全来分，结构物爆破还可分为普通爆破（如战时的爆破等）和拆除控制爆破；根据结构物或构筑物的结构特点，又有一些习惯的爆破名称，如桥梁爆破、楼房爆破、烟囱爆破等。

第二节　影响爆破作用效果的因素

一、炸药性能对爆破作用效果的影响

在炸药的各种性能中（包括物理性能、化学性能和爆炸性能），直接影响爆破作用及其效果的，主要是炸药密度、爆热和爆速。因为它们决定了在介质内激起爆炸应力波的峰值压力、应力波作用时间、热化学压力、传给介质的比冲量和比能。

无论是破碎还是抛掷介质，都是靠炸药爆炸释放出的能量做功实现的。增大爆热和炸药密度，可以提高单位体积炸药的能量密度，同时也提高了爆速和猛度。对用化合炸药作敏感剂的工业炸药，若爆热增大两倍，则炸药成本约提高十多倍。爆热低又将导致能量密度的减小，相应地增大了打眼工作量及其成本。工业炸药的密度也有极限值，超过该值后，炸药不可能稳定爆轰。因此，改善爆破效果的有效途径是提高炸药能量的有效利用率。

爆速是炸药本身影响其能量有效利用率的一个重要性能。由于不同爆速的炸药在介质内激起的应力波参数不同，因而对介质爆破作用及其效果有着明显的影响。

若炸药密度和爆热相同，提高爆速可以增大应力波的峰值，但相应地减小了它的作用时间。爆破介质时，其内裂隙的发展不仅决定于应力峰值，而且与应力波作用时间有关。

对高阻抗介质，因其强度较高，为使裂隙发展，应力波应具有较高的应力峰值；对中等阻抗介质，应力波峰值不宜过高，而应增大应力波的作用时间；在低阻抗介质中，主要靠气体静压形成破坏，应力波峰值应尽可能予以削掉。

从能量观点来看，为提高炸药能量的传递效率，炸药阻抗应尽可能与介质阻抗相匹配（相等）。因此，介质阻抗越高，炸药密度和爆速应越大。

综上所述，从经济和爆破效果来考虑，对不同介质，应选择不同炸药。军事目标大多坚硬，一般采用外部接触爆破。因此，宜采用爆速高、猛度大的炸药，如 TNT、RDX 等。

二、起爆点位置对爆破作用效果的影响

装药都是由雷管起爆的，由于雷管内的高级炸药数量很少、体积很小，所以雷管对装药的起爆属于点起爆，雷管所在的位置称为起爆点。起爆点通常是一个，但当装药长度很大时，也可以设置多个起爆点，或沿装药全长敷设导爆索起爆（相当于无穷多个起爆点）。

接触爆破时，起爆点的位置决定了爆轰波的传播方向，影响爆炸荷载和爆破效果。

（一）起爆点位置对爆轰波传播方向的影响

点起爆形成的爆轰波波阵面在装药中以球面扩展，其传播方向总是垂直于波阵面。

爆轰波在无限大装药中传播时，随着波的扩展，波阵面曲率半径逐渐增大；离起爆点越远，波阵面上的局部越接近于平面。圆柱形装药一端起爆时，除边缘部位因受侧向稀疏波影响而使波阵面明显变化外，就整个爆轰波波阵面来说仍是球面波，其曲率半径只在最初随传播距离增大而增大，而在传播距离超过某一极限后，曲率半径接近于一恒定值。所以，不论是无限大装药还是有限尺寸装药，爆轰波在其中的传播方向都是垂直波阵面的。

爆轰波的传播方向是由起爆点的位置决定的。将同样的装药设置在相同的目标上，分别从三个不同的位置起爆，爆轰波传播方向各不相同。

1. 起爆点位于装药顶部中央

如图 7-1（a）所示，起爆点位于 A_1 点，爆轰波在装药中以球面波沿箭头指示的方向朝着目标传播。在装药的底面中央 A_1，波的传播方向垂直目标表面；而在底面上的其余各点，波的传播方向皆与目标的法线倾斜不同的角度。由于离起爆点较远，倾斜的角度不大，在近似分析中可将其忽略，把爆轰波以球面波传播简化为以平面波传播，如图中的 M_1N_1 那样。在这种情况下，爆轰波的传播方向完全垂直目标，称为垂直入射。

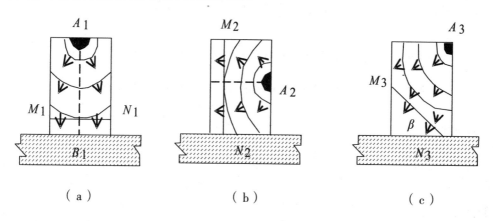

（a）　　　　　　　　（b）　　　　　　　　（c）

图 7-1　起爆点位置与爆轰波传播方向

2. 起爆点位于装药的侧面中央

如图 7-1（b）所示，起爆点位于 A_2 点，爆轰波在装药中沿箭头方向大致平行目标表面向左传播。在装药与目标接触的部位，爆轰波的传播方向与目标表面倾斜的角度不大。当忽略了倾斜角度后，爆轰波以球面波传播简化为以平面波传播，如图中的 M_2N_2 那样。在这种情况下，爆轰波的传播方向完全平行于目标物表面，称为切向入射。

3.起爆点位于装药顶部边缘

如图 7-1（c）所示，起爆点位于 A_3 点，才向斜下方传播。它既不是垂直入射，也不是切向入射，是介于两者之间。如将球面波传播简化为平面波传播，则爆轰波波阵面与目标表面倾斜一定角度，称为倾斜入射。

（二）爆轰波传播方向对爆炸荷载的影响

起爆点位置不同，爆轰波传播方向也不相同，爆轰波与目标表面相互作用有明显差异。

1.垂直入射的爆轰波与目标的相互作用

假设装药与目标（金属）宽度是半无限大，就不必考虑横向膨胀问题。当爆轰波垂直入射、波阵面到达金属表面时，便在金属中形成了向内部传播的冲击。金属表面沿爆轰波阵面运动方向平行移动，在很短时间后产生一微小位移。同时，在金属表面与冲击波阵面之间会出现随时间增加而扩大的受压区。冲击波传播速度和金属质点运动速度都随受压区中压力的增加而增大；而受压区压力又取决于爆轰产物压力和爆轰产物与金属之间的相互作用。表 7-1 为炸药与不同金属接触爆炸时，接触面上压力 P 和质点运动速度 U 情况。

表 7-1　几种炸药与金属接触爆炸面上的压力 P 和质点的运动速度 U

材料	RDX		RDX/TNT=77/23		64/36B 型炸药		TNT	
	P（kg/cm^2）	U（m/s）	P（kg/cm^2）	U（m/s）	P（kg/cm^2）	U（m/s）	P（kg/cm^2）	U（m/s）
金	632 700	731.5	590 520	701.0	555 370	670.6	365 560	488.0
铜	555 370	1 097.3	520 220	1 036.3	492 100	1 005.8	330 410	701.0
铁	541 310	1 158.2	506 160	1 097.3	478 040	1 066.8	316 350	793.0
铝	407 740	1 828.8	386 650	1 767.8	365 560	1 676.4	246 050	1250

从上表可知，爆轰波垂直入射时，装药与金属接触面上压力可达（2.4~6.3）× 10^4 MPa，金属表面的质点速度约为 480~1 500 m/s。这说明炸药对金属表面的接触爆炸

作用，在猛烈程度上与高速弹丸的冲击作用差不多。

2. 切向入射爆轰波与目标的相互作用

当爆轰波切向入射时，其传播方向与金属表面平行。在金属中形成的冲击波波阵面与金属表面之间角度为 0°，波阵面后是受压区。在这种情况下，装药与金属接触面上的压力比垂直入射时小得多。为比较二者差异，用 B 炸药对不同金属进行了一系列试验（表 7-2）。表中试验数据表明：爆轰波对金属切向入射所造成的压力大约是垂直入射时的一半。

表 7-2　爆轰波波阵面所造成的压力比较

材料	压力（MPa）	
	垂直入射	切向入射
铜	50 616	21 090
铁	48 507	20 387
铝	35 853	19 684

3. 倾斜入射时的爆轰波与目标的相互作用

当爆轰波倾斜入射时，对目标相互作用介于垂直入射和切向入射之间。在这种情况下，爆轰波在目标表面所造成的压力随着爆轰波阵面与目标表面间的角度发生变化。当夹角接近于 0° 时，相当于爆轰波垂直入射，在金属表面上的压力最大。夹角增大时爆轰波变为倾斜入射，压力降低。当夹角为 90° 时，相当于爆轰波切向入射，在目标物表面上压力最小。

（三）起爆点的最佳位置

改变起爆点的位置，爆轰波的传播方向将发生改变，在目标表面上的压力也发生变化。

爆破是利用装药的爆炸作用破坏目标的，爆炸作用的强弱直接表现为对目标造成的压力大小。压力越大，目标越容易破坏。因此，确定起爆点的最优位置，应以对目标造成最大的压力为准则。欲对目标造成最大的压力，就必须使爆轰波垂直入射。

综上所述，在接触爆破中，集团装药最佳起爆位置是在装药与目标接触面的对面中央，直列装药的最佳起爆位置应是在装药与目标物接触面的对面中央沿长度方向线性起爆。

三、装药形状对爆破作用效果的影响

在接触爆破中，装药形状对其有效利用率和爆炸作用荷载都有显著的影响。

（一）装药形状的分类

装药形状一般是根据装药集中系数的大小进行区分。

集中系数由下式计算：

$$\varphi = \frac{0.62 \sqrt[3]{V_0}}{R}$$

式中：

φ——装药的集中系数；

V_0——装药的体积，m^3；

R——由装药的几何中心到表面上最远一点的距离，m。

集中系数 $\varphi \geqslant 0.47$ 的装药称之为集团装药；而集中系数 $\varphi < 0.47$ 时，则称之为直列装药或延长装药。

集团装药按几何形状分为以下几种：

（1）球形装药，其 $\varphi = 1.0$。

（2）直立圆柱体装药，其 $\varphi = 0.47 \sim 0.81$。

（3）立方体装药，其 $\varphi = 0.71$。

直列装药按横截面形状分为矩形截面和圆形截面的直列装药。其几何特征是长度大于横截面中最大边长的 4 倍以上（实际上有时达到 100 多倍），集中系数为 $0 < \varphi < 0.41$。

（二）装药与目标的接触面

装药形状不同，与目标表面接触状态也不相同。

（1）点接触。装药同目标只有一个接触点。例如，球形装药与平面目标的接触。

（2）线接触。装药与目标的接触部位是一条线（直线或曲线）。如爆破筒（圆形截面的直列装药）与钢板的接触（呈直线）、磁性水雷与舰舷的接触（呈曲线）都是线接触。

（3）面接触。装药与目标至少有一个面接触。如直立圆柱体装药、矩形

截面的直列装药和立方体装药与平面目标的接触都是面接触。

理论和实践表明：装药与目标物接触面越大，装药利用率越高，对目标破坏效果越好。

与目标成点接触的球形装药，装药利用率低，爆炸作用荷载小，对目标的破坏效果差。所以，在对平面目标进行接触爆破时，球形装药的实用价值不大。但对于具有弧形面结构的目标，采用相应的弧形装药或弧形截面的直列装药则会取得极好的破坏效果。

与目标成线接触的圆形截面直列装药，其利用率和爆炸作用荷载虽然比球形装药稍好，仍不及集团装药。但是，这种装药容易制造加工，便于携带、方便使用。

与目标成面接触的集团和直列装药，其装药利用率和爆炸作用优于上述两种形状，特别是立方体集团装药和矩形截面直列装药可用现有制式药块捆包而成，广泛用于接触爆破。

（三）装药形状对利用率的影响

接触爆破时，只有朝向目标飞散的爆炸产物才有破坏作用，形成这部分爆炸产物的装药体积称为装药的有效体积，与整个装药体积之比称为装药的利用率。它与装药形状有关。

1. 装药的利用率及其计算公式

直立圆柱体（直径为 b、高为 H）集团装药和底面为正方形截面（边长 $b \times b$、高为 H）的圆柱体集团装药，其装药有效利用率与装药的几何尺寸 b/H 有关。

$$\eta = \begin{cases} \dfrac{b}{6H} & \left(\dfrac{b}{H} < 1\right) \\[2mm] \dfrac{1}{2} - \dfrac{H}{2b} + \dfrac{H^2}{6b^2} & \left(\dfrac{b}{H} \geqslant 1\right) \end{cases} \qquad (7\text{--}1)$$

底面长为 L、宽为 b、高为 H 的矩形截面直列装药，其装药利用率与 b/H、L/b 有关。

$$\eta = \begin{cases} \dfrac{3b(1-b) + 2b^2}{12LH} & \left(\dfrac{b}{H} < 1\right) \\[2mm] \dfrac{1}{2} - \dfrac{H}{4b} - \dfrac{H}{4L} + \dfrac{H^2}{6Lb} & \left(\dfrac{b}{H} \geqslant 1\right) \end{cases} \qquad (7\text{--}2)$$

在公式（7-2）中，当 $L = b$ 时，即可得出直立圆柱体集团装药和底面为正方形的集团装药的利用率。所以，公式（7-2）是在面接触情况下计算装药利用率的普遍公式。

2. 装药的利用率随装药形状变化的规律

从公式（7-1）、公式（7-2）中可以看出，装药形状对利用率的影响，具体体现在 η 随 b/H 和 L/b 的改变而变化。表7-3列出变化的具体数据比较。

表7-3　装药利用率 η 随 b/H 和 L/b 的变化

装药形状		直立圆柱体或 $b \times b \times H$	矩形截面的直列装药（$L \times b \times H$）						
L/b		1.0	2.0	4.0	8.0	10.0	20.0	$\cdots$	∞
利用率 η	$b/H = 0.5$	0.083	0.104	0.114	0.120	0.121	0.123	$\cdots$	0.125
	$b/H = 1.0$	0.167	0.208	0.229	0.240	0.242	0.246	$\cdots$	0.250
	$b/H = 2.0$	0.292	0.333	0.354	0.365	0.367	0.371	$\cdots$	0.375
	$b/H = 4.0$	0.385	0.412	0.426	0.431	0.432	0.435	$\cdots$	0.438
	$\cdots$	$\cdots$	$\cdots$	$\cdots$	$\cdots$	$\cdots$	$\cdots$		$\cdots$
	$b/H = \infty$	0.500	0.500	0.500	0.500	0.500	0.500		0.500

表中的数据反映了装药的利用率随着装药形状的改变按以下规律变化。

（1）当 b/H 一定，随着 L/b 的增大（装药底面的一边延长），利用率不断提高；$L/b \approx \infty$（无限延长的直列装药）其利用率达到极限值。

（2）L/b 一定（L、b 皆为有限值），b/H 增大（降低装药高度或增大装药宽度），利用率也有所提高。

（3）$b/H \approx \infty$（L、b 无限大，H 为有限值），装药利用率的极限值为0.5。

3. 几点结论

根据上述有关规律，得出以下结论。

（1）接触爆破时，矩形截面的直列装药优于集团装药。

（2）任何几何形状的装药，其装药高度都不应大于装药底面的最小尺寸。

（3）不论如何改变装药形状，装药的最大利用率都不会超过0.5。

（四）装药形状对爆炸荷载的影响

不同形状的装药，与目标的接触面积不同。接触面积的大小影响爆炸产物对目标的作用压力和作用时间，也就是说，影响爆炸作用冲量。

装药形状对爆炸作用冲量的影响用装药形状系数 μ 表示。μ 根据装药几何尺寸计算。

1. 装药形状系数 μ 的计算。

（1）平行六面体（长为 L、宽为 b、高为 H，且 $L > b$）的装药形状系数，其计算公式具有普遍意义。根据装药的宽度和高度，区分 $b/H < 2$ 和 $b/H \geqslant 2$ 两种情况，应用下式计算：

$$\mu = \begin{cases} \dfrac{b^2}{4LH}\left(\dfrac{3}{b}-1\right) & \left(\dfrac{b}{H} < 2\right) \\ 3-3\dfrac{H}{b}-3\dfrac{H}{L}+4\dfrac{H^2}{Lb} & \left(\dfrac{b}{H} \geqslant 2\right) \end{cases} \qquad （7\text{--}3）$$

该公式可进一步推导出集团装药和矩形截面直列装药的装药形状系数的计算公式。

（2）对于直径为 b、高为 H 的直立圆柱体集团装药和底面为正方形（边长 $b \times b$、高 H）的集团装药，其底面长与宽相同，即 $L = b$。将其代入公式（7--3）中，可得装药形状系数：

$$\mu = \begin{cases} \dfrac{b}{2H} & \left(\dfrac{b}{H} < 2\right) \\ 3-6\dfrac{H}{b}+4\dfrac{H^2}{b^2} & \left(\dfrac{b}{H} \geqslant 2\right) \end{cases} \qquad （7\text{--}4）$$

（3）当平行六面体装药的截面为矩形、装药长度大大超过宽度时，则可得出矩形截面直列装药的装药形状系数：

$$\mu_y = \begin{cases} \dfrac{3b}{4H} & \left(\dfrac{b}{H} < 2\right) \\ 3\left(1-\dfrac{H}{b}\right) & \left(\dfrac{b}{H} \geqslant 2\right) \end{cases} \qquad （7\text{--}5）$$

2. 装药形状系数 μ 随 b/H 的变化规律及其意义

根据公式（7--4）、公式（7--5）计算的数据列于表 7--4 中。

由图 7--2 的曲线，可以得出装药形状系数 μ 随 b/H 的变化规律：

（1）b/H 相同，直列装药的 μ 值比集团装药的 μ 值大。

（2）不论集团装药还是直列装药，μ 随 b/H 增大而增加，这与装药利用率随 b/H 增大而提高是一致的。

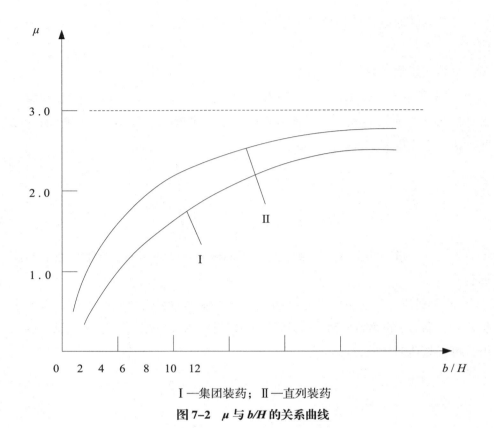

Ⅰ—集团装药；Ⅱ—直列装药

图7-2 μ与b/H的关系曲线

（3）μ值随b/H变化不均匀。b/H < 4，μ值增加很快；b/H > 4以后，μ值增加越来越缓慢；b/H→∞，μ值接近极限值3.0。

需要指出的是：装药形状既影响作用在目标上的总冲量，又影响单位冲量。从增加总冲量来说，应使b/H尽量增大。但是，b/H越大，装药越宽、越薄。虽然总冲量增大了，但单位冲量却明显减小。当b/H过大时，由于单位冲量很小，反而不能破坏目标。因此，在确定装药形状时，b/H应该适当。

表7-4 装药形状系数μ随b/H的变化

	b/H	0.1	0.2	0.5	1	2	3	4	5	7.5	10	…	∞
μ	直立圆柱体或 $b \times b \times H$	0.05	0.1	0.25	0.5	1.0	1.45	1.75	1.95	2.27	2.44	…	3
	矩形截面直列装药	0.075	0.15	0.375	0.75	1.5	2.0	2.25	2.4	2.6	2.7	…	3

理论计算具有一定的近似性，精确确定 b/H 的最优值还很困难。由于受现有制式药块几何尺寸的限制，难以完全做到按尺寸要求将装药捆包成所需形状。但是，理论和实践都表明：在面接触的条件下，对于集团装药和矩形截面直列装药，b/H 最优值为 2~4；在此范围内确定的 b/H 值，基本能够满足爆破工程的要求。

（五）装药形状对爆炸冲量的影响

装药爆炸作用在目标上的总冲量只与装药种类、装药量多少及装药形状有关。当装药种类及装药量大小一定时，则总冲量的大小只与装药形状有关。因此，实际爆破中，选用什么样的合理装药形状，才能取得最佳爆破效果，这是具体爆破时要十分注意的问题。

装药形状对爆炸冲量的影响不仅是装药的几何形状，而且还包括外形尺寸的大小，及其在目标上的设置状态。例如，同样是 200 g TNT 药块，因在目标上的设置状态不同，如平放、侧放、立放，其爆炸冲量则大不相同。表 7-5 列出了 200 g TNT 药块在目标上不同设置状态下的爆炸冲量值。

表 7-5　200 g TNT 药块不同放置形式在目标上的作用冲量

放置形式	接触面积（cm²）	装药形状系数	总冲量（N·s）	比冲量（N·s/cm²）
平放	10×5	1.25	25.13	0.502
侧放	10×2.5	0.34	6.92	0.276
立放	5×2.5	0.156	3.18	0.251

上表可知，对同样质量的 200 g TNT 药块，平放时对目标的作用冲量是立放的 8 倍多，故平放时爆炸效果要好得多。所以，合理的装药形状对爆破效果具有重要意义。

第三节　材料的动力特性

爆炸作用是一种动载作用。在动载作用下，构件的材料提高了强度，增强了抵抗破坏的能力。材料的这种性能称之为动力特性。

所有材料，不管是韧性材料还是脆性材料，都具有动力特性。但是，由于不同材料其内部结构不同，抵抗爆炸荷载的能力会有明显差别。

一、韧性材料的动力性能

金属材料等韧性材料，在爆炸荷载作用下明显地表现出强度的提高和破坏功的增大。

（一）动载作用下材料强度的变化

在动载作用下，韧性材料的强度都比静载作用下有所提高（图 7-3）。强度提高的程度既与加载速度有关，又与材料的种类有关。

钢材在动载下的强度极限为静载作用下强度极限的 1.50 倍（美国资料为 1.08~1.50 倍）。通过对常用钢筋在动载作用下的强度试验，可得出以下规律：

（1）强度不同的钢材随加载速度的提高均有不同程度的提高。其中钢筋的应变速度一般在（0.05 ~ 0.25）/s 范围内，屈服强度提高的比值列于表 7-6 中。由该表可以看出：对不同的钢种，静载时的强度越低，在动载下提高的比值越大。

表 7-6　动载作用下钢筋屈服强度的变化情况

钢材种类	3 号钢	5 号钢	16 锰钢	20 锰硅钢
屈服强度提高比（%）	30	20	12	8

（2）对同一种钢，由于材料的非均质性（即材料在加工过程中不可能保证密度及其他指标绝对相同），在静载作用下的强度也是不一致的。动载试验表明：凡静载下强度小的，强度提高的比值比静载下强度大的提高的多。因此，在动载作用下，同一种钢材的强度趋向一致，减少了离散，材料的非均质性的影响相对减小。

（3）在动载作用下，钢材的塑性没有发生改变。除钢材以外的其他金属，在动载作用下其强度也都有不同程度的提高。铝的动载强度是静载时的 1.2 倍，铜的动载强度为静载强度的 1.3 倍。

（二）动载作用下破坏功的变化

使材料发生破坏所需要的功，称为破坏功。韧性材料的应力（σ）和应变（ε）是非线性关系，单独用应力或应变都不能完全说明材料的破坏，而应用破坏功来说明。破坏功用应力应变关系曲线与横坐标（ε 轴）围成的面积来表示。

在图 7-3 中，静载作用下的应力应变关系曲线是 OSA'，当材料破坏时，该曲线与 ε 轴之间围成的面积 $OSA'BO$ 为静力破坏功。动载作用下，材料发生破坏时的应力应变关系曲线 $OBHA$ 与 ε 轴之间围成的面积 $OBHABO$ 为动力破坏功。显然，在动载作用下，由于材料强度的提高，其破坏功也明显增大。

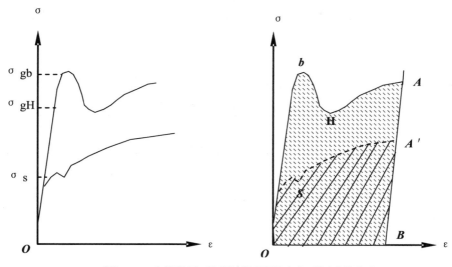

图 7-3 动载作用下韧性材料的强度和破坏功的变化

为什么在动载作用下材料强度提高了呢？这是因为金属材料为多晶体，在不受外力或静力不超过某一定值时，多晶体的晶格排列整齐且不变，因此荷载与变形之间保持线性关系。当外力超过某一极限值时，多晶体的晶格发生滑移，而使材料发生破坏。当一定的爆炸荷载作用于其上时，多晶体的晶格还来不及发生滑移，而需要延迟一段时间（尽管很短）。但就在这很短的时间内，爆炸荷载（作用时间亦很短）已迅速减弱，待晶格将要滑移或部分发生滑移时，荷载的作用已经减弱到不能使晶格继续发生滑移的程度。所以，在与静载相同的爆炸荷载作用下，材料就不能破坏。由于上述原因，材料在爆炸荷载下的强度就比静载下的强度有所提高。

静力破坏功和动力破坏功常用单位破坏功表示，表 7-7 列出了几种金属材料的静力单位破坏功（A_{om}）和动力单位破坏功 A_M。

二、脆性材料的动力性能

（一）混凝土

混凝土具有不可逆的徐变性。它的抗压强度随着龄期的增加而增加，可以

表 7-7　几种金属材料的单位破坏功

材料	A_{om}（kg/cm²）	ε（静力）	ε（动力）	K_g	A_M（kg/cm²）
黄铜	110	0.225	0.537	2.10	2 330
铜	120	0.045	0.563	12.50	1 500
不锈钢	2 820	0.455	0.445	0.98	2 750
钛	560	0.106	0.368	3.50	1 960
铝	22	0.016	0.500	31.00	680
软钢	600	0.169	0.560	3.33	2 000
铝合金	570	0.152	0.254	1.67	950

注：表中数据是在厚度为 1.0~2.0 mm 的圆板中央爆炸测定的。

延续 20 多年。混凝土的标准强度是其 28 天后的强度极限，由于具有徐变性，强度可提高到标准强度的 1.5~2.0 倍。混凝土在二向或三向受压状态下，抗压强度大大提高。

在动载作用下，混凝土的性能变化主要有如下几点。

（1）抗压强度随加载速度的增大而提高，不同标号混凝土的强度提高比值基本相同。

（2）塑性变形随加载速度的增大而减小，在瞬时加载情况下，混凝土变成弹性体。

（3）抗拉强度提高的比值比抗压强度为大，但后期抗拉强度提高的比值比抗压强度小。

（4）混凝土的微观不均匀性对动力抗压强度的影响比对静力抗压强度大得多；被水浸泡的混凝土，静力抗压强度低，而动力抗压强度提高。

（二）木材

木材的性能与它的状态和气温条件有关。干燥的木材，在常温条件下，是脆性的；当木材本身湿度较大，且空气中的温度和湿度增加时，木材具有一定的弹性；新伐的木材，因具有较大的弹性而被视为弹性体。

在动载作用下木材的抗拉强度和抗弯强度都有所提高；抗弯强度提高的比值比抗拉强度提高的比值大。当冲击波在 10^2~10^5 kg/（cm²·s）的加载速度范围内作用到木材上时，木材的标准强度提高 1.2~1.5 倍。

三、组合材料的动力性能

钢筋混凝土是常用的组合材料。

在钢筋混凝土中，钢筋和混凝土凝结在一体，钢筋主要在构件的受拉区承受拉力，而混凝土在受压区承受压力。其强度主要是由两种材料的性能决定的。

动载作用下，钢筋混凝土动力性能不低于其中成分之一——钢筋或混凝土的动力性能。

四、动载系数

由材料力学知，材料在静载作用下，其强度、弹性模量皆为常数，可以从各种材料手册中查到。而在爆炸荷载作用下，材料的强度及弹性模量是一个随加载速度改变而变化的变数，这是从材料手册中查不到的。由于爆炸荷载对材料的作用很复杂，目前还不能从理论上精确计算，只能首先根据试验确定动载破坏强度与静载破坏强度的比值，这个比值称之为动载系数 K_g（表7-8）。然后，根据材料手册中查出静载作用的标准强度 R，即可计算出爆炸荷载作用下的材料破坏强度 R_g（$R_g = K_g R$）。

表 7-8 几种材料的动载系数

材料	动载系数	动力性能			
		强度极限比 K_{gb}	弹性模量比 K_{gE}	屈服极限比 K_{gS}	单位破坏功比 K_{gA}
木材	拉伸	1.1~1.3	1.25~1.30	—	1.35~2.0
	弯曲	1.2~1.6	1.25~1.30	—	1.35~2.0
铁（拉伸）		1.12~2.0	1.0~1.1	2.0	1.9~2.0
软钢（拉伸）		1.12~2.0	1.0~1.1	2.0	1.9~2.0
钢（拉伸）(C0.08 % ~ 0.8 %)		1.08~1.5	1.0~1.05	1.2~1.9	1.3~2.0
175 号混凝土		1.84~2.01	1.0~1.47	—	1.5~2.2
450 号混凝土		1.85~2.0	1.0~1.33	—	1.5~2.15

必须指出的是，上述计算只适用于均质材料。但材料并不是完全均质的，材料非均质性对其强度影响很大。

五、均质系数

所有材料实际上都是非均质的。材料本身的非均质性使其强度大小不一。

以 3 号碳钢为例，大量试验得出，其屈服强度分布在 21.5~40 kg/mm²。而材料手册中仅取某一数据 24 kg/mm² 作标准屈服强度。而以此为据进行相应计算，就不能保证材料都能完全破坏。进行抗爆结构设计时，也不能保证安全。为此，引进了均质系数。

保证材料破坏的均质系数 K_1 是材料强度极限的最大值与静载作用下标准强度的比值。对 3 号钢来说，$K_1 = 40/24 = 1.67$。

保证材料安全的均质系数 K_2 是材料强度极限的最小值与静载作用下标准强度的比值。对 3 号钢来说，$K_2 = 21.5/24 = 0.896$。

均质系数是在实验的基础上通过计算确定的。$K_1 \cdot K_2$ 和静载作用下的标准强度（R）均可从有关材料手册中查出。

六、材料的破坏强度

在爆炸荷载作用下，由于材料的动力特性和非均质性，对于破坏强度与安全强度都必须同时考虑动载系数和均质系数。

破坏强度：$R_g = K_g \cdot K_1 \cdot R$

安全强度：$R_g = K_g \cdot K_2 \cdot R$

第四节　水中接触爆破

一、接触爆破破坏现象

接触爆破，在构件局部，材料发生破坏。不同种类的材料，有不同的破坏特征。

（一）爆破金属

在金属中，钢材的破坏现象基本反映了金属的破坏特点。

接触爆破时，装药与目标物局部接触，在爆炸产物的直接作用下，使目标物的材料局部被破坏。由于构成目标物的材料力学性能不同，将有不同的破坏特征。对钢板爆破的试验表明：在爆炸冲量作用下，钢板通常会产生凹痕、震落、穿孔等破坏现象。

1. 凹痕

装药接触钢板爆炸时，由于爆炸产物的强烈冲击，使接触装药部分的钢板发生塑性变形，当药量不太大时，形成光滑的凹痕。

凹痕的形状与装药的形状有关。凹痕口部的大小约等于装药的底面积。直立圆柱体、立方体集团装药爆炸时，在钢板上形成的凹痕分别成圆锥形、棱锥形。矩形截面的直列装药爆炸后，则在钢板上形成像沟槽一样的凹痕，其横截面成倒立梯形或倒立三角形。

凹痕的深度与装药的直径（或底面宽度）和高度及金属材料的强度有关。随着装药直径（或底面宽度）的增大，爆炸产物的作用时间延长，凹痕的深度则增加（表7-9）。

表7-9　装药直径对凹痕深度的影响

装药直径（mm）	12.7	25.4	38	51
凹痕最大深度（mm）	1.5	3.5	5.16	7.1

当装药的高度增加，单位冲量增大，凹痕的深度也有所增加；当装药的高度增大到直径（或底部宽度）的2.25倍以上时，其深度不再随高度增加（表7-10）。

表7-10　装药高度对凹痕深度的影响

装药高度（mm）	25.4	51	76.2	102
装药高度（mm）/ 装药直径（mm）	1	2	3	4
凹痕深度（mm）	14.6	16	16.7	16.7

注：装药直径为25.4 mm，金属板为铝合金。

当装药量、装药形状相同时，而金属材料不同时，凹痕深度也不相同。材料强度越低，凹痕的深度越大（表7-11）。

表7-11　材料强度对凹痕深度的影响

材料	凹痕深度（mm）
低碳钢（退火）	3.6
合金钢（退火）	3.8
黄铜	6.6
铜（退火）	8.4
铝合金（24S-T）	10.2
铝合金（24S-D）	16.0

注：装药高度50 mm，直径25 mm。

爆破在金属材料上形成的凹痕，是永久的塑性变形。在形成凹痕的同时，金属材料内部的晶体组织发生变化，使凹痕表面的材料硬度有所提高；在材料的痛面与凹痕对应的部位，有微观裂缝出现，材料密度不均匀，强度有所降低。

爆破金属构件时，形成的凹痕属于局部的轻微破坏。对于大型的钢结构（如钢桥）来说，在一般情况下，凹痕不影响继续使用。但是，对于重要的金属构件，尤其是主要受力构件，由于凹痕处材料内部应力集中，往往是引起整个结构发生破坏的薄弱部位，在强力作用时，会在此造成破坏。对于某些军用装备，尤其是较薄的金属结构，如果在关键部位造成爆破凹痕时，将使它们不能使用或难以使用。

2. 震落

接触爆破钢板时，除可能出现凹痕外，在钢板背面与凹痕相对应的部位，有时还会出现一层层剥落的破片，这种现象称之为层裂，也叫震落（图7-4）。

图 7-4　接触爆破时钢板的震落

震落是由反射拉伸波作用形成的。装药爆炸时，爆轰波垂直钢板表面入射，在爆炸荷载作用下，相应地在钢板中传播着应力波，使钢板处于受压状态。当应力波波头到达钢板背面自由表面时发生反射，形成一个与入射压缩波方向相反的拉伸波。在钢板内部，反射波波头所到之处，应力由原来的受压状态变为受拉状态。当某一截面处的拉应力达到材料抗拉临界破坏应力时，该截面材料开始破裂，从中心首先出现裂口，然后迅速向四周扩展，形成层裂（即震落）。入射波遇到震落后的新自由面又继续发生反射，相继形成第二次、第三次震落。震落的破片一般呈碟状，也有的形状不规则。其重量可从几十克至几公斤不等，破片速度可达每秒数百米。

震落的产生和发展的主要影响因素有炸药的性质、装药的形状、装药质量、金属材料的厚度及其力学性能。

炸药性质和装药形状决定了入射应力值和波形。只有应力值大于材料临界破坏应力时，才可能发生震落。当应力峰值大于临界破坏应力二倍以上时，可出现多次震落。在药量、钢板厚度相同条件下，装药高度与直径（或底面宽度）之比过大或过小都不利于震落的发生。

钢板过厚，应力波在传播时产生衰减，在自由面反射后的拉应力过低，可能不足以形成震落；钢板的厚度过小，不存在卸载过程，则不可能形成震落。

钢板的强度极限高、延展性低，容易产生震落；反之，则不易产生震落。在药量和装药形状相同时，强度极限为 7 500 kg/cm² 的碳钢钢板，可出现三次震落；而强度极限为 5 000 kg/cm² 的碳钢钢板，则只产生一次震落。

钢构件上发生震落，局部材料已基本遭到破坏，强度降低。当一些受力构件，尤其是主要受弯构件上若产生几处震落，可能使整个构件在自重或外力作用下逐步变形，以致毁坏。

3. 穿孔

在接触爆破金属构件时，若装药量过大，爆破后不是形成凹痕或部分被震落，而是一部分钢板完全脱离构件，从而在钢板上形成了穿孔。

穿孔的形状和穿孔的尺寸与装药的形状和尺寸有关。直立圆柱体集团装药爆破钢板时的穿孔形状为圆台或圆锥形；立方体集团装药或矩形截面直列装药，穿孔的形状似棱台或棱锥。

设装药直径或底面宽度为 b，穿孔的上部直径为 $2x$，则破坏程度有下列三种情况。

（1）$0 < x < b/2$ 时，为完全穿孔【图 7-5（a）】。

（2）$x = 0$ 时，形成扩及整个钢板厚度的震落，称为全震落【图 7-5（b）】。

（3）$x < 0$ 时，无穿孔，只形成局部震落【图 7-5（c）】。

大量试验证明：钢板上锥形孔的顶角之半 α 通常为 45°~50°【图 7-5（d）】。

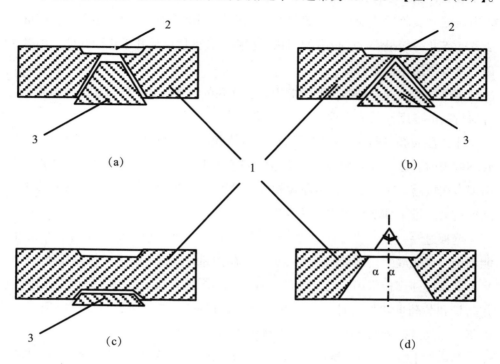

1—钢板；2—凹痕；3—震落破片

图 7-5　接触爆破钢板的破坏情况

上述三种情况，当 $x \geq 0$ 时，钢板均已局部严重破坏。在这种情况下，若将矩形截面直列装药沿钢板全宽度设置，则爆破后可将钢板炸断。

钢板上的破坏体积为：

$$V = h^2 L$$

式中：

V——钢板上的破坏体积。

h——钢板的厚度。

L——直列装药的长度。

接触爆破钢板，出现凹痕、震落和穿孔，这是钢材的基本破坏现象。由于钢材种类多、力学性能差别大、厚度不同，以上这三种基本破坏现象并不一定都会出现。含碳量高的硬钢，往往出现脆性裂缝；含碳量低的软钢，一般只形成局部震落，有时代替震落的是一种凸起。复合装甲板，因外层是硬度大、强度高的合金钢，内层是韧性很强的铝合金，爆破后则同时出现脆性裂缝和凸起，难以炸穿。

（二）爆破木材

爆破木材构件时，不形成震落漏斗，而是装药下形成飞散漏斗。由于装药形状、装药量和木材性质不同，漏斗孔的形状和深度也有所差别。集团装药在爆破后形成的漏斗比较明显【图 7-6（a）所示】。木材的力学性能与金属不同，强度也低得多，直列装药在坚硬木材上爆破时，往往形成沟槽【图7-6（b）所示】。

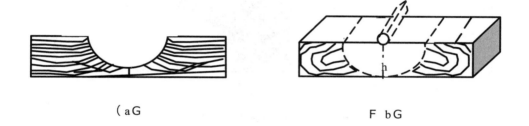

（aG   F bG

图 7-6 爆破木材的破坏现象和破坏体积

接触爆破木材时，部分材料飞散，受弯木构件可能因弯曲变形而发生破坏。干燥有裂缝的木材，除形成漏斗外，还会因爆炸气体侵入裂缝，而使木材开裂；药量大时，发生破碎。

炸断木材，破坏体积按下式计算：

$$V = \frac{\pi}{2} \cdot h^2 \cdot L \qquad (7-6)$$

式中：

V——爆破时木材被破坏的体积，m^3；

h——炸断木材截面的厚度，m；

L——炸断木材截面的宽度，m。

（三）爆破砖、石、混凝土

砖、石、混凝土爆破现象既有与木材爆破相同的地方，也有与钢材爆破相同的地方，即砖、石、混凝土爆破时既形成飞散漏斗，又在与装药相对的一面形成震落漏斗。当装药大到一定程度时，可使飞散漏斗和震落漏斗贯通，构成统一的破坏区。

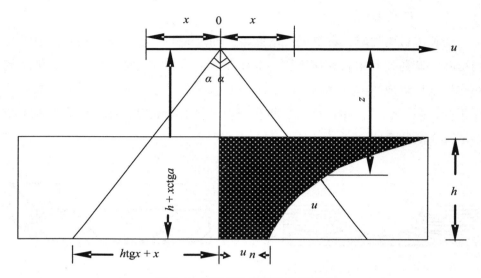

图7-7　接触爆破钢板的计算简图

计算砖、石、混凝土的破坏体积时，可近似地认为震落漏斗与飞散漏斗的形状和大小相同。使用直列装药爆破时，破坏体积按下式计算：

$$V = \frac{\pi \cdot h^2 \cdot L}{4} \qquad (7-7)$$

式中：

V——破坏体积，m^3；

h——破坏目标的厚度，m；

L——破坏的宽度，m。

接触爆破破坏钢筋混凝土，其破坏现象与爆破混凝土基本相同。但是由于钢筋的阻碍作用，飞散漏斗和震落漏斗都有所减小。使用的药量较小时，混凝土被炸散，钢筋有微小的变形；当使用的药量相当大时，钢筋严重变形，甚至被炸断。

二、空气中接触爆破药量计算的理论公式

通过研究目标破坏程度与爆炸作用荷载之间的关系，可以建立药量和破

坏参数之间的关系式。下面针对几种典型形状的装药，研究其药量计算理论公式。

萨拉马辛以爆破钢板为例，提出了圆柱体、立方体集团装药和矩形截面直列装药接触爆破的药量计算理论公式。

（一）计算简图

接触爆破钢板，计算简图建立在以下假设的基础上。

（1）爆炸能量瞬时传递。这样，在一定范围内的材料质点同时得到能量，忽略了能量传递过程中所产生的一些复杂变化。

（2）爆炸能量消耗于形成震落漏斗、穿孔和破片的飞散方面。忽略凹痕和边缘变形等爆破效应。

（3）在材料的破坏过程中，密度保持不变。

在以上三条假设下，爆破厚度为 h，密度为 ρ 的钢板，其计算简图如图 7-7 所示。

对于圆柱体装药，其漏斗形状是以上底半径为 x、下底半径为 $h\mathrm{tg}\alpha + x$、高为 h 的截头圆锥体。底面为正方形的立方体集团装药，其漏斗是以 $2x$ 为上底边长、$2（h\mathrm{tg}\alpha + x）$ 为下底边长、高 h 为的截头棱锥。矩形截面的直列装药，其漏斗的横截面是以 $2x$ 为上底、$2（h\mathrm{tg}\alpha + x）$ 为下底、高为 h 的梯形。其中，锥体顶角之半 α 皆为 $45°$，坐标原点取为 0，它是截头圆锥、截头棱锥的顶点或梯形截面两腰延长线的交点。

（二）圆柱体集团装药的药量计算

根据计算简图，直立于钢板上的圆柱体集团装药爆炸，其爆炸能量瞬间传递到上底半径为 x、下底半径为 $h\mathrm{tg}\alpha + x$ 的整个截头圆锥体内，其中的质点获得了动能具有了运动速度。在离计算原点 0 不同距离的截面上，速度分布是不均匀的，钢板与装药接触的上表面速度最大，向下逐渐减小，到钢板下底面时速度最小。

由于贯穿过程，材料的密度不变，即 ρ 为常数。截头圆锥体内质点的运动过程即为不可压缩流体的运动过程，因此可利用质量守恒定律建立其中各截面上的质点速度之间的关系式。

设 u 为任一截面 z 上的质点运动速度，u_n 表示钢板下表面的质点运动速度。

　　根据质量守恒定律，则距计算原点为任意距离 z 截面上的质量流量应等于任意截面（如与装药相对的下表面）上的质量流量。

　　如在 dt 时间内，通过截面 z 的质量流量为 $\rho\pi(z\mathrm{tg}\alpha)^2 \cdot udt$，通过截面 $h+z\mathrm{ctg}\alpha$ 的质量流量为 $\rho\pi(h\mathrm{tg}\alpha+x)^2 \cdot u_n dt$。由质量守恒定律，可得：

$$\rho\pi(z\mathrm{tg}\alpha)^2 \cdot udt = \rho\pi(h\mathrm{tg}\alpha+x)^2 \cdot u_n dt$$

即

$$u = u_n\left(\frac{h\mathrm{tg}\alpha+x}{z\mathrm{tg}\alpha}\right)^2 \tag{7-8}$$

　　由上式可知，各截面速度之间的关系与截面距计算原点的距离的平方成反比。若 u_n 已知，则可求出任意截面的速度。

　　截头圆锥体内的质点之所以具有运动速度，是由于爆炸冲量 I 作用的结果。二者之间的关系可根据动量守恒定律确定，即爆炸产物作用在钢板上的冲量等于截头圆锥体内质点的动量的增量。即

$$I = \int u\mathrm{d}m = \int u\rho\pi(z\mathrm{tg}\alpha)^2\mathrm{d}z$$

　　将　公式（7-8）代入上式，可得：

$$I = \int_{x\cdot\mathrm{ctg}\alpha}^{h+x\mathrm{ctg}\alpha} u_n\left(\frac{h\mathrm{tg}\alpha+x}{z\mathrm{tg}\alpha}\right)^2 \rho\pi(z\mathrm{tg}\alpha)^2\mathrm{d}z = \pi\rho u_n(h\mathrm{tg}\alpha+x)^2\cdot h$$

$$u_n = \frac{I}{\pi\rho(h\mathrm{tg}\alpha+x)^2\cdot h} \tag{7-9}$$

　　上式即为爆炸冲量与钢板下表面质点运动速度的关系式。

　　在爆炸荷载作用下，质点获得了运动速度，具有一定的动能，并不一定能使钢板破坏。只有当运动速度达到一定的数值，所具有的动能密度（即单位体积的质量所具有的动能）足以克服钢板质点间的结合力时，才能够使其破坏。相应的动能密度为：

$$q = \frac{\mathrm{d}k_0}{\mathrm{d}v} = \frac{\rho u^2}{2}$$

　　对于韧性材料来说，只有动能密度不小于材料的单位破坏功时，才能使其破坏。即

$$\frac{1}{2}\rho u^2 \geqslant A_m$$

当动能密度恰好等于单位破坏功 A_m 时，质点运动速度称为临界速度 U_k，它是使钢板中质点分离的最小速度。

$$u_k = \sqrt{\frac{2A_m}{\rho}} \tag{7-10}$$

由上式可以看出，材料的临界速度与材料的物理力学性能有关。

接触爆破钢板时，与炸药直接接触的一面速度最大，而与其相对的钢板背面速度最小。若要保证钢板破坏，则必须保证钢板背面质点的运动速度满足：

$$u_n \geqslant u_k$$

破坏钢板比较经济的情况是。在这种情况下，由公式（7-9）和公式（7-10）可得：

$$\frac{I}{\pi \rho (h \mathrm{tg}\alpha + x)^2 h} \geqslant \sqrt{\frac{2A_m}{\rho}}$$

将冲量 $I = \frac{2}{3}\pi A_B \cdot C\mu$ 代入上式后，可得：

$$\frac{\frac{2}{3}\pi A_B \cdot C \cdot \mu}{\pi \rho (h \mathrm{tg}\alpha + x)^2 h} \geqslant \sqrt{\frac{2A_m}{\rho}}$$

经整理，可得：

$$C = \frac{3}{\sqrt{2}} \frac{\sqrt{\rho A_m}}{\mu A_B} \left(\mathrm{tg}\alpha + \frac{x}{h} \right)^2 h^3$$

令

$$M_0 = \frac{3}{\sqrt{2}} \frac{\sqrt{\rho A_m}}{\mu A_B}$$

$$\psi = \mathrm{tg}\alpha + \frac{x}{h} \tag{7-11}$$

则可化简为：

$$C = \frac{\psi^2}{\mu} \cdot M_0 h^3 \tag{7-12}$$

该式即为底面直径为 b、高度为 H 圆柱体集团装药接触爆破的装药量理论计算公式。

（三）底面为 $b \times b$、高为 H 的集团装药的药量计算

对于底面为 $b \times b$、高为 H 的集团装药，计算简图仍然适用。它与圆柱体集团装药不同在于：漏斗形状不是截头圆锥而是截头棱锥。按上述同样方法，可推导出药量计算公式为：

$$C = \frac{4}{\pi} \frac{\psi^2}{\mu} M_0 h^3 \qquad （7-13）$$

（四）矩形截面直列装药的药量计算

矩形截面直列装药爆破后的漏斗截面一般为梯形，上述计算简图仍可适用。当只考虑单位长度装药时，则和集团装药相似。

根据质量守恒定律，可求出任一截面上质点的速度 u：

$$2(z \mathrm{tg}\alpha) \cdot 1 \cdot \rho u \mathrm{d}t = 2(h \mathrm{tg}\alpha + x) \cdot 1 \cdot \rho u_n \mathrm{d}t$$

$$u = \frac{h \mathrm{tg}\alpha + x}{z \mathrm{tg}\alpha} u_n$$

根据质量守恒定律，可求出下表面上质点的速度 u_n：

$$I = \int u \mathrm{d}m$$

$$= \int_{x \mathrm{ctg}\alpha}^{h + x \mathrm{ctg}\alpha} \frac{h \mathrm{tg}\alpha + x}{z \mathrm{tg}\alpha} u_n \cdot 2 z \mathrm{tg}\alpha \cdot \rho \mathrm{d}z$$

$$= 2\rho(\mathrm{tg}\alpha + \frac{x}{h}) h^2 u_n$$

$$u_n = \frac{I}{2\rho(\mathrm{tg}\alpha + \frac{x}{h}) h^2} \qquad （7-14）$$

根据质量守恒定律，$u_n = u_k$。将 $I = \frac{2}{3}\pi A_B \cdot C_y \mu_y$ 代入上式后，由公式（7-10）和公式（7-14）可导出直列装药的药量理论计算公式：

$$\frac{\frac{2}{3}\pi A_B \cdot C_y \mu_y}{2\rho(\mathrm{tg}\alpha + \frac{x}{h}) h^2} = \sqrt{\frac{2 A_m}{\rho}}$$

$$C_y = \frac{2}{\pi} \frac{\psi}{\mu_y} M_0 h^2 \qquad （7-15）$$

（五）公式的分析及应用

1. 公式中各符号的意义及取值

C——分别是圆柱体和 $b \times b \times H$ 集团装药接触爆破钢板的药量，kg；

C_y——矩形截面直列装药接触爆破钢板时的单位长度药量，kg/m；

ψ——破坏程度系数，见公式（7-11）；

h——钢板的厚度，m；

α——漏斗孔的顶角之半（$\alpha = 45°$）；

x——钢板上表面的漏斗半径（或边长的一半），m；

破坏程度系数 ψ 取决于 x 的值。当 $x = 0$ 时，钢板出现全震落，既能破坏目标又能节省炸药，但是不容易准确掌握。为了保证破坏，一般取 $x > 0$，使 $x/h = （0.5 \sim 1.0）$。

M_0——由材料及炸药性能决定的参数，kg/m³

$$M_0 = \frac{3}{\sqrt{2}} \frac{\sqrt{\rho A_m}}{A_B}$$

式中：

ρ——钢板的密度，kg·s²/m⁴；

A_B——与炸药性能有关的系数，s；

A_m——动力单位破坏功，即静力单位破坏功 A_{0m} 与动载系数之积，$A_m = k_g A_{0m}$ 中。

表 7-12　几种材料的静力单位破坏功 A_{0m}

材料	软钢	中等硬度钢	硬钢	特种合金钢	超高强度合金钢	灰口铁	可锻铸铁	青铜
A_{0m} (kg/cm²)	1 100	1 140	1 360	1 550	2 500	5	270	1 090

μ——装药形状系数，随着 b/H 的增大而增加。药量减少，单位冲量变小，所以装药宽度 b 不能无限制地增大，既保证破坏又要节省炸药时，其极限尺寸为：

$$b = 2 (h\mathrm{tg}\alpha + x)$$

如超过极限尺寸，反而只有一部分冲量用于破坏目标，而不能达到要求破坏的程度。

2. 影响装药量的因素

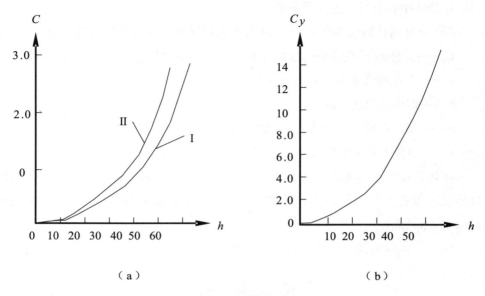

（a）　　　　　　　　　　　　　（b）

图 7-9　药量与破坏程度系数的关系

接触爆破的药量理论计算公式（7-12）、公式（7-13）、公式（7-15）反映了装药、材料和破坏程度三方面的关系。装药形状系数 μ 和炸药性质 A_B、材料厚度 h 及其物理力学性能（ρ、A_m）、破坏程度 ψ 是影响装药量的六个因素。其中，以材料的厚度、破坏程度和装药形状对药量的影响更为显著。

（1）材料厚度是影响装药量的主要因素

图 7-8 是 TNT 炸药接触爆破普通结构钢板（A_{0m} = 1 200 kg/cm²），破坏程度 ψ = 1.5。当集团装药 μ = 1.0，直列装药 μ_y = 1.5 时，根据计算值作出的 C-h、C_y-h 曲线。

图中的曲线反映了药量随材料厚度的变化趋势。集团装药的 C-h 曲线（Ⅰ 是圆柱体装药、Ⅱ 是立方体装药）是立方抛物线，随着厚度增加，装药量以 3 次方关系急剧增加。直列装药的 C_y-h 曲线是平方抛物线。

图 7-8 是在相同条件下圆柱体集团装药和底面为正方形（$b \times b$）、高为 H 的集团装药的 C-h 关系曲线，其药量随材料厚度的变化趋势基本相同，但对应不同的 h，后者皆为前者的 π/4 倍。

（2）破坏程度是影响药量的重要因素。

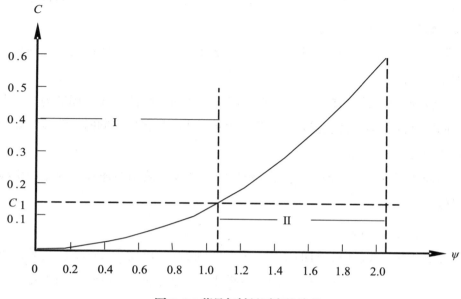

图 7-8 药量与材料厚度的关系

集团装药的药量与破坏程度系数 ψ 的平方成正比。图 7-9 是圆柱体集团（TNT）接触爆破 30 mm 厚的普通结构钢板，当 $\mu = 1.5$ 时的 C-ψ 关系图，曲线为二次抛物线。

根据 ψ 的大小，图中分成两个范围，局部震落范围和爆破穿孔范围。这两个破坏范围对应着两个药量范围。

当 $\psi = 1.0$ 时，$x = h(\psi - \mathrm{tg}\alpha) = h(1-1) = 0$，即为全震落，对应药量为一确定值 C_1；

当 $0 < \psi < 1.0$ 时，$x < 0$，属局部震落范围（图中 I 区），对应药量为 $0 < C < C_1$；

当 $1.0 < \psi < 2.0$ 时，$x > 0$，属爆破穿孔范围（图中 II 区），对应药量为 $C_1 < C < 4C_1$。

矩形截面直列装药的药量与破坏程度系数 ψ 的大小成正比，ψ 的变化引起的药量变化不如集团装药那样显著。

（3）装药形状是影响药量的另一重要因素。

根据公式，不论集团装药还是直列装药，其装药量均与装药形状系数 $\mu(\mu_y)$

成反比。这是因为 μ 值大时，爆炸作用冲量也大，如将同样厚度材料破坏同样程度，药量就可减少。

除上述影响因素外，尚有材料物理力学性能、炸药性质等都会影响到装药量大小。

材料的单位破坏功越大，所需药量越多。用同样形状 TNT 集团装药分别爆破相同厚度的高强度合金铜和中等强度钢板，当破坏程度相同时，前者需要的药量约为后者的 1.2 倍。

炸药的爆热大，系数 A_B 也大，药量随之减少。故硝铵炸药外部接触爆破效果较差。

（六）计算举例

【例 1】：某装甲材料的密度 $\rho = 8\,000$ kg/m³，厚度为 45 mm。当采用直径 164 mm、高 61.4 mm，重 1.35 kg 的圆柱体梯黑装药（TNT50 %RDX50 %，$\rho_0 = 1\,600$ kg/m³，$D = 7\,600$ m/s）爆破时，对该装甲的破坏程度如何？

解：从题意看，破坏程度由爆破后的破口尺寸 x 决定，采用公式（7-11）进行计算。

（1）由公式（7-11），可以得出变形公式：$\psi^2 = \dfrac{\mu C}{M_0 h^3}$

（2）将有关已知数代入上式，可得：$M_0 = 8.5 \cdot 10^3$

（3）根据公式（7-4），可得：

$$\mu = 3 - 6\frac{H}{b} + 4\left(\frac{H}{b}\right)^2 = 3 - 6 \cdot \frac{56}{156} + 4 \cdot \left(\frac{56}{156}\right)^2 = 1.36$$

（4）将上面的计算结果代入变形公式，可得：

$$\psi^2 = \frac{1.36 \times 1.35}{8.5 \times 10^2 \times 0.045^3} = 2.4$$

$$\psi = \mathrm{tg}\alpha + \frac{x}{h} = \sqrt{2.4} = 1.55$$

（5）由此，可得：$x = h(\psi - \mathrm{tg}\alpha) = 45 \times (1.55 - 1) = 24.8$（mm）

所以，该装药能够将装甲板炸穿，并且穿孔上口半径为 24.8 mm。

【例 2】：欲在厚度 50 mm 的普通结构钢板上炸出边长为 10 cm 的方形破口，计算需要的 TNT（$\rho = 1.56$ g/cm³）集团装药的药量量？

解：欲炸成方形破口，装药形状应是底面为正方形的集团装药。

（1）由公式（7-12），可以得出变形公式：$\mu C = \dfrac{4}{\pi}\psi^2 M_0 h^3$

（2）将有关已知数代入上式，可得：$M_0 = 5.98 \cdot 10^3$

（3）将有关参数代入破坏程度公式，可得：$\psi = \text{tg}\alpha + \dfrac{x}{h} = \text{tg}45^0 + \dfrac{5}{5} = 2$

（4）将上面的计算结果代入变形公式，可得：

$$\mu c = \dfrac{4}{\pi}\psi^2 M_0 h^3 = \dfrac{4}{\pi} \times 2^2 \times 5.98 \times 10^3 \times 0.05^3 = 3.81 \text{（kg）}$$

（5）通过计算所得结果为 $\mu C = 3.81$ kg。

讨论：因装药的形状决定的大小，形状未定时，药量也不能确定。所以，欲求装药量需同时确定装药形状。对底面为正方形（$b \times b$）、高为 H 的集团装药，以 $b/H = 2\sim4$ 为宜。

（1）当 $b/H = 2$ 时，$\mu = 1$

$$c = \dfrac{\mu c}{\mu} = \dfrac{3.81}{1} = 3.81$$

即

$$c = V \cdot \rho = b \times b \times \dfrac{b}{2} \cdot \rho = 3.81$$

所以 $b = \sqrt[3]{\dfrac{4c}{\rho}} = \sqrt[3]{\dfrac{4 \times 2.18}{1560}} = 0.177 \text{（m）}$，$H = \dfrac{b}{4} = 0.044 \text{（m）}$

（2）当 $b/H = 4$ 时，$\mu = 1.75$

$$c = \dfrac{\mu c}{\mu} = \dfrac{3.81}{1.75} = 2.18$$

即

$$c = V \cdot \rho = b \times b \times \dfrac{b}{4} \cdot \rho = 2.18$$

所以 $b = \sqrt[3]{\dfrac{4c}{\rho}} = \sqrt[3]{\dfrac{4 \times 2.18}{1560}} = 0.177 \text{（m）}$，$H = \dfrac{b}{4} = 0.044 \text{（m）}$

（3）验算

$$b = 2h\left(\text{tg}\alpha + \dfrac{x}{h}\right) = 2 \times 50\left(\text{tg}45^0 + \dfrac{50}{50}\right) = 20 \text{（cm）}$$

由此可见，上述两种装药形状尺寸皆符合要求。所以，欲炸穿边长为 10 cm 的破口，药量在 2.18~3.81 kg 范围内，使装药形状在 $b/H = 2~4$。

三、空气中接触爆破药量计算的经验公式

接触爆破的药量计算经验公式有：通用经验公式和具体经验公式。

通用经验公式适用于各种材料的量计算，具体经验公式仅适用于某一材料的药量计算。通用经验公式是普遍形式，具体经验公式是特殊形式，后者可由前者推导出来。

（一）通用经验公式

接触爆破构件时，爆炸产物在猛烈撞击构件并从表面反射的同时，以冲击荷载形式把能量传递给构件。在瞬时爆轰假设下，根据有效装药理论，爆炸产物作用在构件上的冲量为：

$$I_1 = \eta \cdot \frac{C}{g} \cdot u_0$$

式中：

η——装药的有效利用率；

g——重力加速度，m/s^2；

u——爆炸产物的飞散速度，m/s；

C——装药量，kg。

构件上的质点达到临界速度发生破坏，其动量 I_2 可表达式为：

$$I_2 = \rho v u_k$$

式中：

ρ——材料的密度，kg/m^3；

v——构件破坏体积，m^3；

u_k——材料发生破坏时的临界速度，m/s。

当作用在构件上的冲量完全用于破坏构件时，则有：$I_1 = I_2$，即：

$$\eta \cdot \frac{C}{g} \cdot u_0 = \rho v u_k$$

如果用直列装药爆破钢材，将其破坏体积（$v = h^2 L$）代入上式并整理后，可得药量公式：

$$C = \frac{\rho u_k g}{\eta u_0} h^2 L$$

上式中的分式，反映了材料、炸药和装药形状的特点。由于的 K_k 值难以准确确定，故以系数代替分式，并对不同材料给出试验值。这样，上式就可简化为：

$$C = K_k \cdot h^2 L \qquad (7-16)$$

式中：

C——直列装药接触爆破构件时的装药量，kg；

h——被破坏构件厚度，m；

L——装药的长度，m。

K_k——接触爆破时的材料破坏系数，其值列于表7-13；

接触爆破的材料破坏系数 K_k，是在使用中级炸药（TNT）、装药高度（H）不超过其底面宽度（b）的情况下（$b/H \geq 1$）通过试验确定的，这就是上式的适用条件。

公式（7-16）是按爆破金属推导的。而对混凝土、木材等，由于破坏体积体积公式（7-6）、公式（7-7）中常数 $\pi/2$ 和 $\pi/4$ 已包含在材料特性中，并已由 K_k 的不同反映出来。公式（7-16）在上述适用条件下对各种材料具有普遍意义，称之为通用公式。

（二）具体经验公式

爆破钢材、砖、石、混凝土和钢筋混凝土以及木材时，其药量计算具体经验公式为：

1. 钢结构的爆破

（1）爆破钢板。钢构件爆破通常采用直列装药，有时亦可采用集团装药。

1）装药量计算。爆破钢板采用直列装药，为计算方便，将理论公式经过简化，可得出装药量计算公式。

$$C = 2AFh \qquad (7-17)$$

式中：

A——材料抗力系数，与破坏程度、装药形状及材料性能有关（表7-14）。

对普通结构钢，各参数选定后，当厚度在 2.5~10.0 cm 之间时，可将公式（7-17）简化为特定条件下的具体表达形式，即可得出爆破钢板的经验公式：

$$C = 10hF$$

表 7–13　接触爆破的材料破坏系数 K_k

材料种类和名称			材料破坏系数 K_k 值	
			空气中	水中
木材	不坚硬木材	干燥的	30	15
		潮湿的	40	20
	中等坚硬木材	干燥的	40	20
		潮湿的	50	25
	坚硬木材	干燥的	60	30
		潮湿的	80	40
钢材	普通结构钢		10 000	20 000
	装甲钢		20 000	40 000
砖、石、混凝土和钢筋混凝土	直列装药对砖砌体	$1 \leqslant 2h$	10~12	10~12
		$1 > 2h$	5~6	5~6
	直列装药对石砌体	$1 \leqslant 2h$	12~13	12~13
		$1 > 2h$	6~7	6~7
	对混凝土（标号 500）	$1 \leqslant 2h$	16	16
		$1 > 2h$	8	8
	钢筋混凝土	只破碎混凝土	45	70
		炸断部分钢筋	180	300
		完全炸断钢筋	1 000	1 500

若当钢板厚度 h < 2.5 cm 时，为了保证爆破效果，须增大装药量，一律将厚度取为 2.5 cm，则经验公式为：

$$C = 25F$$

式中：

C——中级炸药装药量，g；

h——钢板厚度，cm；

F——钢板炸断面面积，cm^2。

当钢板厚度在 5 cm 以下时，也可按照每一厘米厚度需要一列 200 g TNT 药块概略计算。

当钢板厚度大于 2.5 cm 时，将厚度的平方被 2 除，商数即为 200 g TNT 药块列数。

当钢板是数块用铆钉组合成的，而且装药又必须配置在铆钉上时，厚度 h

应取一面铆钉头的高度与钢板的厚度之和。组合钢板有空隙时，还应加上空隙厚度。

爆破装甲钢时，应按公式计算的装药量增加 1 倍。

表 7-14 材料抗力系数

材料名称		A 值
石灰沙浆砖墙	不坚固的	0.77
	坚固的	1.08
水泥沙浆砖砌体		1.20~1.25
天然石砌体		1.40~1.45
混 凝 土	200#~300#	1.50
	500#~600#	1.80
木材		40.0
钢筋混凝土	炸碎混凝土，而不炸断钢筋	5.00
	炸断部分钢筋	20.0
普通结构钢		5 100
高强度合金钢		7 500

2）装药的配置。炸断钢板时，装药长度等于炸断面宽度，装药高度应不大于其宽度，即 H 不大于 b（图 7-10）。如计算的药块在钢板上排不满一列时，应增加药块，使其排满，以保证炸断；排满一列或数列后尚有剩余药块时，可放在炸断面中央或增加药块排满，如图 7-11 所示。

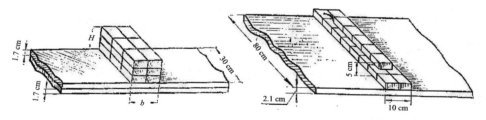

图 7-10 炸断钢板的装药配置   **图 7-11 炸断钢板配置的装药**

【例 1】：炸断宽 80 cm，厚 2.1 cm 的钢板，试求所需 200 g TNT 药块的数量？

解：$C = 25F = 25 \times 80 \times 2.1 = 4\ 200$（克）

由此可得：所需 200 g TNT 药块的数量为 4 200/200 = 21（块）

【例 2】：炸断由 2 块各厚 1.6 cm、宽 30 cm 的组合钢板，钢板空隙为

0.2 cm，试求所需 200 g TNT 药块的数量？

解：$C = 10hF = 10 \times （1.6+1.6+0.2）^2 \times 30 = 3\ 468$（克）

由此可得：200 gTNT 药块的数量为 3 468/200 ≈ 18（块）

（2）钢梁的爆破。钢梁是由钢板组成的。因此，装药量计算与爆破钢板相同，但在按厚度确定装药量时，对每一对紧贴翼缘的角钢需要用 4~8 块 200 g TNT 药块。

配置装药时，应按各个组成部分所需的装药量，分别配置在相应各个部位上，装药要预先捆包成所需要的形状，然后固定在钢梁上，如图 7–12 所示。

爆破钢梁时，为了简化作业，可用集团装药。根据钢梁的端面形状，将装药放在腹板或翼缘旁，如图 7–13、图 7–14 所示。此时，装药量应按计算值增加一倍。

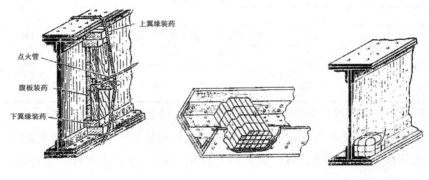

图 7–12　直列装药　　　　图 7–13　集团装药　　　图 7–14　集团装药

固定炸断钢梁的装药，应先在要炸断的位置用绳索或铁丝围绕两周，然后将装药放入绳圈并设置支撑板，使装药牢固地紧贴在钢梁上。

【例3】：炸断如图 7–15 所示断面的工字梁，试按公式和厚度分别计算装药量（表 7–15）。

解：装药量计算见表 7–15 中。

表 7–15　装药量的计算

部件名称	部件断面形状	按厚度确定装药量（200 g TNT）	按公式计算装药量（g）	200 g TNT 药块数
上翼缘	—	排两列，每列 3 块	$C = 25 \times 30 \times 1.5 = 1\ 125$	6
上角钢	⌐ ⌐	每对角钢用 8 块	$C = 25 \times （10 + 10）\times 1.2 \times 2 = 1\ 200$	6
腹板	|	排两列，每列 8 块	$C = 25 \times 80 \times 1.5 = 3\ 000$	16（为配置便利增加 1 块）

续表

部件名称	部件断面形状	按厚度确定装药量（200 g TNT）	按公式计算装药量（g）	200 g TNT药块数
下角钢	⌐ ⌐	每对角钢用 8 块	$C = 25 \times (10 + 10) \times 1.2 \times 2 = 1\ 200$	6
下翼缘	—	排两列，每列 3 块	$C = 25 \times 30 \times 1.5 = 1\ 125$	6
共计		44		40

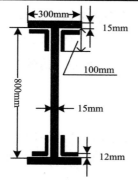

图 7–15　工字梁断面图

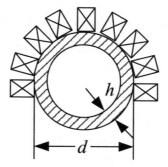

图 7–16　炸断钢管的装药配置

（3）钢管的爆破。

1）装药量的计算。炸断钢管时，装药量按爆破钢板计算，钢管的炸断面积按 $F = \pi d h$（π 取 3）计算。

2）装药的配置。装药应配置在钢管的外面，围绕其圆周的 2/3~3/4（图7–16）。

当钢管的厚度不便直接测量时，可用一列 400 g TNT 药块或 200 g TNT 药块（将 200 g TNT 药块 2.5 cm 的短边与钢管相连）围绕其圆周的 2/3~3/4 实施爆破。

【例 4】：炸断外径为 28 cm，壁厚为 2 cm 的钢管，试计算装药量。

解：$F = 3 \times 28 \times 2 = 168$（$cm^2$）

$C = 25F = 25 \times 168 = 4\ 200$（g）

故，所需 200 g TNT 药块数为 21 块。

（4）钢索（圆钢）的爆破。

1）装药量的计算。炸断钢索（圆钢）时，装药量按下式计算：

$$C = 100d^2$$

式中：

C——中级炸药装药量，g；

d——钢索的直径，cm。

2）装药的配置。由于钢索（圆钢）和装药接触面较小，通常将计算药量捆包成两个重量相等的集团装药，交错配置在钢索（圆钢）相对两侧，同时起爆，利用爆炸形成的剪力将钢索剪断（图7–17）。

（5）钢轨的爆破。炸断钢轨时，每一断面通常使用200 g或400 g的TNT药块。装药要紧贴铁轨下沿配置，用土壤、石块、铁丝、绳索等将装药固定牢靠（图7–18）。如用土壤将装药填塞，破坏效果则更好。

爆破钢轨时，个别破片向设置装药相反的方向可飞达500 m，其余方向约200 m，须特别注意安全。

2. 爆破砖、石、混凝土和钢筋混凝土

爆破砖、石、混凝土和钢筋混凝土构件时，通常采用集团装药。当目标厚度不大时，可采用外部直列装药。为了限制大破片的飞散，有时可采用穿孔爆破法。

（1）集团药包的药量计算公式为：

$$C = ABR^3$$

（2）直列装药的药量计算公式为：

$$C = ABLR^2$$

式中：

C——中级炸药装药量，kg；

A——材料抗力系数（表7–14）；

B——填塞系数，无填塞的外部接触爆破$B = 9$（表7–16）；

R——破坏半径，一般取 R 为构件厚度，根据破坏范围要求可稍大或稍小，m；

L——装药长度，通常等于目标的长度，m。

使用低级炸药时，如系内部装药且填塞良好，装药量仍按上式计算；如系外部装药，装药量须增加50 %。

图 7–17　炸断钢索的装药配置

1—装药；2—填塞物；3—绳索（或铁丝）

图 7–18　钢轨的爆破

表 7-16 填塞系数 B 值

装药配置		填塞系数值	
		无填塞物	有填塞物(土壤)
在表面上 (外部装药)		9.0	5.0（爆破钢筋混凝土取 6.5）
在药龛中		6.0	4.5
在目标 1/3 厚度的药洞中		1.7	1.5
在目标中央		1.3	1.15
在桥台、挡土墙后的土壤中		1.7	1.5

在运用上述公式计算装药量时，须考虑以下两点：

（1）装药的填塞状况越差，填塞系数 B 值则越大，需要的装药量即越多。因此，装药应尽量用土、砂、碎石加以填塞。外部装药爆破时，只有装药上面的覆盖物厚度不小于破坏半径，方可按有填塞的情况选定填塞系数 B 值。

（2）破坏半径的确定与装药配置有关。装药在目标表面上（外部装药）或药龛中，R 等于目标的厚度；装药在目标的中央，R 等于厚度的 1/2；装药在目标厚度的 1/3 处，R 等于厚度的 2/3；装药放在桥台、挡土墙后的土壤中，R 等于装药处的目标厚度。

3. 爆破木材

爆破木材通常采用外部装药，圆木用集团装药，方木用直列装药。

（1）装药量计算。爆破方木通常采用直列装药，其计算公式为：

$$C = KF$$

$$C = KD^2$$

式中：

    C——中级炸药装药量，g；

    K——木材的抗力系数，见表7–17；

    F——炸断面积，cm^2；

    D——木材的直径，cm。

当木材的厚度超过30 cm，上式计算的药量不能完全破坏木材，应按下式计算：

$$C = KFh/30$$

$$C = KD^3/30$$

表7–17　木材抗力系数

木材种类 ＼ 湿度	干的	活树或新伐的树
脆弱木材	0.8	1.0
中等坚硬木材（松、杉）	1.0	1.25
坚硬木材（枫、桦、橡、粟）	1.6	2.0

注：1. 为计算简便，圆木的炸断面积可按直径的平方计算；

    2. 使用低级炸药时，应按上式计算的药量增加50％。

（2）装药的配置。爆破圆木用集团装药，装药位置削平使其与圆木紧贴。爆破方木用直列装药，装药应配置在炸断面较宽面，其长度应与方木宽边相等。装药用细绳、铁丝或铁丝两爪钉等固定。

水中爆破时，可将装药捆在木板、竹材或小圆目标木上，沿上流放入水中，下端插入河底，然后在水面上用绳索或铁丝固定。还可将装药捆在绳索套箍上，放入水中进行固定。

在采伐树木或炸断树木构成障碍时，装药应配置在预定树木倾倒的一侧。

需要说明的是：经验公式和理论公式是具体和一般的关系。经验公式是理论公式在特定条件下的具体形式；理论公式是适于各种条件的普遍形式。经验公式只适于中级炸药，装药几何尺寸为 $b = H$（比较不利的情况）和破坏程度为1.95的情况，计算药量富余较多。而理论公式不限于中级炸药，并考虑了不同的装药形状和破坏程度，计算出的药量更切合实际。经验公式简单，容易计算，便于掌握；理论公式稍为复杂。

四、水中接触爆破装药量计算的理论公式

水中接触爆破与空气中接触爆破有许多共同之处，诸如：爆破对目标的作用主要是爆轰产物的作用，对目标的破坏属于局部破坏等。研究水中接触爆破，也可假定为：装药瞬时爆轰，目标上的质点在产物作用时间内没有位移等。

水中接触爆破与空气中接触爆破的不同点在于，空气的密度很小，对爆破的影响可以忽略不计；而水是密实介质，其密度与装药和目标的密度属于同一个量级，对爆破影响较大，必须予以考虑。

水中接触爆破的装药量计算就是在空气中接触爆破的理论计算基础上，结合考虑水对爆破的影响，确定装药与破坏参数之间的关系。

水介质对爆破的影响是双重的。一方面，水阻碍爆破产物的飞散，延长了产物对目标的作用时间，增大了爆炸产物对目标的作用；另一方面，水也障碍目标上被破坏的部分发生位移，增强了目标对爆炸作用的抵抗能力。水对爆破的影响就是上述两方面的综合，根据装药与目标在水中的相对位置，分以下三种情况进行讨论。

（一）装药全在水中，目标的一面与装药接触，对面与空气或密度比水小的介质接触

装药设置在船舷上对舰船爆破、触发水雷对舰艇的破坏均属于这种情况。对水中封闭式箱体结构，抽水、封仓后，在其外面水中设置装药进行爆破；对水下管道，抽水、封闭后，从外面设置装药进行爆破；对于水下板式结构，可在一面设置装药，而在其板式结构的对面与装药相对应位置，设置宽度大于装药宽度的密度较小、易变形的材料，如泡沫塑料、木材、空塑料桶等。但在设置前要对这些密度小、易变形材料进行密封防潮处理，防止漏水。

在这种情况下的水下接触爆破，水介质只起阻碍爆炸产物飞散的作用，由于延长了爆炸产物对目标的作用时间，增加了爆炸作用到目标上的冲量，而不影响被破坏目标的运动。因此，在研究这一问题时，只要确定了水中爆炸作用到目标的冲量比空气中增大的倍数，就可以按空气中接触爆破的计算公式进行

计算。

假定爆炸产物的质量为 M，在真空中飞散的速度为 u_0，则产物飞散具有的动能为：

$$T = \frac{1}{2} M u_0^2$$

又假定在水中，产物的平均速度为 u_1，阻碍产物飞散的水的质量（即与爆炸产物一起运动的水的质量）为 M_c，则水与产物一起运动的动能为：

$$T_c = \frac{1}{2}(M + M_c)u_1^2$$

根据动能守恒定律，装药爆炸后释放的能量在任何介质中都是相同的，故 $T = T_c$。

即 $\dfrac{1}{2} M u_0^2 = \dfrac{1}{2}(M + M_c)u_1^2$

将等式左端分子、分母各乘以 M，右端分子、分母各乘以 $(M + M_c)$，则得：

$$\frac{M^2 u_0^2}{M} = \frac{(M + M_c)^2 u_1^2}{M + M_c}$$

装药爆炸的总冲量为：$I_总 = M u_0$

装药在水中爆炸的总冲量为：$I_{c总} = (M + M_c)u_1$

则：$I_{c总} = I_总 \sqrt{\dfrac{M + M_c}{M}}$

作用在目标物上的冲量 I（空气中）和 I_c（水中）是与装药爆炸的总冲量成正比的。因此，上式可改写成：

$$I_c = I \sqrt{\frac{M + M_c}{M}}$$

由上式可以看出，水中爆炸作用在目标上的冲量比空气中爆炸作用在目标上的冲量增大了 $\sqrt{1 + \dfrac{M_c}{M}}$ 倍。

所以，将空气中接触爆破药量计算理论公式除以 $\sqrt{1 + \dfrac{M_c}{M}}$，即可得到水下爆破时所需的药量，其计算公式可表示为：

集团装药：

$$C = \frac{\psi^2}{\mu} \cdot \frac{M_0 h^3}{\sqrt{1 + M_c / M}} \tag{7-18}$$

直列装药：

$$C_y = \frac{2\psi}{\pi \mu_y} \cdot \frac{M_0 h^2}{\sqrt{1 + M_c / M}} \tag{7-19}$$

上述公式中，M_c/M 是待定未知数。在水中爆炸时，介质运动的质量有一定范围，该范围内的质量在目标被破坏部分开始运动之前已经运动，才能起到增大爆炸冲量的作用。因此，它并不是装药在介质中爆炸时产物的作用范围。通过试验，这一范围约为：

$$\frac{M + M_c}{M} = 1 + 4.8 \frac{\rho_c}{\rho_0} \tag{7-20}$$

式中：

ρ_0——炸药密度，kg/m^3；

ρ_c——水的密度，kg/m^3。

从公式（7-18）可以看出，装药沉入在水中必须有一定深度，否则就达不到计算的冲量。这个深度应大于装药高度的4.8倍，可按5倍考虑。

将公式（7-20）分别代入公式（7-18）、公式（7-19），可得到药量计算公式为：

集团装药：

$$C = \frac{\psi^2}{\mu} \cdot \frac{M_0 h^3}{\sqrt{1 + 4.8 \rho_c / \rho_0}}$$

直列装药：

$$C_y = \frac{2\psi}{\pi \mu_y} \cdot \frac{M_0 h^2}{\sqrt{1 + 4.8 \rho_c / \rho_0}}$$

对于 TNT 炸药，在一般情况下：$\dfrac{\rho_c}{\rho_0} = \dfrac{102}{163} = 0.625$

则有：

$$I_c = I \cdot \sqrt{1 + 4.8 \rho_c / \rho_0} = 2I$$

该公式表明：当装药全在水中，目标一面与装药接触，对面与空气接触时，爆炸后作用在目标上的冲量比空气中大一倍。由于爆炸作用冲量与装药量成正比，当对同一目标达到同样破坏程度时，水中接触爆破所需药量仅为空气中的一半。这是最有利爆破条件。

（二）装药在空气中，目标的一面与装药接触，另一面与水接触

装药在舰船内部对底板或船舷爆破、在水箱外部设置装药爆破等均属于这种情况。

在这种情况下，水对爆轰荷载没有影响，只对目标起着增大抗力的作用。与空气中爆破相比，等于相对地减弱了爆炸作用。在装药爆炸对目标造成穿孔过程中，与目标接触范围内的水与被破坏部分一起，也获得了运动速度。这就是与空气中接触爆破不一样的地方，如果确定了获得运动速度的水的范围，也就能够运用空气中接触爆破的药量公式进行计算了。

水中接触爆破，获得运动速度的水的范围，约与钢板爆破震落漏斗在水中扩大到距离（或深度）为 h_c 的范围相同（图 7-19）。

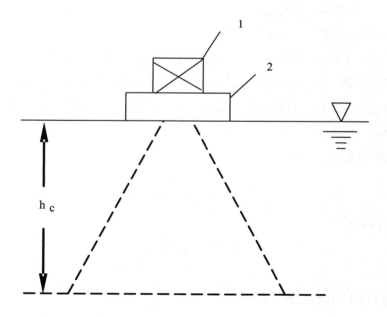

1- 装药；2- 钢板

图 7-19　水获得运动速度的范围

根据试验得出，$h_c = 20 h$（钢板厚度）。因此，药量计算公式可表达如下：

集团装药：

$$C = \frac{\psi^2}{\mu} \cdot \left[1 + \frac{\rho_c h_c}{\rho h}\right] M_0 h^3 \qquad （7-21）$$

直列装药：

$$C_y = \frac{2\psi}{\pi \mu_y} \cdot \left[1 + \frac{\rho_c h_c}{\rho h}\right] M_0 h^2 \qquad （7-22）$$

从公式中可知，这种情况的药量比空气中大（$1 + \frac{\rho_c h_c}{\rho_0 h_0}$）倍，且随 h_c 的增大而增加，这是限于 $h_c/h \le 20$ 的范围；当 $h_c > 20$ 时，装药量不再增加。因此，$h_c = 20$ 时是极限深度。

由于 $\frac{\rho_c}{\rho} = \frac{102}{800} = 0.128$

当 $\frac{h_c}{h} = 20$ 时，$1 + \frac{\rho_c h_c}{\rho h} = 3.56$

这表明：装药在空气中，目标一面与装药接触，另一面与水接触时，爆破需要的药量是在空中的 3.56 倍。这是最不利爆破条件。

（三）装药与目标全在水中，且装药上面的水层厚度不小于装药厚度的5 倍

爆破水下桥台、桥墩，克服水中障碍，破坏沉船结构等都属于此种情况。

这种情况介于上两种之间，运用上述两种情况同样的分析方法，可得药量计算公式：

集团装药：

$$C = \frac{\psi^2}{\mu} \cdot \frac{1 + \dfrac{\rho_c h_c}{\rho h}}{\sqrt{1 + 4.8\rho_c/\rho_0}} \cdot M_0 h^3$$

直列装药：

$$C_y = \frac{2\psi}{\pi \mu_y} \cdot \frac{1 + \dfrac{\rho_c h_c}{\rho h}}{\sqrt{1 + 4.8\rho_c/\rho_0}} \cdot M_0 h^2$$

此两式在于 $h_c/h \le 20$ 的范围内适用。

当 $h_c/h > 20$ 时，两式中的 h_c/h 的比值用极限值 $h_c/h = 20$ 代入，此时可得：

$$\frac{1+\dfrac{\rho_c h_c}{\rho h}}{\sqrt{1+4.8\,\rho_c/\rho_0}} = 1.78$$

上式表明：当装药和目标均在水中，接触爆破破坏钢板达到同样效果时，所需的药量是在空气中的 1.78 倍。

（四）几点结论

（1）上述三种情况中，第一种对爆破最有利，第二种情况最不利，这属于水中接触爆破的两种特殊情况。第三种情况介于两者之间，属于一般情况。为了更明显看出它们之间的相互关系，将药量计算公式对比后列于表 7–18 中，以方便使用。

从表中情况的对比中可以看出，同样是水中接触爆破，因爆破条件不一样，取得的破坏效果相差甚大。若要取得同样的爆破效果，当装药全在空气中，被破坏目标一面和装药接触，而另一面和水接触所需的装药量是装药全在水中，被破坏目标一面和装药接触，而另一面在空气中的条件爆破所需的药量的 7.12 倍。这就不难理解为什么有时进行水下爆破，使用药量不小，但爆破效果仍然不好的原因。这就是说要完成好水下爆破任务，光计算好药量是不行的，还必须创造最有利的爆破条件，才能取得理想的爆破效果。

除此之外，水下接触爆破还要考虑起爆点位置要设在被破坏目标对面的顶部中央；装药形状在保证一定破坏厚度的前提下，尽量增大装药的形状系数。

（2）根据对水中接触爆破三种情况的分析，在实际爆破作业中要尽量避免第二种情况，应想办法把第二种、第三种情况转化成第一种情况。这样既节省药量，又比较安全。

化不利条件为有利条件的方法：对箱式、桶式、管式结构可先抽水，然后密封，在其外壳设置装药进行爆破；对于沉船可以采用封舱办法，抽水后在外部设置装药爆破。爆破取得同样效果时，所需装药量仅为空气中爆炸时的一半。

对于钢板、型钢等爆破时，可在一面设置装药，在其背面相对位置设置密度小，多孔易变形材料，如空心木箱、塑料桶、海绵、泡沫塑料、木材等。在设置之前要对这些材料进行密封防水处理，如用沥青、石蜡涂抹、浸泡，以防向内部渗水。

表 7-18　水中接触爆破钢材药量计算理论公式的比较

介质存在情况	药量计算公式		倍数关系
	集团装药	直列装药	
炸药与被破坏目标均在空气中	$C = \dfrac{4\psi^2 M_0 h^3}{\pi\mu}$	$C_y = \dfrac{2\psi\, M_0 h^2}{\pi\mu_y}$	1.0
炸药与被破坏目标均在水中	$C = \dfrac{4\psi^2}{\pi\mu}\dfrac{1+\dfrac{\rho_c h_c}{\rho h}}{\sqrt{1+4.8\dfrac{\rho_c}{\rho_0}}}M_0 h^3$	$C_y = \dfrac{2\psi}{\pi\mu_y}\dfrac{1+\dfrac{\rho_c h_c}{\rho h}}{\sqrt{1+4.8\dfrac{\rho_c}{\rho_0}}}M_0 h^2$	1.78
炸药全在水中，被破坏目标一面在水中，一面在空气中	$C = \dfrac{4\psi^2}{\pi\mu}\dfrac{M_0 h^3}{\sqrt{1+4.8\dfrac{\rho_c}{\rho_0}}}$	$C_y = \dfrac{2\psi}{\pi\mu_y}\dfrac{M_0 h^2}{\sqrt{1+4.8\dfrac{\rho_c}{\rho_0}}}$	0.50
炸药全在空气中，目标一面在空气中，一面在水中	$C = \dfrac{4\psi^2}{\pi\mu}(1+\dfrac{\rho_c h_c}{\rho h})M_0 h^3$	$C_y = \dfrac{2\psi}{\pi\mu_y}(1+\dfrac{\rho_c h_c}{\rho h})M_0 h^2$	3.56

设置时要紧贴目标，牢固固定，使用木材时，应使其横向受压，以便产生较大变形。这样可以大大减少药量，减少药量的程度取决于所用材料种类和设置宽度。

当宽度与装药宽度相当时，取得同样爆破效果所需的药量和空中爆破差不多。当设置的多孔材料的宽度 $b \geq 2\,(h\mathrm{tg}45° + x)$，高度不小于 h 时，取得同样爆破效果时所需的药量同第一种情况，约为空中爆破时的一半。

（3）上述计算公式和讨论不仅对水下金属结构爆破适用，凡对其他不易压缩变形的材料均适用，如混凝土和钢筋混凝土，而对可压缩、易变形材料则不适用，如木材等。

（4）水中接触爆破的有关公式也可应用于土壤爆破中。

土壤与水的密度同数量级，装药在土壤中爆破时，装药与目标的相对位置与水中一样，也有相同的三种情况。由于土壤具有空隙，装药爆炸后，使周围介质受到压缩；再加上土壤的密度比水的密度大，所以药量与水中爆破稍有不同。

对于密度为 2.04 g/cm³ 的土壤，当使用 TNT 炸药（密度为 1.63 g/cm³）爆破时，三种情况下的药量大小与空气中相比，结果如下。

1）第一种情况。按照爆炸作用冲量

$$I_c = I \cdot \sqrt{1 + 4.8\, \rho_c / \rho_0} = I \cdot \sqrt{1 + 4.8 \times 2.04 / 1.63} = 2.65 I$$

即土壤中爆破，作用在目标上的冲量是空气中的 2.65 倍。由于装药周围的土壤被压缩，损耗了一定的爆炸能量，实际上对目标的爆炸作用冲量仅增大 0.5~1.0 倍。所以，这种情况下的药量是空气中的 2/3 倍。

2）第二种情况。根据公式（7–21）、公式（7–22）计算，药量是空气中爆破的 5 倍。由于土壤的可压缩性，对目标的抵抗力降低。因此，所需药量是空气中爆破的 3.5 倍。

3）第三种情况。这是前两种情况的综合，所需药量是空气中爆破的 2.0~2.5 倍。

五、水中接触爆破装药量计算的经验公式

（一）爆破钢板

略去公式的详细推导过程，只给出在某种特定条件下，装药量计算的经验公式。

1. 矩形截面直列装药

$$C = 10hF$$

式中：

C——TNT 炸药装药量，g；

h——被破坏钢板厚度，cm；

F——钢板被炸断面积，cm²。

该经验公式适用于 TNT 炸药爆破普通结构钢，其特定条件是：$\mu_y = 0.75$，$\psi = 2$。

若爆破高强度合金钢，则装药量应增加 50 %，计算公式为：

$$C = 15hF$$

2. 集团装药

（1）圆柱形集团装药。若取 $\mu_y = 0.75$，$\psi = 2$，b = H，则有：

$$C = 9Ah^3$$

式中：

A——材料抗力系数，见表 7-14；

h——钢板厚度，cm。

（2）底面为正方形的集团装药。若取 $\mu_y = 0.75$，$\psi = 2$，$b = H$，则有：

$$C = 12Ah^3$$

上式即为底面为正方形的集团装药接触爆破钢板时药量计算的经验公式。

对于普通结构钢，其 $A = 5 \text{ g/cm}^3$，则有：

$$C = 60h^3$$

对于高强度合金钢，其 $A = 7.5 \text{ g/cm}^3$，则有：

$$C = 90h^3$$

上述公式均是按 $b = h$ 最不利药形结构推导的，装药量偏大。实际使用过程中，一般采用药形系数较大的扁平装药结构。如采用 $b = 3h$ 的扁平装药，则其装药系数 $\mu = 1.45$，约为经验公式取值的 3 倍。从理论分析知，装药量 C 与装药系数 μ 成反比。所以，当使用 $b = 3h$ 的扁平装药接触爆破时，其装药量仅为上述计算值的 1/3 即可。由此，上面公式可改变为：

爆破普通结构钢：

$$C = 20h^3$$

爆破高强度合金钢：

$$C = 30h^3$$

以上是空气中接触爆破普通结构炸钢板，不同装药形状装药量计算经验公式。根据水中爆破三种情况，按照不同装药倍数关系得到水中爆破装药量计算的经验公式（表 7-19）。

3. 几点讨论

（1）由于推导过程中均取 $b = h$ 这一最不利的药形，而在实际使用中往往要使 $b > H$，实际上达到与空气中同样的破坏程度，计算药量还可以减少。因此，上述公式计算值偏大。

（2）在推导过程中均取 $\psi = 2$（即 $x = h$），则钢板表面破口宽度为 $2x = 2h$，这样会出现两种情况：当 $h < 2.5$ cm 时，由于 h 较小，所炸成的破口尺寸也较小，影响爆破效果。当 $h > 10$ cm 时，则会因 h 较大，所炸成的破口尺寸又较大，将过多地消耗装药量，不仅增加了成本，甚至还会造成对安全的影响。所以，上述经验公式适用钢板厚度为 2.5 cm < h < 10 cm。

表 7-19　水中接触爆破钢板几种不同情况药量计算经验公式的比较

介质存在情况 装药形状	炸药与被破坏目标均在空气中	炸药与被破坏目标均在水中	炸药全在水中，被破坏目标一面在水中，一面在空气中	炸药全在空气中，被破坏目标一面在空气中，一面在水中
矩形截面直列装药 $\mu_y = 0.75$、$\psi = 2$、$b = H$	$C = 2AFh$	$C = 3.56AFh$	$C = AFh$	$C = 7.12AFh$
	$C = 10Fh$	$C = 17.8Fh$	$C = 5Fh$	$C = 35.6Fh$
圆柱形集团装药 $\mu_y = 0.75$、$\psi = 2$、$b = H$	$C = 9Ah^3$	$C = 16.02Ah^3$	$C = 4.5Ah^3$	$C = 32.04Ah^3$
底面为正方形集团装药 $\mu_y = 1.45$ $\psi = 2$ $b = 3H$　普遍情况	$C = 12Ah^3$	$C = 21.36Ah^3$	$C = 6Ah^3$	$C = 42.72Ah^3$
普通钢	$C = 20h^3$	$C = 35.6h^3$	$C = 10h^3$	$C = 71.2h^3$
合金钢	$C = 30h^3$	$C = 53.4h^3$	$C = 15h^3$	$C = 106.8h^3$
倍数关系	1.0	1.78	0.5	3.56

在实际使用时，当钢板厚度 h < 2.5 cm 时，为了保证爆破效果，须增大装药量，通常在计算时取 h = 2.5 cm，代入公式可得到：

$$C = 25F$$

若 h > 2.5 cm 时，可根据对破坏程度的要求，减小破口尺寸，以减少装药量。

（3）公式推导时是以采用 TNT 炸药为依据的，若采用其他炸药时，就需要与 TNT 炸药进行药量换算。这就提出了等效装药的概念。

1）等效药量的概念。因爆炸性能和爆炸条件不同，不同炸药具有不同爆炸效力。进行药量换算首先要确定一种标准炸药，然后将其他炸药与标准炸药相比较，国际上通常采用 TNT 作为标准炸药。

如果采用其他炸药进行爆破时，若其形状与 TNT 炸药呈几何相似，在其他条件相同时，其爆炸效应与一定质量的 TNT 炸药相同，则称 TNT 的质量是这种炸药的等效药量。例如，接触爆破时，10 kg TNT 是 6.7 kg RDX 的等效装药量。

某种炸药的药量 C_x 与其等效药量 C_T 之间的关系，用药量等效系数 E_W 表示：

$$E_W = C_T/C_x$$

药量等效系数是与单位质量的某种炸药等效的标准炸药的质量。接触爆破时，黑索今的药量等效系数为：$EW = 10/6.7 = 1.5$。

如果知道了某种炸药的药量等效系数，当计算出所需要的标准药量后，就很容易就计算出所采用某种炸药的等效药量。

2）药量等效系数的确定。药量等效系数是根据炸药的爆炸效力进行比较得到的，诸如对其破碎能力、做功能力、冲击波荷载等进行比较确定的。

a. 根据破碎能力确定药量等效系数。当装药接触目标或在与目标极近的距离上爆炸时，爆炸作用主要依靠爆炸产物的作用，目标仅在局部发生破碎。在这种情况下，炸药的爆炸效力主要表现为破碎能力。理论与实践都表明：炸药的猛度越大，破碎能力越强。因此，不同炸药的破碎能力可以通过猛度的大小进行比较，药量等效系数可以通常与 TNT 炸药的猛度进行比较得出（表 7-20）。

表 7-20　药量等效系数

炸药种类		根据猛度确定	根据做功能力确定	
			威力摆	弹道臼炮
单质炸药	TNT（TNT）	1.00	1.00	1.00
	黑索今（RDX）	1.50	1.40	1.50
	特屈儿（CE）	1.26	1.36	1.30
	太安（PETN）	1.50	1.40	1.45
	硝化甘油（NG）	1.44	1.40	1.40
	硝酸铵（AN）	0.42	——	0.56
	苦味酸			1.12
混合炸药	B 炸药	——	——	1.33
	C3 塑性炸药（77RDX/23 增塑剂）	1.30	——	——
	C4 塑性炸药（95RDX/5.3 癸二酸氢脂 /2.1 聚异丁酯 /1.6 机油）	1.30	——	——
	军用代那迈特（75RDX/15TNT/10 添加剂）	1.09	——	——
	民用代那迈特（40NG/45.5 硝酸钠 /13.8 可塑剂）	0.65	——	——
	民用代那迈特（50NG/34.4 硝酸钠 /14.6 可塑剂）	0.79	——	——
	民用代那迈特（60NG/22.6 硝酸钠 /18.2 可塑剂）	0.83	——	——

炸药爆速对猛度影响很大。爆速低、猛度小的炸药，其破碎能力较差，在接触爆破（尤其对韧性材料）中一般不宜使用。装药密度影响爆速和猛度，如果装药实际密度过小，爆速和猛度也随之减小。因此，确定的药量系数应比表中数据有所减小。猛度越高的炸药，药量等效系数越大，接触爆破时破碎效果

越好。因此，在接触爆破时宜采用猛度高的炸药。

b. 根据做功能力确定药量等效系数。当装药在目标内部爆破时，其爆炸作用是在介质中传播的应力波及爆炸气体的共同作用，爆炸效力表现为使材料发生破坏和飞散。根据炸药理论，这种破坏作用是由炸药的做功能力决定。因此，药量等效系数可以通过与 TNT 炸药比较做功能力的大小来确定。

从表中数据的对比可以看出：在单质炸药中，猛度大、破碎能力强的炸药，做功能力也强。因而，根据破碎能力与根据做功能力确定的药量等效系数值基本一致。但是，对于混合炸药，情况却有所不同。

c. 根据空气冲击波荷载确定的药量等效系数。装药在空气中爆炸，在一定距离范围内，对目标的破坏作用是空气冲击波荷载的作用。

空气冲击波荷载可用峰值压力、正压作用冲量等表达，这些参数反映了不同炸药的爆炸效力。因此，在相同条件下，通过这些参数比较可确定药量等效系数。对于同一炸药，药量等效系数可根据峰值压力或正压作用冲量确定。表 7-21 列出了以峰值压力 E_{Wp} 和正压作用冲量 E_i 表示的药量等效系数，适用于非接触爆破（或一定压力范围内）情况下的药量换算。

以上根据破碎能力、做功能力、冲击波荷载确定的药量等效系数，分别反映了接触爆破、内部爆破和非接触爆破情况下炸药爆炸的相对效力。对同一炸药来说，不同药量等效系数并不一定相同。因此，在爆破中进行药量换算，应根据爆破方式从相应表格中查取。

表 7-21　根据空气冲击波荷载确定的药量等效系数

炸药名称	药量等效系数		适用压力范围（kgf/cm²）
	E_{Wp}	E_i	
TNT	1.00	1.00	1.00
特屈儿	1.07	——	0.21~1.41
苦味酸	0.90	0.93	——
太安	1.27	——	0.35~7.03
B 炸药（RDX64/TNT36）	1.11	0.98	0.35~3.52
C_4 炸药	1.37	1.19	0.70~7.03
铵油炸药（硝酸铵 94/ 柴油 6）	0.82		

（二）爆破砖、石、混凝土和钢筋混凝土

接触爆破砖、石、混凝土和钢筋混凝土时，与接触爆破钢板一样，引进材料抗力系数 A（表7-14）和构件厚度 h。根据不同情况，可将装药分为集团装药和直列装药，具体计算时仍分三种情况考虑，药量之间的倍数关系同样适用，其计算公式列于表7-22中。

表7-22　水下接触爆破砖、石、混凝土几种不同情况药量计算经验公式比较

介质存在情况	药量计算公式		倍数关系
	集团装药	直列装药	
炸药与被破坏目标均在空气中	$C = ABR^3$	$C = 0.22ABR^2L$	1.0
炸药与被破坏目标均在水中	$C = 1.78ABR^3$	$C = 0.40ABR^2L$	1.78
炸药全在水中，被破坏目标一面在水中，一面在空气中	$C = 0.5ABR^3$	$C = 0.11ABR^2L$	0.50
炸药全在空气中，被破坏目标一面在空气中，一面在水中	$C = 3.56ABR^3$	$C = 0.79ABR^2L$	3.56

（三）爆破木材

水中接触爆破木材与接触爆破钢板的情况完全不同。钢板、砖、石、混凝土等属于压缩性小材料，而木材则是压缩性较大的易变形材料。水介质起到阻碍爆炸产物散射的作用，增大了爆炸产物作用时间，提高了爆炸作用效果。而水对被破坏木材阻碍作用相对减小，对爆破木材有利。通常将空气中爆破木材计算药量减少 1/3~1/2 即可。

六、水中接触爆破对装药设置的要求

为保证接触爆破的效果，装药设置是十分重要的。其基本要求如下：

（一）炸药必须同目标紧密接触

接触爆破是靠炸药爆炸产物直接作用而破坏目标的，炸药与目标的距离对作用到目标上的荷载影响很大。因此，当设置装药时，装药与目标物之间有间隙，则破坏作用将明显减弱，间隙越大，减弱得越严重。所以，接触爆破时，一定要减少装药与目标之间的间隙。

（1）选用强度高、厚度薄、防水性能好的材料包装炸药，捆绳也要直径小、强度高。对防水炸药可以不包装，直接贴紧目标需破坏部位，如粘性炸药、塑性炸药、橡胶炸药等。

（2）设置装药前，必须清除目标表面上的杂物，保证装药能紧紧地与目标物贴紧。

（3）装药要固定牢靠，防止水流、风浪将其位置移动，尤其是设置在目标下面或侧面的装药，更要牢牢固定。

（二）装药最大平面与目标接触

装药形状对接触爆破影响很大，最合理尺寸是 $b/H = 2\sim4$。合理的装药形状可保证装药爆炸时对目标既有最大的总冲量，又保证一定的比冲量。因此，必须保证装药的最大面与目标表面接触，从而可以增大爆炸作用在目标上的总冲量及比冲量。例如，对于 200 gTNT 药块，在不同的设置情况下，装药与目标的接触面积、爆炸作用冲量列于表 7-5 中。

（三）装药与目标多面接触

在横截面为 Π、Γ 或 T 形结构构件上，拐角处是最坚固的，实际中要充分利用结构特点，以增大破坏效果。实际作业时，在保证装药最大面积的一面与构件主要炸断面直接接触外，还应尽量使其他面也与构件接触。装药与目标接触面越多，爆炸产物对目标的作用面积越大，延长了爆炸产物作用时间，增大了爆炸作用总冲量，有利于对拐角部位的破坏。

（四）创造水中爆破的最有利条件

装药设置要尽量创造最有利的爆破条件，即装药全在水中，目标一面与装药接触，而另一面与空气接触，或与易变形材料接触。同样，应将易变形材料紧贴在装药背面相对位置的目标表面，保证一定的宽度，且设置时也要清除目标物上的杂物，同时固定牢固。

第五节　水中非接触爆破

水中非接触爆破，是装药在水中距被破坏目标具有一定距离的爆破。装药中心到被破坏目标的距离不同，对目标的破坏状况也不相同。空气中非接触爆炸时只有冲击波作用，而水中非接触爆炸除冲击波作用之外，还有爆炸产物形成的气泡脉冲作用。因此，在气泡膨胀的最大半径之外和之内目标所受到的作用是不一样的。在气泡最大膨胀半径以内，目标物除受冲击波作用、脉动气泡压力作用之外还受到气泡的直接作用；而在气泡最大膨胀半径之外则只有冲击波作用和脉动气泡压力作用，没有气泡的直接作用。

按照装药与目标之间的距离大小，水中非接触爆破可分为近距离非接触爆破和较远距离非接触爆破。通常根据气泡膨胀的最大半径来区分这两种情况。

对 TNT 炸药，气泡膨胀的最大半径可按下式近似计算：

$$R_m = 66\frac{r_0}{\sqrt[3]{H}}$$

式中：

R_m——气泡膨胀的最大半径，m；

r_0——装药半径，m；

H——装药沉入水中的深度，m。

当装药中心到目标的距离小于气泡膨胀的最大半径时（$R < R_m$），是近距离的水中非接触爆破。在这种情况下，目标受到冲击波、气泡和压力波的共同作用。目标的破坏主要发生在局部，韧性材料形成穿孔并出现裂缝；脆性材料局部破碎。

当 $R > R_m$ 时，是较远距离的水中非接触爆破。在这种情况下，目标主要受冲击波作用。韧性材料出现塑性变形，严重的可形成裂缝，整体连接受到破坏；脆性材料发生破裂。

一、水中非接触爆破舰船

舰船壳体通常是用普通结构钢或高强度合金钢制造而成，舰船底部可由单层、双层、甚至三层钢板构成。钢板的性能对破坏效果具有重要影响，在冲击波作用下普通钢板达到一定程度的塑性变形即破裂成洞。而合金钢强度高、韧性好、抗爆炸冲击能力强，在冲击波作用下，往往只发生塑性变形，难以将其破坏成洞。

水中非接触爆炸舰船（如舰船受到非触发水雷、深水炸弹作用时），两侧舷壁是承受冲击荷载的主要部位。而舷壁相当于一块四周固定的板，当其受冲击波作用时，其变形程度取决于冲击波波阵面上单位面积上的能量（能量密度）。如将船舷视为正面迎水、背面为空气的四周刚性固定的板，忽略与板一起运动的水质量、材料屈服应力的动力效应和重复加载等影响。假设舷壁上的矩形板

（尺寸为 $2a_1 \times 2a_2$）在最单位的屈曲过程中，当塑性变形值为 d cm 时，矩形板变成矩形的球面板。则塑性变形能为：$e = \dfrac{4a_1 a_2 \delta \sigma}{a^2} d^2$。

水中爆炸时，作用在板上的能量密度为：$E = 87 \dfrac{C}{R^2}$

根据能量守恒定律，得出：$E \cdot 4a_1 a_2 = e$

即 $87 \dfrac{C}{R^2} \cdot 4a_1 a_2 = \dfrac{4a_1 a_2 \delta \sigma}{a^2} d^2$

所以

$$C = 1.15 \times 10^{-2} \frac{\delta \sigma d^2}{a^2} R^2 \qquad (7\text{--}23)$$

式中：

C——水中非接触爆破舷壁的药量，kg；

δ——舷壁钢板的厚度，cm；

σ——屈服应力极限，kgf/cm^2；

d——矩形板中心点的塑性变形值，cm；

R——装药中心至船舷的距离，m；

a——根据矩形尺寸而定的系数，按下式计算：

$$\frac{1}{a^2} = \frac{16}{45} \left(\frac{1}{a_1^2} + \frac{1}{a_2^2} \right)$$

公式（7–23）反映了水中非接触爆破舰船时，药量、距离和塑性变形之间的关系。对于 200 T 以下的登陆舰艇，壳体一般为双层钢板，外层钢板厚度一般不超过 1 cm，钢板屈服应力极限在（1.0~1.5）× 10^5 kgf/cm^2 范围内取值，a 值根据矩形板尺寸 a_1，a_2 计算。

水中非接触爆破舰船，在舷壁上产生一定的塑性变形的同时，船体还同时遭到猛烈地冲击振动，导致舱内机器、电气系统、管路系统及仪表的破坏或失灵，这些水中冲击波的间接破坏效应也会造成舰船功能的破坏。

对于普通碳钢为壳体的舰船，在冲击压力作用下，可将其穿透。通过用 TNT 炸药的实际爆破试验数据表明：当冲击波压力 $P > 700$ kgf/cm^2 时，可穿透三层底钢板的舰船；当冲击波压力 $P > 200$ kgf/cm^2 时，可穿透双层钢板的舰船；当冲击波压力 $P > 90$ kgf/cm^2 时，可穿透单层舰底的舰船；当冲击波压力

$P =（50~70）kgf/cm^2$ 时，可使舰底损伤渗水。

一般情况下，穿透普通碳钢的舰船壳体所需冲击波压力为（80~100）kgf/cm^2。对于合金钢板的舰船壳体，冲击波的压力一般要增加一倍以上，有时还难以穿透。但是，由于产生变形太大，在冲击振动下，也会造成设备、仪器破坏或失灵，而使舰船失去战斗能力。

日本海军对舰船破坏进行了大量试验，试验资料表明：当水中冲击波压力 $P = 100 \ kgf/cm^2$ 时，普通碳钢船壳可造成穿孔、设备及电器损坏；压力 $P < 60 \ kgf/cm^2$ 时，壳体变形、设备及电器基本无损坏。根据这一试验结果，可认为当 $P < 50 \ kgf/cm^2$ 时，能保证舰船安全，仍有战斗力。对于民用和工程船只，为了保证安全，对安全压力值要求为 $P \leq 20 \ kgf/cm^2$，对于正在运行的船只，则要求 $P \leq 10 \ kgf/cm^2$。

深水炸弹对潜艇的破坏一般属于非接触爆破作用，爆炸对潜艇的破坏取决于深水炸弹装药量以及深水炸弹与潜艇的距离。大量试验表明：当冲击波压力 $P > 465 \ kgf/cm^2$，整个潜艇将沉没、无装甲舰艇将严重破坏。当冲击波压力 $P =（300~500）kgf/cm^2$ 时，潜艇将受到严重破坏。当冲击波压力 $P =（150~300）kgf/cm^2$ 时，潜艇将受到中等破坏；当冲击波压力 $P < 150kgf/cm^2$ 时，潜艇受到轻微损伤。

二、水下非接触爆破混凝土块体

以混凝土块体为基座的水中障碍物通常设置在浅水。可采用水中非接触爆破方式将其破坏，所需药量与混凝土块体强度、装药中心至水面深度、装药与混凝土块体距离、水底地质条件和装药的种类、形状、配置等有关。多用经验公式结合试验确定药量。

在水深为数米，水底为淤泥质黏土，混凝土块体各尺寸基本相近，其体积在每块 $1 \ m^3$ 左右的情况下。采用 TNT 炸药进行过大量的非接触爆破试验，总结大量的试验结果，得到了如下药量计算公式：

$$C = 0.2 \ K_1 K_2 R^{3.6}$$

式中：

C——浅水中非接触爆破混凝土块体的药量，kg；

K_1——装药入水深度的修正系数，当 $H > 6r_0$ 时，$K_1 = 1$；当 $H < 6r_0$ 时，

$K_1 = 6r_0/H$；

K_2——混凝土强度的修正系数，标号为 $400^{\#}\sim500^{\#}$ 时，$K_2 = 1$；标号小于 $300^{\#}$ 时，$K_2 = 0.87\sim0.84$；

R——装药中心至混凝土块体中心的距离，m。

该公式适用于淤泥质黏土的地质条件海底；若为其他地质条件，则需通过试验修正。

该公式计算的药量为 TNT 炸药药量，若采用其他炸药，应用其等效药量。

该计算药量，可将混凝土块体炸成小于 0.5 m 的碎块，使其失去障碍作用。

三、非接触爆破的通用公式

水中非接触爆破木材、钢板、砖、石砌体、混凝土和钢筋混凝土构件时，可采用下述通用公式进行计算：

$$C = K'_H \cdot h \cdot R^2$$

式中：

C——水中非接触爆破的药量，kg；

h——被破坏目标的厚度，m；

R——装药中心至目标的距离，m；

K'_H——水中非接触爆破时，材料的破坏系数（表 7–23）。

表 7–23　材料的破坏系数 K'_H

材料名称		K'_H	材料名称	K'_H
脆性木材	干燥的	12	钢结构	3 200
	潮湿的	15	石砌体	10
中等坚硬木材	干燥的	15	砖砌体	8
	潮湿的	20	混凝土结构（500#）	12
坚硬木材	干燥的	24	钢筋混凝土（只破碎混凝土）	35
	潮湿的	30		

第六节　水中构筑物爆破实施

水中构筑物爆破施工十分复杂，又是非常危险的作业，容易出现安全事故。因此，必须做到精密设计，严密施工，严格按规程操作。其基本程序如下：

一、工程勘察

接到水中构筑物爆破工程任务之后，首先要组织有施工经验的潜水技术人员进行现场勘察，详细查明以下事项：

（一）构筑物情况

（1）构筑物的结构、材料及各部尺寸。

（2）构筑物在水下所处位置、状态及强度情况。例如，对于沉船应弄清沉船所在水中位置、倾斜情况，对航道或码头影响的情况，破坏程度及舱内货物情况等。

（二）水文地质情况

（1）水深、潮、流、风浪的规律及影响程度。

（2）水底情况，是岩石还是泥沙，以及对构筑物的影响程度。

（三）环境情况

（1）构筑物周围水下其他情况及需要保护的目标。

（2）周围陆地上的构筑物及需要保护的目标。

（3）水产养殖情况。

（4）水上停泊船只及航行情况。

二、总体方案确定

（一）爆破规模

（1）根据工程需要及工期要求，提出爆破规模的设想，是整体破坏还是局部切割。

（2）根据环境要求，限定同时起爆的最大药量，再根据技术措施，确定爆破规模。

（二）爆破方式

（1）起爆方式是同时起爆，还是多次分段起爆。

（2）爆破方式是一次爆破，还是多次爆破。

（3）是集团装药爆破，还是切割装药爆破。

三、施工准备

（一）人员准备

选择有经验的管理人员、爆破技术人员、潜水技术人员及后勤保障人员等。

（二）器材准备

（1）炸药准备。

（2）火工品及起爆器材准备。

（3）防水防潮器材准备。

（4）装药及起爆线路设置器材准备。

（5）船只及潜水器材准备。

（三）技术准备

（1）根据工程及环境安全要求，制定具体的技术设计方案和施工组织方案，确定爆破参数，如装药量、装药种类、装药形式等，确定起爆方法及起爆网路设计。

（2）提出装药设置和固定方法，确定起爆网路组成及程序，提出确保可靠的措施。

（3）制定安全防护措施，确定点火站位置和警戒范围。

（4）制定预防事故措施及盲炮处理措施。

四、爆破作业组织

（一）明确分工

对所参加施工人员进行明确分工，责任到人，必要时要进行岗前培训。尤其是针对本次施工中的一些关键技术和注意事项，在开工前对所参加人员进行训练，必须熟练掌握才能上岗。对临时增加的人员随时都要进行培训，并明确其分工和职责。

（二）分组作业

1.装药准备组

（1）根据装药准备工作量确定人数，但每组人数不宜太多，一般不宜不超过 5 人。要有专门的工作间，工作间严禁无关人员入内。

（2）工作时要穿好劳保服、戴好口罩、手套，以防中毒；严禁烟火，严禁用金属工具敲击炸药，以防发生不测；装后完毕药立即洗手，尽可能洗澡，以防中毒。

（3）工作中胆大心细，正确使用工具。

（4）要严格按设计要求确定装药种类，准确计量，正确组装，捆包，密封，严密做好防水处理。为了潜水员水下作业方便，每个药包重量不能太大，通常不应超过 10 kg。如制作直列药包其长度也不能太长，通常为 2~3 m 为宜。

（5）在给装药安装雷管时，要对每个雷管进行测试，按规定选择雷管；设置雷管时动作要轻，接线头连接要可靠，并要严格绝缘，密封防水。

（6）组装好的药包要放在专门地方，由专人看管，不得乱丢乱放。

2. 装药设置组

（1）将组装好的药包运到作业船上，由装药设置人员设置到目标上。

（2）设置前，要按设计要求，先在构筑物上标出爆破位置，并认真清理杂物。

（3）将相应的装药，按设计要求设置在目标物上，并牢牢固定好。同时，将导电线在附近固定一圈，防止作业时或水流作用将雷管脚线拉脱。

（4）水下布药如遇有特殊情况，不能按设计布药时，必须及时报告，说明情况，按新的要求重新布药，不得自作主张。

（5）带药潜水时，要做到"六防"，即防碰撞、防导线绞缠、防雷管拉脱、防丢失药包、防磨破防水层、防挤压。

3. 起爆网路组

（1）检查导电线、起爆器材和起爆电源，导电线须导通且不得破损、漏电。

（2）联接起爆网路，通常乘小木船由上游顺流而下连接，或由远岸向近岸连接。

（3）连接网路时，所有接头处要连接可靠，严格密封防水或绝缘。

（4）连接时，若风浪较大或水流较急，为防止网路受力，则可将导电线或导爆管捆在细绳上，且要保持松弛状态，使其受拉时不受力，只有细绳受力。

（5）将点火线路引至点火站，待人员完全撤离爆破场地后，方可进行线路导通，并报告指挥员起爆准备完毕。在全体人员都撤离到警戒范围以外时，按指挥员命令进行起爆。

（三）爆后检查

1. 安全检查

（1）检查有无安全隐患。

（2）检查有无盲炮。如无，可发出解除警戒信号，爆破完毕；如有，则应对盲炮进行处理。处理时，应尽量由装药设置组完成；或派技术熟练、经验丰富的爆破人员处理。

（3）如检查盲炮是由线路引起，则可连好线，立即再次进行重新起爆。

（4）如盲炮由雷管瞎火引起，可重新做一个小装药，设置在未爆盲炮上，进行诱爆；也可将其取回，重新组装，再进行起爆。

2. 质量检查

（1）检查爆破效果是否达到了设计要求，并进行记录，以备查和作为以后参考。

（2）如果没有达到设计要求，应分析原因，并采取补救措施，改进以后的爆破。

❓ 思考题

1. 水中接触爆破有哪几种破坏形式？如何利用这几种形式达到军事和工程爆破目的？

2. 影响接触爆破对目标的破坏作用的因素有哪些？各是如何影响的？

3. 装药形状如何分类？装药形状系数如何计算？不同装药形状系数是怎样的？

4. 什么是装药利用率？不同装药的利用率如何计算？

5. 如何创造最有利的条件使水下爆破效果最好？如何节省药量？

6. 熟悉空气中和水中接触爆破钢结构物的药量计算公式和装药配置方法。

7. 水下接触爆破砖、石、混凝土和钢筋混凝土药量计算的理论和经验公式是怎样的？

8. 什么是等效药量? 如何计算?

9. 水下非接触爆破混凝土、舰船、码头等, 如何计算药量?

10. 熟悉水中构筑物爆破施工与组织方法。

第八章　水中爆炸物处理

战时为限制敌方机动，在江河湖海等会布设大量水雷。海战中使用鱼雷攻击敌舰时，由于某种原因可能造成鱼雷瞎火而沉入水底；使用深水炸弹破坏潜艇时，也会有瞎火者成为废弹；空海、空陆作战时空投的炸弹，也有很多在海底成了废弹，或成为待机炸弹。这些爆炸物设伏在航道上，将严重障碍作战行动，随时威胁航行安全。尤其是那些还在服役的水雷及动磁炸弹，威胁更大。战争中，及时清除爆炸物是保证己军机动，获得战争胜利的重要措施。战争后，由于爆炸物有外壳保护，密封防潮能力良好，在水中能长期存在而不变质，仍具有相当爆炸威力。和平时期，水中爆炸物的存在是十分危险的，严重威胁着人们的生命财产的安全，破坏了人们的和平生活。因此，寻找和发现这些爆炸物并妥善地进行处理，对于保障人们安居乐业、和平劳动具有重要的意义。

水中爆炸物处理是十分艰巨而危险的作业，稍有不慎就会发生安全事故。因此，一定要严密组织，统一指挥，决不盲动。做到行动前情况明，行动中有规程。

第一节　水中爆炸物的确定

接到水中爆炸物处理任务后，首先要现场侦察，详细查明有关水中爆炸物的情况。

一、查清水下爆炸物的类别

（1）查清爆炸物是水雷、鱼雷、深水炸弹还是航空炸弹等。

（2）如果是水雷则要进一步查清是在役期，还是已失效；沉底水雷还是锚定水雷？触发引信还是非触发引信？尽可能弄清爆炸物的国别、型号、装药量、威力大小等。

（3）如果是航弹，要弄清是废弹还是在役期；航弹重量、型号、性质及国别等。

（4）如果是鱼雷、深水炸弹，通常都是废弹，也要查清尺寸、重量、国别和型号等。

总之，应尽可能收集相关信息，以提供准确判断依据，便于处理时采取有效措施。

二、查清水下爆炸物的数量

查清水下爆炸物的数量后，可以为计算工作量、准备器材及兵力提供依据。

三、查清水下爆炸物的位置和总体范围

查清位置和总体范围后，要进行标示，为现场作业、安全警戒提供指示目标。

四、查清水下爆炸物所处的状态

（1）是漂浮在水中，还是沉入水底。

（2）查清爆炸物所处水域的地质情况，水底情况是岩石、沙还是淤泥；爆炸物是在水底表面，还是被泥沙淤积部分或完全覆盖。

（3）查清爆炸物所处水域水文情况，所处水深、水流、风浪情况，水域能见度情况。

五、查清爆炸物所在水域的环境情况

（1）水域周围水上、水下构筑物情况及重要的需要保护的目标。

（2）水域周围航运情况及水上船舶情况。

（3）水域周围水产养殖情况。

第二节　销毁方案的确定

现场侦察清楚后，根据具体情况，从需要和可能两个方面来衡量，定下决心。

一、销毁场地的选择

要彻底消除水下爆炸物，最有效的方法就是诱爆。但是，水雷、鱼雷、深

水炸弹或航弹等装药量都比较大，诱爆时对周围的危害必然很大。

在战争时期，发现水中爆炸物应就地销毁，尤其是对正在服役的水雷和动磁炸弹。非特殊的情况下，不能采用人工失效的办法。

在和平时期，如果发现了废弃的水中爆炸物，当所处水域周围环境有重要构筑物需要保护，或其他的原因，不允许在其所处水域直接销毁时，则应将水中爆炸物移动到其他水域或者陆地上销毁。当然，能够在现场销毁是最方便、最安全的，它省去了从水里打捞、运至陆地销毁现场的过程。但是，在某些特殊情况下，这样做也是必须的。

水中爆炸物销毁场地的选择，应根据被销毁爆炸物的药量大小来确定安全警戒范围、地震波的危害范围、水中冲击波作用范围、爆炸破片飞散距离。就是说，在销毁水中爆炸物时，不得使销毁点附近水域的重要保护目标遭受破坏。

（一）地震波的危害范围

地震波对建筑物的危害是很严重的，当建筑结构超出其承受能力时，会造成裂缝甚至是倒塌。不同的构筑物承受地震波强度的能力不一样，通常是以构筑物所在位置质点振动的最大允许速度来判定（表8-1）。质点振动的最大允许速度越大，则结构的抗震能力越强。

地震波的安全距离可用下式计算

$$R = \left(\frac{K}{V} \right)^{1/\alpha} \cdot C^{1/3}$$

式中：

R——安全距离，m；

V——构筑物质点允许最大速度，m/s；

C——一次起爆的炸药量，kg；

K、α——与地形、地质条件有关的系数和指数，其值选择列于表8-2中。

表8-1 质点最大允许速度 V（cm/s）

构筑物类型	V（cm/s）
砖结构建筑物	2~3
钢筋混凝土框架结构建筑物	5
水工隧道	10
交通隧道	15

表 8–2　不同岩性的 K、α 值

岩性	K	α
坚硬岩石	50~150	1.3~1.5
中硬岩石	150~250	1.5~1.8
软岩石	250~350	1.8~2.0

（二）水中冲击波对人员、舰船的危害范围

$$R = K \sqrt[3]{C}$$

式中：

R——安全距离，m；

C——一次起爆的炸药量，kg；

K——系数，其值列于表 8–3 中。

表 8–3　系数 K 值

保护目标	人员		舰船	
	游泳	潜水	木壳	铁壳
K 值	250	320	50	25

（三）水中冲击波对鱼类的危害范围

$$R = K \sqrt{C} / \sqrt{E}$$

式中：

R——安全距离，m；

C——一次起爆的炸药量，kg；

K——系数，对于 TNT 炸药 K=270；

E——对鱼类水击波最大允许比能，其值列于表 8–4 中，J/m^2。

表 8–4　鱼类最大允许比能值

鱼的种类	E（J/m^2）
水面鱼类	30~50
水中鱼类	50~150
水底鱼类	250

二、销毁方案的制定

制定正确的销毁方案是工作的关键。尤其是大规模、高难度的销毁工作，要在调查研究基础上，采用正确方法、可靠措施，制定科学、严密、周详的方案。

方案要经过上级领导部门审定，重要的销毁方案应邀请专家进行评审。在销毁方案的制定中，对销毁工作的每一个具体细节，都要有针对性地作出明确和具体的规定。

（一）制定销毁方案的主要内容

（1）基本情况。包括发现爆炸物品种类和数量、潜在危险程度、专业技术人员的鉴定、实施销毁的时间和完成期限等。

（2）挖掘。也称排险。排险作业方案包括现场警戒范围、作业单位及人数、现场探测、挖掘方式、安全处置、包装暂存和现场救护等内容。

（3）器材。主要包括各种爆破器材、防护用品、工具、车辆等规格型号、种类和数量。

（4）销毁场地的设置。要说明销毁场地的具体地理位置、周围环境、场地开辟与平面布置。如爆炸点、临时库房、人员掩体的位置、爆破坑的数量及规格等，要用图纸表明。销毁场地的准备工作，要落实到具体单位，并规定完成日期。

（5）警戒。包括警戒区的划定范围、警戒信号、警戒人数及所在位置、警戒解除时间和警戒人员的任务，以及群众疏散与安置、交通管制等内容。

（6）运输。包括运载工具、装卸方法、启运时间、行驶路线、沿途标志等。

（7）起爆。包括担任起爆或点火人员的人数和姓名、起爆时间、起爆信号、起爆次数、解除信号及信号种类等。

（8）善后清理工作。主要是指对未爆未燃物品的收集和处理。

（9）组织领导与通信。大规模销毁时，要在上级首长和机关领导下，成立指挥部，下设排弹、爆破、运输、警戒、消防、救护、通信联络、后勤等工作组，保持通信联络畅通。

（二）制定销毁方案的注意事项

（1）制定销毁方案时要注意，销毁废弹药时不应选在雷电、雨雪、大风、大雾、严寒、炎热或夜间进行。

（2）参与销毁工作的人员，必须通晓有关技术知识，熟悉有关操作方法，明确并认真履行自己的工作职责，遵守操作规程和安全规则，遵守纪律。

（3）销毁工作中所用爆破器材、设备、车辆等，在使用前应认真检查测试，以保证使用安全可靠，不发生故障。

（4）销毁毒弹最好选在冬天进行。冬天气温低，毒气发挥度较小，可减轻毒物的发挥与扩散范围。同时在销毁毒弹时，除应有防毒面具，防毒衣、防毒手套等防毒用具外，还应有大量的漂白粉和其他相应的消毒药剂，作为衣物、工具、场地等的消毒之用。还要配备专业医护人员，以便救护中毒人员。

（5）对性能难以掌握的爆炸物品，可先取少量做试验性销毁，在取得一定经验的基础上，进一步研究制定销毁方案。

三、销毁方法的确定

水中爆炸物的销毁方法应根据爆炸物的类别来确定，特别是要明确爆炸物是在役期还是废弃弹药；正在服役期中的爆炸物是非触发引信还是触发引信。根据类别不同可采用直接诱爆法和间接诱爆法进行诱爆。

（一）水中销毁爆炸物

1. 直接诱爆法

所谓直接诱爆法，是将炸药直接固定在爆炸物上进行引爆，多用于废弃弹药。由于引信已失去作用，在产生较大冲击时应该不会发生问题。因此，具体实施时由潜水人员接近目标，将炸药固定在药室或引信室附近，然后将起爆线路引至安全位置进行起爆即可。

诱爆药量通常是根据弹药的直径或药量的大小来确定（表8-5）。

表 8-5　诱爆药量的确定

诱爆药量（kg）	按弹径（mm）	按弹重（kg）
0.2	< 80	——
0.4	80~105	——
0.5	——	< 50
0.6	105~150	——
0.6~1.0	150~200	——
1.0	——	100
1.0~2.0	200~300	——
2.0~3.0	300~400	250
> 3.0	> 400	——
5.0	——	500
> 5.0	——	> 500

销毁时，装药要和废弃弹药紧固在一起，中间不能有杂物和泥沙。如果水

底为淤泥底，已将废弃弹药覆盖，诱爆时则应清除其上面泥沙，以便将诱爆炸药与废弃弹药紧贴在一起。水深不易作业时，则可采用8~12 kg的聚能装药，将其药型罩对准废弃弹药（一定将其药型罩轴线方向对准废弃弹药）进行起爆，可诱爆深埋土下几米深的弹药。

2. 间接诱爆法

这种方法是指将诱爆装药离开爆炸物一定距离，通过爆炸冲击波对弹药引信产生作用，将其引爆的方法。该方法通常用于正在服役期的水雷和动磁炸弹等。

无论触发还是非触发引信水雷，凡是靠压力作用的，都可以在距雷体3~5 m处设置8~10 kg装药，利用水中爆炸冲击波或脉动气泡压力使其引信动作，达到诱爆目的。

对于动磁水雷及动磁炸弹，也可采用同样方法，利用装药爆炸引起弹体周围地磁场的改变来达到诱爆目的。但要注意，正在服役的动磁炸弹和动磁水雷是非常敏感的，潜水人员及靠近的船只都可能使其爆炸。因此，作业船只需进行消磁处理，尽可能用木船或木筏。潜水员必须使用无磁性潜水装具，潜水头盔内不得放电话听筒和送话器，也不能使用螺旋形供气管，作业船只不得抛放铁锚等。潜水员在观察水雷或炸弹时，不能随便动其引信盒或将其翻动、移动，更不能对其进行敲打。潜水员携带物品及工具均不得采用铁磁物质。

（二）陆地销毁爆炸物

爆炸物所在水域有重要目标和军事设施不能就地销毁时，可采取措施将其运送到安全水域销毁。只有安全措施可靠时才能对其打捞，然后运送到陆地上，选择合适的场地进行销毁。在打捞、运输时要特别小心，一切行动均要按有关爆炸物运输安全规则执行。

该办法仅限于已经失效的爆炸物。对于正在服役期的爆炸物不得进行打捞和运输。若需打捞和运输时，必须先将其人工失效。该工作一般是需由专门人员来完成。

1. 陆上销毁场地

陆上销毁爆炸物同样危险。尤其是销毁大型爆炸物时，不仅有地震波、冲击波危害，更严重的是破片危害。所以，陆上销毁场地选择显得十分重要，首先确保不发生意外事故；即使发生意外，也能够保证现场作业人员及场地周围群众生命财产的安全。

在销毁场地的选择上须特别注意安全，一般应符合下列基本条件。

（1）销毁场地应选择在有天然屏障隐蔽的山区，如山谷、丘陵地带、盆地等人烟稀少的地区。尽量远离城镇，距10万人口以上的城市边缘应不小于10 km。距铁路干线、通航河流、高压线、分散居民点、军事设施等应不小于2 km。

（2）销毁场地要有足够大的面积，便于进行安全警戒和通信联络。在确定安全距离时，要视每次销毁的数量、弹种、起爆方式，并结合具体场地环境进行综合分析确定（表8-6）。对于表中所列的几种大型爆炸物，一般需要采取装坑法销毁。爆炸后，可有效限制破片的飞散距离、减小冲击波的危害，安全警戒范围仍可采用2 000 m。

（3）销毁场地不应选在草原、森林附近，以免爆炸引起火灾。尤其是销毁燃烧弹时，更要远离森林。为了防止爆炸过程引起火灾和便于收集各种未爆的飞散物，爆炸中心50 m半径内的易燃物和杂草要清理干净，距爆炸中心200 m范围内不应有灌木丛、杂草。为防止起火后火势蔓延，还须在距爆炸中心200~500 m半径处开出15 m宽的防火带。防火带内的草丛和易燃物等要全部清除干净。

（4）废旧弹药运输到销毁场时，必须确保运输安全。所以，销毁场地的选择必须要有较好的道路运输条件。

（5）销毁场地内要设立掩体。掩体是为了防止破片和空气冲击波对人员的伤害，以供点火起爆人员、照相、摄像人员和现场指挥员使用。掩体应在地面以下，深度为1.8~2.0 m左右，能够容纳4~5人即可。掩体顶盖敷设一层坚固的原木或枕木，再铺以木板或草袋，最上层覆盖1m左右厚的黄土。掩体应距爆心不小于150 m（每次销毁量不大于40 kg装药量时）或500 m（每次销毁量不大于500 kg装药量时）。若装药量更大，则另行单独研究，通过计算分析确定。掩体应设在销毁场地的上风方向，掩体的出入口应背向炸点。

（6）销毁场临时炸药和雷管的存放点，要远离爆炸中心，而且距掩体不应少于50 m。

（7）销毁场内临时存放废旧爆炸物品的数量，不准超过一次引爆销毁的总量。其余待销毁的物品应暂存在距爆炸中心 500 m 以外、且距掩体不小于150 m 的安全地点。

（8）安全警戒区的划定，要根据销毁规模的大小来确定。在平原销毁地带，除毒气弹、航弹另有规定外，口径在 100 mm 以上的弹药，警戒半径距爆炸中心为 800~1 500 m。警戒区的边缘要设明显的危险标志和派专人看守，严防无关人员和无关车辆进入。

（9）电起爆时，要考虑销毁场地内无线电波等对电爆网络的影响，以防导致早爆。

表 8-6　销毁各种爆炸物数量及最小安全距离

弹药种类	每坑销毁量（个）	破片飞散距离（m）	对建筑物安全距离（m）	警戒半径（m）
各种手榴弹	100	100~250	1200	500
60 迫击炮弹	40	100~250	1200	500
75 榴弹	14	200~500	1 200	1 000
82 迫击炮弹	20	150~300	1200	500
90 迫击炮弹	20	150~300	1200	500
105 榴弹	4	500~1 000	1200	1 500
150 榴弹	2	600~1 250	1200	1 500
150 mm 以上榴弹	2	1 250~1 500	> 1 200	2 000
100 kg 航弹	1	1 200~1 500	> 1 200	2 000
500 kg 航弹	1	> 1 500	> 1 200	2 000
鱼雷	1	1 200~1 500	> 1 200	2 000
大型水雷	1	1 200~1 500	> 1 200	2 000
深水炸弹	1	1 200~1 500	> 1 200	2 000

2. 陆上销毁方法

陆上销毁时，通常是采用直接诱爆法。即将装药直接贴近药室或引信室，起爆后将其诱爆。诱爆所需的药量同上表。

陆地诱爆的最主要问题是破片的威胁。为了解决这一问题通常是装坑诱爆，即在地上挖深坑，将爆炸物立放在坑内，并从顶部起爆。

（1）装坑方式。为了销毁的安全与效果，通常把被销毁的爆炸物装在土坑中进行销毁（图 8-1）。爆破后产生的大量破片被坑四壁吸收，同时还可减小空气波的作用范围。坑的位置，要尽量选择在不含碎石的地点。

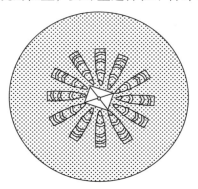

图 8-1　爆炸物装坑诱爆图

土坑的尺寸由被销毁爆炸物的数量与种类确定，坑的深度通常不小于 2 m。炸毁 200 kg 重的单个航弹时，坑深应不少于 3 m，口宽不大于 1.5 m，底长 1.5 m。炸毁雷管时，坑深不少于 1 m，直径不大于 1 m，每次销毁数量以 4 000 发为限。一次炸毁雷管的数量较大时，要将坑加深，或分坑一次起爆，但数量也不宜过大。

装坑的方式与弹药的种类和形状有关，但以便于诱爆和殉爆为原则。

（2）起爆方法。①顶部起爆。被销毁爆炸物多为报废品，一般难以用单发雷管引爆。故须以一定数量的炸药做起爆体加强引爆。起爆体位置通常放在被销毁物的顶部，这样爆轰压力由上而下传递并逐渐加大，压碎弹体并起爆炸药，而弹片经地表反射后再飞出去，也减少了危险性。②起爆体形状。以爆轰稳定增长和确保诱爆效果为原则，视具体情况而定。销毁带厚壳弹药时，通常把起爆体做成柱形，可加大轴向起爆压力，利于压碎弹体进而起爆装药。③起爆药量。以保证诱爆为原则，通常每个起爆体的炸药量为 1~3 kg，较大型的销毁则应不少于 3 kg。④点火方式。原则上可用常用的四种（导火索、导爆索、导爆管及电点火）点火法。但是，除燃烧弹和毒气弹的销毁一般用导火索点火外，其他则应尽量采用电点火。为安全起见，在销毁大型爆炸物时，一般以导爆管或电点火为宜。

（3）销毁药量。陆地销毁爆炸物时，每次起爆药量不要太大，通常在 40 kg 以内。但水雷、鱼雷、深水炸弹和航弹装药量都较大，只能单个销毁，而对于小型爆炸物可成堆数个一起销毁。

（4）安全警戒。爆炸法销毁爆炸物品时，起爆前，首先要用望远镜或派人对警戒区进行认真检查，确保人员撤尽。在确认可以起爆时，等发出起爆信号后，才能起爆点火。在规定时间内未爆炸时，应按规定进行安全处置。安全距离的确定可参见表8-6。

起爆后需等待15 min后，才允许派人进入现场检查，在确认无险情后方可解除警戒。

3.毒气弹的销毁方法及要求

毒气弹的销毁有其特殊规则。

（1）销毁毒气弹时，一般要装坑，但坑要更深一些。首先，将毒气弹放入坑底，起爆装药要置于其上。诱爆药量要大，保证一次性彻底把毒气弹炸毁，避免二次引爆。这是因为毒气弹内只有少量炸药，不足以把弹彻底破碎，而需用大量外加炸药才能将其炸毁。通常一次销毁500 kg毒气弹，可用100 kg诱爆药量。

（2）炸毁毒气弹时，可采用导火索点火或导爆管点火。电点火时，导线上会染毒，不能再使用；若要再次使用，则需消毒。

（3）在同一销毁场上，每天只能销毁一次；每天销毁量又不能太大，通常不应超过5 t；并且将所有要销毁的毒气弹都先运到销毁场并挖坑设好，然后分批进行销毁作业。

（4）销毁毒气弹的人员要穿防毒衣，戴防毒面具及手套，以防染毒。

（5）销毁场的安全范围要足够大，一般应不小于2 km。

（6）如炸毁不彻底的毒气弹，当天不能连续进行处理，应过两三天后再行处理。

（7）不仅要防毒气，还要注意防止破片伤人，作业人员要注意隐蔽。

第三节　水中爆炸物销毁作业

通过对水下爆炸物现场勘察，确定基本实施方案后，可以估算出需要的兵力和器材，进一步组织实施销毁作业。

一、实施准备

（一）人员分工

选择精干的有责任心和经验丰富的人员作指挥员，挑选有经验的爆破技术人员、潜水人员及器材保障人员组成作业组。根据任务量和期限配备好作业人员，并分成若干作业小组。

（1）装药设置组。负责水下探摸、定位、标示，并在爆炸物上放置、固定炸药。检查效果，并对爆后遗留问题进行善后处理。

（2）装药准备组。按设计要求，将炸药捆包成需要的形式，并进行严格的防水密封处理。设置起爆装置，准备必要的装药固定器材，以便装药设置组使用。

（3）起爆网路组。负责对起爆网路器材进行检查，如导爆索、导爆管、导火索、雷管、导电线的质量检查。尤其对导电线要预先进行导通，检查外表有无破损，应对其进行严格绝缘或更换新线。否则，在水中使用时，会因漏电而影响点火可靠性。负责起爆网路的连接，并将起爆干线引至点火站。在人员全部撤离爆破场地、进入安全范围后，进行线路检查，并向指挥员报告，点火准备完毕。最后，根据指挥员命令进行起爆。

（4）器材保障组。负责船只、潜水器材、爆破器材、防水器材等准备，并保证各种器材完好，按时运至现场。要有足够的技术保障能力，以保证各种设备、器材的完好率。

（5）警戒组。负责对设备、器材的看管，防止丢失、损坏。对作业现场进行警戒，防止无关人员进入。起爆过程中，负责安全警戒，负责现场清理人员，在发出解除警戒信号之前，严防任何无关人员进入作业现场。

（6）通信联络组。负责作业过程中的通信联络工作。由于爆炸物销毁影响范围较大，既有陆上，又有海上，仅靠目视信号或警报器声响信号还不够，通常还应有无线电通信系统保障。但是，要注意，无线通信系统发出的电磁波，对某些爆炸物引信和电起爆网路有干扰作用，使用时要根据具体情况，制定严格的管制措施，不得乱用。

（二）器材准备

（1）炸药、火工品及点火器材准备。根据所要销毁的爆炸物数量，计算出所需的炸药量、火工品及点火器材；选择合适的种类，如若水下爆炸，应尽量选用防水炸药及火工器材，以免因防水处理出现问题而造成销毁失败；炸药及火工品都要按需要有一定的预备量，以便临时需要时应急；器材准备不仅要准备数量，而且更要严格检查质量，尤其是对爆炸器材一定要严格要求，决不准使用不合格器材。

（2）防水、包装器材准备。准备良好的防水器材，如聚乙烯薄膜、黄油、石蜡、沥青、松香及各种粘胶剂等。即使对防水炸药也要进行防水处理，因为许多防水炸药，在水中浸泡较长时间后，其爆炸效果也会降低。如果是陆上作业，可以不采取防潮、防水措施，但要准备包装器材。包装器材的强度要高、质地要薄，以保证药包能尽量靠近爆炸物壳体，而不留有空隙，以提高诱爆效果。

（3）潜水器材准备。根据水下作业的需要，备便一定数量的潜水员，并准备相应的潜水装具及相应的消耗器材。对装备器材要有可靠的技术保障措施，保证完好率。在销毁磁性水雷及动磁炸弹时，潜水装具不能带有铁磁配件及设备。

（4）船只准备。根据水下作业需要和工作量要求，准备相应的船只，包括驳船、快艇、橡皮舟、木船、木筏等。在销毁磁性水雷和动磁炸弹时，要特别注意，所使用的船只要事先进行消磁处理，船上不能带有铁磁物质的工具、器材及配件。

（5）水下照明器材的准备。

（6）装药设置器材准备。包括木板、木棍、细绳等，用以将装药固定在爆炸物上。

（7）工具准备。包括电工刀、雷管钳、工具包（箱）及潜水、装药设置等工具。

（8）通信器材准备。包括警报器、信号旗、报话机、信号枪、信号弹等。

（三）技术准备

组织有关技术力量，根据现场侦察的情况，进行技术设计及相应的技术准备。

1. 销毁技术设计

（1）包括对每一个爆炸物所需起爆药量的确定，装药形状、起爆方式及装药在爆炸物上的设置位置等。

（2）陆地销毁时，要对每一个销毁坑的尺寸，每个坑内爆炸物摆放的位置及形式，装药设置位置、装药形状及起爆方法进行明确。

（3）起爆网路计算、点火方法及器材选择。

（4）安全设计。包括地震波、水中冲击波、陆地冲击波安全范围，破片飞散范围的计算及确定，安全警戒范围的确定，安全防护措施及发生事故的应急处理措施等。

2. 作业组织设计

包括确定作业组织，制定作业实施计划，区分作业任务，确定作业程序及每一个关键环节的实施方法及工艺要求。

技术准备是整个准备工作的关键，只有技术准备到位，器材准备才能到位。组织实施时才能做到每个战斗员都心中有数，知道自己什么时候应在什么地方，该做什么，如何做等。只有这样，才能有条不紊，协调一致，安全、可靠地完成任务。

二、作业实施

（一）进场

人员、器材按规定的时间表进入现场；展开警戒，人员各就各位，器材各就各位。

（二）作业

（1）装药设置组进入现场后，穿好潜水装具，带好所需工具、器材，探摸爆炸物，并进行具体、明显标示。在水面上方设置泡沫塑料或充气轮胎漂浮物，以便固定从诱爆装药引出的导爆索、导爆管以及起爆电线接头。电线接头由起爆网路设置组最后接入起爆网路。

（2）装药准备组将爆破器材运送到指定安全位置后，检查器材数量与质量是否符合要求。检查完后，按分工各就各位，按技术设计要求计量、组装、密封包装、装起爆体、防水处理、给制作好的装药按规定编号。将装药由专门人员运送到装药设置人员的手中。

（3）装药设置人员接到自己编号的装药后，与自己分配的编号相对照，如果装药量、装药种类及装药形式都正确无误，则携带装药潜入水中。携带装药潜水时要按操作规程作业，动作要稳、要慢，做到"六防"。到达指定位置后，按设计要求将装药设置到爆炸物上，并固定牢靠。然后，离开装药位置，浮出水面，将导爆索、导爆管或导电线固定在漂浮物上。采用电点起爆时，应将导电线固定在爆炸物上，以防止导电线受拉，把雷管脚线拉脱。有急流或风浪影响时，应将导爆索、导爆管、导电线等固定在细绳上。待所有诱爆装药设置完毕后，可上岸休息、待命。

（4）所有的诱爆装药（指一次起爆的装药）设置完毕后，起爆网路设置组即乘小木船，从上游顺流而下或从水域远岸处向近岸处，带好足够的起爆网路器材及工具，包括导爆索或导爆管、导电线、防水胶布、剪刀、细绳等，将各个漂浮物上的导线接头按顺序连接好，并进行严格的防水、绝缘处理。连接接头时，导爆索、导爆管均不能沾水或进水。为防止风浪、水流将爆破网路拉坏，也可以把它们捆在细绳上，并使起爆网路稍有松弛，使其不受拉力作用。爆破网路连接好后，将起爆干线引至点火站。在人员完全撤离后，再进行网路导通，并向指挥员报告检查结果。等待指挥员命令，作好起爆准备。

（5）撤离器材，警戒组在网路准备时，即按规定时间开始清场工作，将人员、船只、器材撤离到安全警戒线以外，安全警戒范围内禁止通行。各警戒点人员到达指定位置后，通过规定的信号和方法向指挥员报告，根据指挥员的命令或按预先规定发出警戒信号。在确保安全的情况下，指挥员即可发出点火起爆的命令，起爆组立即按命令进行起爆。

（三）爆后检查及善后处理

（1）装药设置组在爆破 15 min 后进入现场，检查销毁情况，并将检查结果报告指挥员。经确认无安全隐患后，指挥员方可发出解除警戒命令。警戒组按规定发出解除警戒信号，并解除警戒。器材保障组开始整理、清点器材，按爆炸品使用安全要求进行处理。

（2）如经检查发现存在安全事故隐患，应立即派人进行恰当处理。如果处理时间较长，也可根据情况缩小警戒范围，以免过长时间干扰正常秩序。

（3）如经检查发现存在盲炮，则应进一步迅速查明原因。若是线路问题造成，其他都完好，可再次连接起爆线路，并进行导通检查，无误后向指挥员报告。指挥员视情发出重新起爆的命令，爆破后仍应再进行检查。

若非线路问题造成拒爆，而是装药、雷管或诱爆药量太小而引起的拒爆，则应立即研究制定相应措施。此时，需要较长时间时可先缩小警戒范围，按照分工重新制作药包，再次进行装药设置、网路连接，重新起爆。

三、技术总结

销毁水中爆炸物会花费大量的人力和物力，冒很大的风险，任务完成后要认真总结，找出成功和失败的原因，总结经验以对后续工作进行指导和作为参考。主要以下几个方面：

（一）技术方面

技术总结的内容主要包括以下几个方面。

（1）对于不同规格的爆炸物所确定的诱爆药量、选择的炸药品种、采用的装药形式以及装药设置的位置是否正确？有无需要进一步改进或探讨的地方？

（2）采用的固定方法是否有效？

（3）起爆方法的选择是否得当？起爆网路设计是否合理？

（4）安全计算是否准确？安全警戒范围是否合适？防护及应急处置措施是否可行？

（5）作业分工及实施程序是否可行？应如何进行改进？

（6）现有装备器材的使用是否方便、可靠？有何改进要求？

（二）组织指挥方面

（1）总体方案是否正确？指挥员是否果断、有力？指挥调度是否合理？

（2）是否做到分工负责，作业井井有条？

（3）分组与分工是否恰当、合理？

（三）后勤保障方面

（1）器材保障是否到位？使用是否可靠？

（2）器材数量与质量保障存在什么问题？

（3）爆炸器材运输、管理是否安全？是否严格按制度执行？

第四节　水下爆炸物处置设备器材

一、探测器材

目前，世界各国用于识别、探测爆炸物品的器材主要有以下几种：

（一）金属探测系统

金属探测器材最早出现的是战场上使用的探雷器。此后，为了对付恐怖分子经常使用的枪支弹药和爆炸装置，而发展成包括金属探测门（俗称安全门）和手持金属探测器及探雷器等多种器材的金属探测系统。

图 8-2 所示为手持式金属探测器。探测器在电路上增设了开机信号灯指示与探测告警、光自动转换功能，金属探测器采用有源讯响发声并可选振动方式，声音清脆响亮。探测器适用于机场、车站、码头探测检查；海关、公安、边防、保卫部门安全检查；贵金属检测以及重要场所如运动场的安全检查。

图 8-3 所示为 UWEX 725 K 型水下金属探测器，可水陆两用。它是一种高灵敏度的涡流金属探测器，其搜索装置是防水的，可深入水下 100m。它的高度敏感性、短杆及其他特殊设计，使其在水下有着广泛的应用。在陆地上使用时，应用的范围更加广泛，可以加长探测杆，一个 80 cm × 80 cm 的大探测环可以被选用。

图 8-2　手持式金属探测器

它依靠脉冲感应器来工作，探测器发出一个低密度和双级的电磁场，以消除对引信的磁力影响。它能在"静态模式"下操作，不带耳机，根据发光二极管来指示目标物的位置，以避免由声音传感器导致的对爆炸物的诱发。短的探测杆和一个操作钮的设计，有利于潜水员和水下排爆人员携带操作。UWEX 725 K 可以探测黑色及有色金属和合金，它发射的探测信号可以通过耳机里的声音或发光二极管视觉显示表示出来。

（二）X射线透视成像系统

用于对人体和密封的物品实施透视检查。目前 X 射线检查装置主要有：固定式 X 射线检查装置、便携式 X 射线检查装置、X 射线一步成像安全检查装置、车载 X 射线机、Z 扫描（立体）X 射线安全检查系统、浅层穿透 X 射线仪（反射式 X 射线机）、双能源照射器等。

图 8-3　UWEX 725K 水下金属探测器

（三）炸药等危险品探测系统

该探测系统是一种灵敏、体积小、质量轻、易携带、操作简单的炸药探测装置。为检查方便，常常将其与 X 射线行李检查机结合在一起，使之成为 X 射线机整体设备的一部分。炸药探测器种类很多，其共同特点是对炸药中含有苯、酚类成分的反应灵敏，而对硝铵类炸药和黑索今炸药（RDX）无效。

1. 爆炸物轻便探测器

该仪器轻巧，便于携带，可装于普通小手提箱内，取出后即可迅速、连续使用。它能测出存在于大气中爆炸性物品所散发的气体。

图 8-4 所示为 SIM-08-I 爆炸物探测器。它如同嗅爆犬一样可以嗅出爆炸物的气味，灵敏度非常高，10 万亿个空气分子中有 1 个 TNT 炸药分子也能分辨得出。SIM-08-I 爆炸物探测器具有很强的特异性，只对设定的爆炸物响应，不受其他化学物质的干扰，很好地解决了其他痕量爆炸物探测器的误报问题。探测物质包括：TNT、DNT、硝铵类炸药、B 炸药、特屈儿、塑性炸药、Cyclotol 赛克洛托炸药、DBX 炸药、乳化炸药、Pentolite 彭托利特炸药、HTA-3 炸药、PTX-1.PTX-2 炸药、奥克托金、PW0 含铅炸药、PW30 含铝炸药、铵锑炸药等。

图 8-5 所示为 QS-H150 量子鼻便携式炸药毒品探测器。它采用比现有的炸药探测技术更加灵敏的最新炸药蒸气探测技术。这种先进的技术实时地，并不需和被探测物体接触，便可探测到 ppt（10 g/cm^3~14 g/cm^3）级的微量炸药分子的存在。装置应用独特的"旋风"式样品采集系统收集样品，应用独特的"光电离化"技术电离样品分子，然后采用标准的离子漂移技术鉴别样品；如果样品存在炸药分子，装置就会产生可视和声音报警信号。LCD 显示炸药痕迹存在。如果需要可将声音报警关闭。由于采用"光电离化"技术，系统不含有放射性元素，从而不需要申请国家放射物品管理委员会特别许可。可探测炸药种类：Semtex 炸药、C4 炸药、RDX 旋风炸药、NC 硝酸纤维炸药、PETN 季戊炸药、EGDN 炸药、TNT 甘油炸药、ANFO 硝胺燃油炸药、TATP 炸药、SMOKELESS 无烟炸药、BLACK POWDER 黑火药等其他炸药。

图 8-4　SIM-08-I 爆炸物探测器

图 8-5　QS-H150 量子鼻

2. 钟控定时炸弹探测器

该探测器由探头、主机与指示器三部分组成。其原理是利用钟控定时炸弹的引爆装置产生的振荡源与接收装置之间的多普勒效应（即反映声波、光波、电波等波动信号与运动物体之间相互作用的结果。当波源与物体之间存在相对运动时，会发生散射现象；散射后的波动信号与入射波动信号在频率或相位上必然有差值，这个差值就是人们所称的多普勒频移），根据探测到的目标多普勒频率信号，即可判定目标的存在，分析多普勒频移的特性，并可判别目标的一些特性。

该探测器可以穿透一定厚度（5 cm）的各种金属包装物或遮挡物，或通过金属盒任何部位的缝隙，测定其中有无钟控炸弹。探测器与钟控定时炸弹之间可准确测定的最大距离不超过 3 m。探测时，探测器无须直接接触被检查的包装物或遮挡物。

3. 介电分析仪

当使用该仪器探测箱内物体时，如发现这些物品的介电性与应有数据不符时，即可了解它内部隐藏有武器或炸药。

4. 炸药迅速感应器

该仪器利用气体颜色图示法来量度出传统炸药所散发出的气化氮。它能在6s 内检验出箱内携带的微量炸药所散发出的气味，灵敏度高。

5. 塑性炸药蒸气识别增强器

该仪器利用抽真空法或扫描物体表面法收集式样，将其放到增强器中分析。

它主要适用于查验可能装有 TNT、PETN、达纳炸药等爆炸危险品的行李包裹。

6. 依吉思炸药分析仪

该仪器是一种先进的炸药探测与分析机器。它不但可以识别常规炸药，更主要的是能探测出一般炸弹探测器难以探测识别出来的塑性炸药。它的识别能力相当强，反应速度快，即使是微量的塑性炸药也能探测与分析出来。

7. E 扫描仪（炸药识别器）

这是一种比较新型的识别炸药（特别是塑性炸药）的先进仪器。它以不同颜色显示箱内各种物件的影响，电脑会对信号进行比较处理。塑性炸药和其他有机物质会以橙色显示出来，而金属与密度较高的物质分别以蓝色与绿色显示出来。

8. 节点探测器

该仪器用于搜索半导体装置（主要是爆炸物装置），不论定时爆炸物是否在工作状态，不论它被埋在水泥地下还是土壤里，都可以检测出来。

9. 远距离炸药探测器

图 8-6 所示为 ADE680 远距离炸药探测器。它主要用于探测某一区域是否有炸药并判断其方位，它可以透过墙，各种金属、混凝土、铅封的容器、集装箱、真空瓶、土壤、冰封层等对物质进行定位。探测距离可达到 650 m，可对炸药、毒品及生化进行探测。可定制各种识别卡，从而能够大大减少对搜索区域的探查时间。可探测到的炸药包括：①弹药：发射药、短枪子弹、旧武器、爆竹、焰火黑色炸药；②塑性炸药：C_4.C_1.PE_4.Semtex；③硝酸铵：AMFO；④旋风炸药；⑤TNT；⑥PETN（季戊炸药）；⑦硝化甘油；⑧达纳炸药；⑨苦味酸；⑩特屈儿、三硝基苯甲硝胺、HEXOGEN、OCTOGEN、密封炸药、水下胶体炸药、乳胶炸药、氯酸盐 / 高氯酸盐、橡胶炸药、硝基胍等。

图 8-7 所示为摩尔远距离炸药 / 毒品探测定位器。它用于探测某一区域内是否有炸药 / 毒品并判断其方位，与目前市场上的其他产品不同，摩尔可以透过墙、各种金属、混凝土、铅封的容器、集装箱、真空瓶、土壤、冰封层等对物质进行定位。而目前市场上的其他炸药 / 毒品探测仪都是近距离（几厘米以内）探测，稍远一点就探不到，且误报率高，耗材多，容易被污染。摩尔远距离炸药 / 毒品探测定位器则完全没有这些问题，它在搜索附近区域的分子结构

时，只有在该区域出现相同的"特征"时，系统才会作出反应。设备通过天线的转向向操作人员发出信号，从而指示出物质存在的区域。但设备不会量化信号强度，只判断有无，不能告诉量的多少。炸药识别卡探测范围。军火/弹药、塑胶炸药、硝酸铵、AMFO、旋风炸药、TNT炸药、硝化甘油炸药、黑火药、黑索今、季戊炸药（PETN）、硝胺炸药、苦味酸、乳胶炸药、橡胶炸药、水下胶体炸药等。

图 8–6　ADE680 远距离炸药探测器

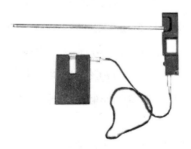

图 8–7　MOLE GT200 远距离炸药毒品探测器

摩尔摩尔远距离炸药/毒品探测定位器的优点如下。

（1）探测距离远，一般 50~100 m，海上可到 650 m，而传统方法只能探测几厘米。

（2）效率高：搜索一个 50 m × 50 m 的区域只用几分钟时间。

（3）不怕污染：其他设备易被污染，一旦污染后很难清理，而摩尔不怕。

（4）能穿透墙，金属包装物，水等多种介质，即使爆炸物密封在很严实的容器内也能找到。其他设备则做不到。

（5）对火柴、香水、空气清新剂、肥皂、香烟、汗液等不会误报。

（四）其他探测装置

包括电子听诊设备、中子仪—中子检测器、小"精灵"探测器、检查镜、汽车炸弹探测系统、非线性节点探测器、红外潜望镜工具组、违禁品探测器等。

二、排爆器材

排爆器材是爆炸物处置器材的简称，主要是指用以排除爆炸物的器材。排爆器材种类很多，主要包括两大类，一类是小型排爆工具，另一类是大型排爆器材。

小型排爆器材种类有上百种。一般排爆箱的器材，主要包括钳子、改锥、剪子和各种型号的销子（或铁钉）等。

大型排爆工具国内外已陆续研制生产了许多，大致包含以下几大类。

（一）防护类

防护类排爆器材包括：由排爆人员直接穿戴的防护器材和用于遮挡、覆盖爆炸物的防护器材；排爆人员直接穿戴的器材包括排（防）爆服和防爆头盔等；用于遮挡、覆盖爆炸物的防护器材主要包括防爆毯、防爆冲击网、防爆罐（筐、箱、围栏）、车载防爆筒、防爆挡板、防爆球、防爆盾牌以及液氮处置系统等。

（1）排（防）爆服。排（防）爆服（图 8-8）是供排爆人员穿用的人身防护器材，可以减轻爆炸冲击波和爆炸破片的杀伤作用，包括简易式和全防式两类。

（2）防爆毯。防爆毯的作用是用来覆盖爆炸物，当爆炸物爆炸时，网罩将弹片笼罩住，大大减少了爆炸气浪和爆炸碎片的飞溅，起到削弱和减轻爆炸冲击波和弹片对外界的杀伤作用。

如图 8-9 所示的 FBT-1 型防爆毯，是经过多年对抗爆机理的研究与探索，并经数十次实爆试验研制而成。该防爆毯能有效地阻挡 77-1 式手榴弹或等当量的爆炸物爆炸时所产生的高温、冲击波和破片等破坏效应，从而最大限度的保护爆炸中心附近的人员和物体免受损伤，是现场临时处置爆炸物品的重要装置。该产品主要用于临时隔离爆炸物、临时储存及处置爆炸物品。

（3）防爆头盔。防爆头盔外由坚硬的材料制成，内有衬里，能对强烈冲击起防护和缓冲作用，保护头部。头盔内还装有无线电对讲机，可以随时保持联络。

图 8-8　EOD MK5 排爆服

（4）防爆冲击网。防爆冲击网能对爆炸时产生的向四处飞溅的大量碎片进行防护，减弱对人员的杀伤作用。

图 8-9　FBT-1 型防爆毯

图 8-10　防爆罐

（5）防爆罐（筐、箱、围栏）。防爆罐（图8-10）实际上是一个临时存放炸弹的器材，它本身起不到排爆作用，但可以起到控制爆炸和减少损失的作用。防爆罐大致可分为防爆球、车载防爆罐和普通防爆罐等三类。防爆筐（箱）用以临时存放1 kg以下的爆炸物，既可以阻止爆炸物本身产生的碎片向外飞散，而且对减低空气冲击波的效应也有一定作用。防爆围栏制作材料与防爆毯相同，式样、作用类似于防爆罐。

（6）车载排爆筒。车载排爆筒是爆炸物异地转移过程中使用的重要防护装置，能够有效地抑制爆炸杀伤力。适用于公共重要场所及大型活动的安检。拖车配有自行刹车，拖车与牵引车之间实现机械与电路的联动（可提供刹车和转向指示灯），承爆当量不小于3 kg TNT。

（7）防爆挡板（排爆防护板）。防爆挡板是供排爆人员使用的一种简易人身防护装置（图8-11），排爆防护板是杆式机械手的配套器具。在使用杆式机械手进行排爆作业时，配备护板可为工作人员提供安全屏障，有效地防止爆炸冲击波和碎片对人体的直接威胁。操作方便，移动灵活，可折叠拆卸，便于运输。

（8）防爆盾牌。防爆盾牌与一般警用盾牌相同，既防弹，又有一定的抗爆性能。

（9）防爆球。4.5 kg TNT当量以下的爆炸物，可以在防爆球中安全引爆，主要用于安全转移爆炸物。

图 8-11　排爆挡板

（10）液氮处置系统。液氮处置系统（桶）能使某些爆炸物在一段时间内失效，以便在失效状态下对其进行安全处理，保证排爆人员的安全。

（二）排爆器具类

（1）排（防）爆工具箱。排（防）爆工具箱是在应急处理爆炸装置和解剖、排除时所用的各种有关器具（图 8-12、图 8-13）。常见排爆工具箱有普通工具箱和无磁工具箱。

（2）排爆机械手。电动机械手用于排除爆炸物和危险品，可以抓取或钩取可疑爆炸物体（图 8-14）。长臂上装有背带，可将其挎在肩上，距危险品2.5~3.5 m 进行排爆作业。长臂由碳素纤维制成，具有重量轻、强度高等优点。使用完毕后，杆子可收缩到 1.35 m，便于携带和存放。

（3）排爆绳钩组。Pb1 型排爆器材是由钩、绳、定滑轮，可调承杆、卡紧器、多功能工具夹、吸盘等多种器材组成（图 8-15）。使用该套器材能将可疑爆炸物从事发地点快速地转移到空旷地，以便用排爆机械手将其装入防爆罐内运往销毁地。

（4）排爆机器人。分为陆地和水下排爆机器人两种类型。如图 8-16 所示，陆地用排爆机器人主要用于代替人工，直接在现场排除和处置爆炸物以及其他危险品。可以在重大活动和大型集会时，用于探测和排除爆炸物。

图 8–12 国产排爆工具组

图 8–13 无磁排爆工具组

图 8–14 JXS–2 型排爆机械手

排爆机器人可将藏匿在管道及较深处的爆炸物取出，能举起 80 kg 的重物。机器臂顶端装备有红外线激光指示仪、摄像机、霰弹枪等。双卡头机械手可卡装多种工具：切割器、水炮枪、光缆瞄准手枪、X 光机等。控制器可挎于脖颈上，可有线／无线控制，远程遥控距离达百米。通过模拟图像控制，简单易操作，操作杆方便灵活，可精确控制机器人的移动。

图 8-15　Pb1 型国产排爆绳钩组

图 8-16　CASTOR 排爆机器人

例如遥控排爆车，采用无线遥控操纵，即可用履带、胶轮行进，也可用机械足走路。它装有立体观察系统，能够识别物点的远近，有高度的立体感，能确保在各种路面上行走的稳定性，并能跨越障碍物，能够快速、准确、敏捷地进行排爆处理。

水下机器人即无人遥控潜水器。工作方式是：由水面母船上的工作人员，通过连接潜水器的脐带提供动力，操纵或控制潜水器。通过水下电视、声呐等专用设备进行观察，还能通过机械手，进行水下作业。目前，无人遥控潜水器主要有：有缆遥控潜水器和无缆遥控潜水器两种，其中有缆遥控潜水器又分为水中自航式、拖航式和能在海底结构物上爬行式三种。

水下机器人用途十分广泛。其中，小型遥控水下机器人可用于检查大坝、桥墩上是否安装爆炸物以及结构好坏情况；遥控侦察；危险品靠近检查等。水下扫雷机器人专门用于扫雷、灭雷，如"海神"水下机器人、水下排雷器、灭雷具等。水下视频打捞器（机械手，机器人）可用于海事打捞、公安、特警、消防等部门搜寻打捞水中物体。该设备具有耐腐蚀特点，可在海水中作业。设备各部分可快速连接，将其沉入水中，通过水下监视器观测水中情况，遥控控制机械手实施打捞工作。产品由机械手、水下摄像头、监视器、遥控器、蓄电池等部分组成。可深入水下 30 m 处实施打捞工作，可抓起 100 kg 重的物体，最大夹物宽度 26 cm，强磁打捞头可以吸引 20 kg 的铁制物体。

图 8-17 所示为当今用途最广的水下机器人。体积虽小，却能将较大体积机器的功能集成在一个携带方便的小型机上。配有扫描声呐、机械手、水底轮廓仪和全面定位系统等，这在同等尺寸的机型上是非常罕见的。由于该机器人又轻又小，即使在一条小船上或者气垫船上都能作业。该机器人还能装配到小型飞机上，到偏远的地区作业。其主要技术参数为：

图 8-17　水下机器人

（1）尺寸：21 英寸宽×8 英寸深×9 英寸高。

（2）重量：40 kg。

（3）扫描声呐：有线控制（可供选择的生波探测器）。

（4）深度规定值：1 000 英尺（300 m）。

（5）摄像机镜头活动范围：180° 可见（任意平面）。

图 8-18　"海神"水下机器人

（6）遥控摄像机：高分辨率彩色 450 line。

图 8-18 所示为英国"海神"水下机器人，号称"水雷清道夫"。其外形如鱼雷，能在水下 100 m 作业。安装先进的探测装置，可以在地形复杂的河床上确定位置。它还可以在狭窄水域进行快速水雷侦查，此前这类危险工作一直由蛙人来完成。

图 8-19 所示为水下排雷器，它是目前世界上最先进的低功耗排雷设备，其自动导航定位设计，可在深水、浅水环境中对目标进行精确探测，并成功排除。

图 8-20 所示为 PLOTO 灭雷具。灭雷具型号很多，如法国的 PAP104. RECA，挪威的"水雷狙击手"，德国的"海浪"（Seawolf），英国的"射水鱼"等。其中，法国的 PAP104 是最早出现的灭雷具，最大工作海深为 300m，水下工作时间为 20 min，灭雷弹装药 100 kg，总重 700 kg。RECA 灭雷具则是携带一次性灭雷水下航形体，其内部装有战斗部，整个水下航形体与水雷同归于尽，能迅速有效地摧毁主动抗猎的反灭雷具水雷。

另外，各型磁扫雷具（如 AMK3.MMK4-7 等）、声扫雷具（如 AMK4）、反水雷系统（如 MK103.MK104.MK105.MK106 等）皆以在实际中应用。

美海军正在研制的机载反水雷系统（AMNSYS），可消灭锚雷或沉底雷。其试验装置由 MH-53E 反水雷直升机尾部发射架发射，可带 8 枚一次性反水雷武器，发射入水后战斗部自动解脱保险。

图 8-19　水下排雷器

图 8-20　PLOTO 灭雷具

（7）爆炸物销毁器。爆炸物销毁器俗称水泡枪，是利用水（液体）的冲击力将设置的爆炸装置或其包装物摧毁、破坏，使其失去爆炸性能，达到既保证排爆人员的人身安全，又能排除爆炸物的目的。有的还配备视频监视设备，可无线监控全过程。

图 8-21 为 38 mm 无座力爆炸物销毁器，采用黑火药为发射药。直径 38 mm；发火电流 1.0 A；发火电压 3~9 V；弹壳 1060H112 铝；底火为电底火。

攻击弹种：配有水弹、铲形切刀弹、锥形有机玻璃弹、圆柱形钢芯弹、凿式钢芯弹等，可对各种爆炸物进行销毁。采用 38 mm 电发火弹，配有安全可靠的点火和电击发装置。

图 8-21　38 mm 无座力爆炸物销毁器

（8）海洋无磁收捞器。它主要用于打捞水中悬浮磁雷。

（三）干扰类

干扰类器材包括频率干扰器。可使遥控爆炸物失去作用或干扰某段区域的通信设备。目前，主要有小型便携式频率干扰器和大型高功率干扰器两大类。

便携式频率干扰仪可以释放有效的电磁波，干扰爆炸物现场的手机、传呼机频率，保证排爆人员不被手机遥控炸弹伤害。干扰仪启动后，方圆 50m 内成为手机信号盲区。如 JW-1010 型遥控炸弹拦截器，其主要作用是：阻断各种电波信号，使遥控功能失去作用，从而使遥控炸弹失去了依靠电信号引爆的能力。因此，它是对付遥控炸弹的有效器材。

使用方法：发现遥控炸弹后，不要轻易进入炸弹威力圈，要做好干扰器和屏蔽器的准备。然后，进行干扰并立即将炸弹放入屏蔽器内，关严上盖，再将其放入车载防爆罐内，即可停止干扰。待运到郊外处置地后，再进行干扰并取出屏蔽器打开上盖后，炸弹就在安全坑内任其爆炸，或引爆处置。

（四）综合类

综合类排爆器材主要指排爆车。车内装有各种防爆安检和排爆使用的器材，主要有排爆机器人、X 射线机、定时炸弹探测器、炸药探测器、探雷器、金属探测器、炸药销毁器、霰弹枪、防爆服、防爆头盔、防爆挡板、防爆盾牌、各种规格的防磁防火工具、医疗用品和消防工具，而且有小型发电机。

？ 思考题

1. 陆地和水上销毁爆炸物时，如何选择销毁场地？

2. 销毁水中爆炸物时，可能带来哪些危害？

3. 制定销毁方案的主要内容有哪些？有哪些注意事项？

4. 根据被销毁爆炸物和诱爆药量的大小，如何保证周围被保护目标的安全？

5. 常用的爆炸物探测器材和排爆器材有哪些？

6. 爆炸物销毁后的爆后检查包括哪些内容？

第九章　水下爆破安全技术

爆破作业最重要的就是要保障安全。爆破安全，在平时的爆破中是一个极为重要的问题；在战时，尽管首要的是完成爆破任务，但在某些情况下仍要考虑安全问题。

爆破安全包括两个方面：一是要防止爆破效应对周围的人员和环境造成危害；二是要保证爆破作业人员自身的安全。

第一节　爆破事故及其预防

爆破作业人员违反爆破安全规程、组织不好或操作不当，以及作业人员不懂爆破技术，没有采取适当的技术措施预防，往往引发爆破事故。出现爆破事故是非常可怕的，轻者流血受伤，重者可能使上万人受伤。在血的教训中，人们进行了不断总结和深入研究，对爆破事故产生的原因进行了全面分析，提出了一些行之有效的预防措施。常见的爆破事故主要有早爆事故、拒爆事故、其他事故，以及爆破引发的次生事故。

一、早爆事故及其预防

所谓早爆，就是雷管或装药在预定的起爆时刻之前发生了意外爆炸。早爆发生时，起爆准备工作尚未做完，人员往往还没有撤离爆破作业现场，造成事故往往比较严重。

从理论上分析，早爆是由于雷管或装药在预定起爆时间之前已经得到了一定的能量，这种能量从形式和数量上都已满足了爆炸的要求。因此，预防早爆也就是采取技术措施，消除或扼制这种能量的输入。

引起早爆的主要能量形式是电能。雷电、杂散电流、感应电流、静电、射频电等都能引起电点火线路发生早爆。此外，机械能也可引起高感度炸药或起爆器材发生早爆。

（一）雷电引起的早爆及其预防

1. 雷电引起的早爆

雷电是一种常见的自然现象，它对爆破的影响是各种外来电中最大、最多的。因雷电原因造成的早爆事例也比较多，如仅深圳市，在20世纪90年代，因雷击发生的早爆案例就有8起，造成20多人伤亡。

雷电引起的早爆事故多数发生在露天爆破作业中，如硐室爆破、深孔爆破、浅孔爆破的电爆网路，城市建筑物拆除爆破中因雷电出现早爆的事故较少。

雷电引起早爆的原因有三种。

（1）直接雷击。雷电电流是一个幅值大、陡度大的脉冲波，直接雷击所产生的热效应（雷电通道的温度可高达6 000~10 000 ℃，甚至更高）、电效应、冲击波等破坏作用很强，对起爆网路将产生极大危害。倘若爆破区域被雷电直接击中，发生早爆将是必然的。但由于爆破网路一般沿地面敷设，附近往往有较高的构筑物和设备，直接雷击的早爆是较罕见的。

（2）电磁场的感应。雷电电流极大的峰值和陡度，在它周围的空间会产生强大变化的电磁场，处于该电磁场内的导体会感应出较大的电动势。如果电爆网路处于该电磁场附近，就可能产生感应电流，当感应电流大于电雷管的安全电流时，就可能引起电雷管的早爆。

（3）静电感应。当天空有带电的雷云出现时，雷云下面的地面及物体（如起爆网路导线）等，都将由于静电感应的作用而带上相反的电荷。由于从雷云的出现到发生雷击（主放电）所需要的时间相对于主放电过程的时间要长得多，因此大地可以有充分的时间积累大量电荷。雷击发生后，雷云上所带的电荷通过闪击与地面的异种电荷迅速中和，而起爆网路导线上的感应电荷，由于与大地间有较大的电阻，不能同样短时间内消失，从而形成局部地区感应高电压。当网路中某根导线连接点直接接地时，在放电中导线上由于雷管有电阻而产生电压降，致使有感应电流流过雷管发生早爆。或者网路区域中各处地面的土壤电阻率分布不同，放电中在某些区域发生"击穿"现象，使导线上有电流流过而使雷管发生早爆。

2. 预防雷电早爆的措施

在目前人们所掌握的防雷击技术及爆破作业点防雷击可投入成本等条件

下，爆破区域防直接雷击还是非常困难的。遇到这种情况，唯一预防措施就是将所有人员和机械、设备等撤离爆破危险区。对于电磁场感应和静电感应引起的早爆，最好采用导爆管起爆系统。

雷雨天气实施爆破时，采取如下措施可以防止因雷电引起的早爆。

（1）在雷雨天气中进行爆破作业宜采用非电起爆系统。

（2）在露天爆区不得不采用电力起爆系统时，应在爆破区域设置避雷针或预警系统。

（3）在装药连线作业遇雷电来临征候或预警时，应立即停止作业，拆开电爆网路的主线与支线，裸露芯线有胶布捆扎，电爆网路的导线与地要绝缘，要严防网路形成闭合回路。同时，作业人员要立即撤离到安全地点。

（4）在雷电来到之前，暂时切断一切通往爆区的导电体（电线或金属管道），防止电流进入爆区。

（5）对硐室爆破，遇有雷雨时，应立即将各硐口的引出线端头分别绝缘，放入离硐口至少 2 m 的悬空位置上，同时将所有人员撤离到安全地区。

（6）电爆网路主线埋入地下 25 cm，并在地面布设与主线走向一致的裸线，其两端插入地下 50 cm。

（7）在雷电到来之前将所有装药起爆。

（二）杂散电流引起的早爆及其预防

1. 杂散电流的形成与早爆

杂散电流存在于起爆网路电源电路处的杂乱无章电流，大小、方向随时在变。例如，牵引网路流经金属物或大地的返回电流、大地自然电流、化学电以及交流杂散电流等。

产生杂散电流的主要原因是：各种电源输出的电流，通过线路到达用电设备后，必须返回电源，当用电设备与电源之间的回路被切断后，电流便利用大地作为回路而形成大地电流，即杂散电流；另外，电气设备或电线破损产生的漏电也能形成杂散电流。

在地下工程中普遍存在着杂散电流。其中，由直流架线电机车牵引网路引起的直流杂散电流在起动瞬间达数十安培。在运行中可达十几安培，停车后降至 1 安培以下。

威胁电气爆破安全的杂散电流，主要分布在导电物体之间（如风水管对岩体，铁轨对岩体，铁轨对风水管，其他金属物体对岩体、铁轨或风水管），这些杂散电流经常高于电雷管的起爆电流，如果在操作时电雷管脚线或电爆网路与金属体之间接触并形成通路，将使杂散电流流经电雷管而造成早爆事故。

交流杂散电流一般比较小，但在电气牵引网路为交流电，电源变压器零线接地以及采用两相供电的场所，铁轨与风水管之间的交流杂散电流也可达几安培而足以引爆电雷管。

无金属物体地点的杂散电流，主要是大地自然电流，其值远小于电雷管的安全电流。即使这些地点存在较多和接地面积较大的游离金属体，其杂散电流有所增加，但也一般都小于起爆电流，大部分小于电雷管安全电流。

化学电也属杂散电流，它是在某些金属体浸入电解质内产生的。潮湿的地层或具有导电性能的炸药（如硝铵类炸药等），都属于电解质。金属体进入其中就可能产生化学电，这种化学电的电流即为杂散电流。当化学电流达到一定值，并通过导电体流经电雷管时，便可能引起早爆事故。

杂散电流可以现场测试，有专用的杂散电流测试仪。有些电雷管测试仪中也附加了杂散电流的测试功能。

爆破安全规程规定：爆破作业场地内杂散电流值大于 30 mA 时，禁止采用普通电雷管。

2. 预防杂散电流引起早爆的措施

（1）减少杂散电流的来源，采取措施减少电机车和动力线路对大地的电流泄漏。检查爆区周围的各类电气设备，防止漏电。切断进入爆区的电源、导电体等。在进行大规模爆破时，采取全部或局部停电等。

（2）装药前应检测爆区内的杂散电流，当杂散电流超过 30 mA 时，应有降低杂散电流强度的措施，采用抗杂散电流电雷管或防杂散电流电爆网路，或改用非电起爆法。

（3）防止金属物体及其他导电体进入装有电雷管的炮眼中，防止将硝铵类炸药撒在潮湿的地面上等。

（三）感应电流引起的早爆及预防

1. 感应电流的产生与早爆

感应电流是由交变电磁场引起的，存在于动力线、变压器、高压电形状和接地的回馈线附近。如果电爆网路靠近这些设备，便在电爆网路中产生感应电流。当感应电流值大于电雷管的安全电流时，就可能引起早爆事故。因此，当拆除物附近有输电线、变压器、高压电气形状等带电设施时，必须采用专用仪表检测感应电流。当感应电流超过 30 mA 时，禁止采用普通电雷管。

2. 预防感应电流引起早爆的措施

为防止感应电流对起爆网路产生误爆，应采取以下措施：

（1）电爆网路附近有输电线时，不得使用普通电雷管。否则，必须用普通电雷管引火头进行模拟试验。在 20 kV 动力线路 100 m 范围内不得进行电爆网路作业。

（2）尽量缩小电爆网路圈定的闭合面积，电爆网路两根主线间距离不得大于 15 cm。

（3）采用非电起爆法。

（四）静电引起的早爆及其预防

1. 静电产生的原因

在进行爆破器材加工和爆破作业中，如果作业人员穿着化纤或其他具有绝缘性能的工作服，则这些衣服相互摩擦就会产生静电荷。当这种静电荷积累到一定程度时，便会放电，一旦遇上电爆网路，就可能导致电雷管爆炸。

采用压气装药器或装药车进行装药可以减轻劳动强度、提高装填效率、保证装药密度、改善爆破破碎效果。但在装药过程中，由于机械的运转，高速通过输药管的炸药颗粒与设备之间的摩擦、炸药颗粒与颗粒之间的撞击都会产生静电。如果静电不能及时泄漏而产生积聚，其电压可达数万伏。静电积聚到一定程度所产生的强烈火花放电，不仅可能对操作人员产生高压电火花的冲击，以及引起瓦斯或粉尘爆炸的危险，而且可能引起电雷管的早爆。这种早爆因素，可能有以下四种情况。

（1）装药时，带电的炸药颗粒使起爆药包和雷管壳带电。若雷管脚线接地，管壳与引火头之间产生火花放电，能量达到一定程度时，会引起早爆。

（2）装药时，带电的装药软管将电荷感应或传递给电雷管脚线。若管壳接地，引火头与管壳之间产生火花放电，能量达到一定程度时，会引起早爆。

（3）装药时，电雷管的一根脚线受带电的炸药或输药软管的感应或传递而带电，另一根脚线接地，则脚线之间产生电位差，电流通过电桥在脚线之间流动。当该电流大于电雷管的最小起爆电流时，可能引起早爆。

（4）在第三种情况下，如果电雷管断桥，则在电桥处产生间隙，并因脚线间的电位差而产生放电，也会引起早爆。

压缩空气及周围空气湿度对静电压影响极大。空气湿度大，则装药设备、炮孔表面电阻下降，静电不易集聚。在相对湿度大于 70 % 时，则不致因静电而引起早爆事故。

输药管、装药器及人体等部位经常接地，炮孔潮湿则输药管上的电荷和吹入炮孔的炸药颗粒所带的电荷很快地向大泄漏，静电不易集聚，电位差就比较低。

2. 预防静电早爆的措施

（1）爆破作业人员禁止穿戴化纤、羊毛等可能产生静电的衣物。

（2）机械化装药时，所有设备必须有可靠的接地，防止静电积累。

（3）在使用压气装填粉状硝铵类炸药时，特别在干燥地区，为防止静电引起早爆，可以采用导爆索网路和孔口起爆法，或采用抗静电的电雷管。

（4）采用非电起爆法。

（五）高压电、射频电对早爆的影响及其预防

依靠高压线输送的电压很高的电流称为高压电。射频电是指由电台、雷达、电视发射台、高频设备等产生各种频率的电磁波。在高压电和射频电的周围，存在着电场，如电雷管或电爆网路处在强大的射频电场内，便起到接收天线的作用，感生和吸收电能，在网路两端产生感应电压，从而有电流通过。当该电流超过电雷管的最小发火电流时，就可能引起电爆网路的早爆事故。

为防止射频电对电爆网路产生早爆，必须遵守下列规定。

1. 采用电爆网路时，应对爆区周围环境中的高压电、射频电等进行调查，发现存在危险时，应采取预防和排除措施。

2. 在爆区用电引火头代替电雷管做实爆网路模拟试验，检测射频源对电爆网路影响。

3. 禁止流动射频源进入作业声。已进入且不能撤离的射频源，装药开始前应暂停工作。手持式或其他移动式通信设备进入爆区应事先关闭。

4. 电爆网路敷设应顺直、贴地铺平，尽量缩小导线圈定的闭合面积。电爆网路主线应使用双股导线或相互平行且紧贴的单股线。如用两根导线，则主线间距小于 15 cm。网路导线与电雷管脚线不准与任何移动式调频（FM）发射机天线接触，且不准一端接地。

5. 表9–1、表9–2、表9–3、表9–4 分别列出了采用电爆网路时，爆区与高压线、中长波电台（AM）、移动式调频（FM）发射机及甚高频（VHF）、超高频（UFM）电视发射机的安全允许距离。如果爆区无法满足这些要求，则不能采用电力起爆法。

表9–1　爆区与高压线的安全允许距离

电压（kV）		3~6	10	20~50	50	110	220	400
安全允许距离（m）	普通电雷管	20	50	100	100	—	—	—
	抗杂电雷管	—	—	—	—	10	10	16

表9–2　爆区与中长波电台（AM）的安全允许距离

发射功率（W）	5~25	25~50	50~100	100~250	250~500	500~1 000
安全允许距离（m）	30	45	67	100	136	198
发射功率（W）	1 000 ~2 500	2 500 ~5 000	5 000 ~10 000	10 000 ~25 000	25 000 ~500 000	500 00 ~100 000
安全允许距离（m）	305	455	670	1 060	1 520	2 130

表9–3　爆区与移动式调频（FM）的安全允许距离

发射功率（W）	1~10	10~30	30~60	30~250	250~600
安全允许距离（m）	1.5	3.0	4.5	9.0	13.0

表9–4　爆区与甚高频（VHF）、超高频（UFM）电视发射机的安全允许距离

发射功率（W）	1~10	10~10²	10²~10³	10³~10⁴	10⁴~10⁵	10⁵~10⁶	10⁶~5×10⁶
VHF 安全允许距离（m）	1.5	6	18	60	182	609	—
UHF 安全允许距离（m）	0.8	2.4	7.6	24.4	76.2	244	609

注：调频发射机（FM）的安全允许距离与 VHF 相同。

（六）仪表电和起爆电源引起的早爆、误爆及其预防

在电爆网路敷设过程中和敷设完毕后，使用非专用爆破电桥或不按规定使用起爆电源，也会引起网路的早爆。

爆破安全规程强调：电爆网路的导通和电阻值检查，应使用专用导通器和

爆破电桥，专用爆破电桥的工作电流应小于 30 mA。使用万能表等非专用爆破电桥，容易因误操作使仪表工作电流超标而引起早爆。

因起爆电源的失误引起的早爆、误爆事故也时有发生。

防止仪表电和起爆电源失误产生早爆、误爆的措施有以下几条。

（1）严格按规定使用专用导通器和爆破电桥，进行电爆网路的导通和电阻值检查，禁止使用万用电表或其他仪表检测雷管电阻和导通网路。定期检查专用导通器和爆破电桥的性能和输出电流。

（2）严格按照有关规定设置和管理起爆电源。

（3）定期检查、维修起爆器，电容式起爆器至少每月充电赋能一次。

（4）爆破作业时，起爆器或电源开头钥匙要专人严加保管，不得交给他人。

（5）在爆破警戒区所有人员撤离以后，只有爆破工作负责人下达准备起爆命令之后，起爆网路主线才能与电源形状、电源线或起爆器的接线钮相连接。起爆网路在连接起爆器前，起爆器的两接线柱要用绝缘导线短路，放掉接线柱上可能残留的电量。

二、拒爆事故及其预防

所谓拒爆，就是雷管或装药在起爆后没有爆炸，即出现了"瞎炮"。

在爆破作业中发生拒爆，不仅影响任务的完成，而且影响到后续作业人员的安全。因此，预防并正确地处理拒爆，是爆破安全中的重要问题。

（一）拒爆的原因

发生拒爆的主要原因有：起爆器材的质量存在问题；起爆器材的结合或起爆线路的联接不当；起爆网路设计错误等。具体地可归纳成以下几个方面：

1. 炸药质量差或过期变质造成拒爆

（1）失去雷管感度。

（2）不能正常传爆。

（3）受潮结块，感度下降。

2. 电爆网路造成的拒爆

（1）设计的电流不足。

（2）起爆器容量不够。

（3）接头联接不牢、接头电阻过大。

（4）线路接地、漏电。

（5）不同厂家、批号电雷管混联。

（6）漏接部分电雷管。

（7）线路绝缘不好，产生接地、短路现象。

（8）电雷管的电阻相差悬殊。

（9）并联支路电阻不平衡等。

3. 导爆索网路造成的拒爆

（1）漏接或作业过程中轧断导爆索。

（2）采取了反向联接、导爆索绕圈等。

（3）锐角联接或直角无过渡传爆段。

（4）搭接不好或导爆索切头受潮变质或质量较差。

（5）导爆索浸油。

（6）在阳光长时间暴晒下沥青渗入药芯中造成无法传爆。

（7）前后排爆破时，前排爆破将后排导爆索挤断。

（8）导爆索断药使传爆中断。

4. 非电导爆管网路造成的拒爆

（1）雷管接头不好，尤其是手工加工的非电导爆管雷管，更容易出现接头不好。

（2）连接元件（三通、四通）质量有问题：如毛刺、连接过松、有杂物等。

（3）漏接。

（4）延期爆破时，将导爆管冲断、震断或炸断。

（5）导爆管不传爆：如有水、中间有较长的漏药段、局部拉细等。

5. 导火索起爆造成的拒爆

（1）导火索受潮。

（2）导火索断药或出现死疙瘩。

（3）连接处加工不好。

（4）雷管进水或炸药受潮。

（5）忘记点火。

6. 装药不当造成的拒爆

（1）不连续装药造成部分拒爆。

（2）装药过密，炸药感度降低，造成拒爆。

（3）装药时操作不当，损坏线路。

（4）水中爆破时，部分炸药溶解，造成拒爆。

（5）管道效应造成拒爆。

（6）操作过程中接错线路。

（二）预防措施

（1）使用前，应严格检查器材（导火索、导爆索、雷管、电雷管和导电线等），精心试验或测定，对质量不合格的应报废。

（2）严格检查线路的敷设质量。逐段检测电点火线路的电阻，是否与设计计算值相符；对非电起爆线路要仔细检查联接是否正确。

（3）水中爆破或在有水和潮湿的地点爆破，采取有效的防水防潮措施。

（4）起爆线路应由技术熟练的人员敷设，并按操作规程进行。

（5）电点火线路敷设完毕，如果测定的电阻异常，则不能起爆；直到查明原因并排除故障后方能起爆。

（三）拒爆的处理

（1）对于拒爆的外部装药，一般有以下两种处理方法。①如有再次起爆的必要和可能，可用小装药引爆，也可用火雷管或电雷管起爆。②不需要或不可能再次起爆时，可将未爆雷管（电雷管）从装药中取出销毁；能够继续使用和保存的炸药可以保存起来；不能保存的炸药应给予销毁。

（2）对于药孔中发生拒爆的内部装药，其处理方法有以下三种。①二次起爆法。对于电点火线路引起的拒爆，如果未爆装药中的电雷管电阻正常，可将其接入电源，进行二次起爆。②诱爆法。对于不能用二次起爆法处理的"瞎炮"，如果周围环境允许，可准确判明装药的具体位置，在原药孔附近并平行原药孔进行钻孔，将小装药装入其内，利用小装药将其诱爆。③人工排除法。对于不能用以下两种方法处理的"瞎炮"，应用人工予以排除。人工排除时，应首先用水将填塞物冲出（或用水将填塞物浸湿后，再将其慢慢掏出），后把雷管取出、销毁；孔内的装药（一般指硝铵类炸药）可用水溶解，使其失效。

（3）深孔爆破和硐室大爆破后，发现有下列现象之一，可以判断发生了拒爆：①爆破效果、爆堆形态与设计有较大差异，地表无松动或抛掷现象。②在爆破地段范围内残留炮孔，爆堆中留有岩坎、陡壁或药包之间有显著的间隔。③现场发现残药和导爆索残段。

（4）检查人员发现盲炮及其他险情，应及时上报或处理；处理前应在现场设立危险标志，并采取相应的安全措施，无关人员不应接近。

（5）处理裸露爆破的盲炮可采取以下办法：①处理裸露爆破的盲炮，可去掉部分封泥，安置新的起爆药包，加上封泥起爆；如发现炸药受潮变质，则应将变质炸药取出销毁，重新敷药起爆。②处理水下裸露爆破和破冰爆破的盲炮，可在盲炮附近另投入裸露药包诱爆，也可将药包回收销毁。

（四）处理拒爆的注意事项

（1）认真检查，正确判明爆破中是否发生拒爆，切不可将"瞎炮"遗留在作业现场。

（2）发生拒爆后由负责爆破作业的指挥员确定处理方法，并组织有关人员实施。

（3）用二次起爆法和诱爆法处理拒爆装药时，仍应派出警戒并采取措施，确保周围环境和人员的安全。

第二节　水下爆破安全操作规程

一、爆破作业的一般要求

（1）只有经过专业训练，熟悉炸药与爆破器材性能的人员，方可参加爆破作业。

（2）任何爆破作业都必须有严密的组织、计划和方案，作业实施前要明确分工职责，熟悉各自职责，每一步的方案实施，要准备、检查、实施、检查，做到准确无误。

（3）炸药、雷管、起爆器、电线（导爆管）放在工具箱中；雷管放在保险箱中；炸药、导爆索放入危险品仓库；放雷管的保险箱不准同炸药放在同一仓库。同时，根据环境条件要保持一定的距离，必要时派专人看守。

（4）起爆工作视药量和环境条件而定。小药量爆破一般在作业船上，大、中型爆破起爆应尽可能选择陆地为起爆点，或用专用小艇作起爆点。上艇人员应穿救生衣。

（5）放有雷管、药包的区域，严禁烟火，禁止其他作业和无关人员逗留，并对雷管、药包设置进行必要的防护和标明危险区域。

（6）整个爆破过程，必须在指挥组统一指挥、协调下完成。每一方案都有必须经指挥员许可后才能进行，任何作业人员无权擅自修改作业方案。需进行方案修改时，必须请示工程技术人员，并得到指挥员的许可方可进行。

（7）从敷设起爆网络时起，起爆器材必须按规定要求做好防误爆的处理，并派专人看守，其他无关人员严禁进入现场。

（8）炸药制作、布药、敷设起爆网络时，作业船禁止进行水下电焊和电氧切割。严禁在作业区域进行其他与爆破作业无关的工作。作业现场不准抽烟和打闹。

（9）暴风雨、雷雨将至时，整个爆破工程中各种作业场应停止作业。对已完成的作业，要做好各种防爆处理。

（10）从实施作业开始，整个作业区域要划定安全警戒区域。

二、药包加工的安全操作规程

（1）炸药加工场地要有专用的通风良好的工作间，工作间内的电路设备要求要有防漏电、防火花措施。

（2）进入工作间，必须穿戴好劳动保护用具，室内禁止闲人进入，注意化纤织物的静电感应，严禁烟火或金属工具敲击，禁止穿带金属的鞋。

（3）室内工作人员一般为3~5人，分工操作，协助作业。存放炸药不宜超过15 kg，严禁加工炸药时带雷管进入室内。

（4）工作台面一般用木板或橡胶、塑料板面制成，加工熔铸体时要做好防毒气工作。一般绑扎有毒性炸药时注意戴医用手套。

（5）加工橡胶炸药时，所用刀具要经常沾水，切割开槽速度要慢。

（6）加工高灵敏度炸药时要注意轻拿轻放，缓慢操作，并做好工作室周围防震工作。

（7）工作中要胆大心细，正确使用工具，精心加工，并严格做好记录（炸药品种、尺寸、数量）。同时，注意不要将废药掉至地面。

（8）加工完毕后，成品要归类、清数入库，及时将室内清扫干净，废炸药集中入库，工作人员要洗手，洗澡以免中毒。

三、起爆器材加工的安全操作规程

（1）起爆器材加工，应在专用的房间或指定的安全地点进行，不应在爆破器材存放间、住宅和爆破作业地点加工。

（2）加工起爆管时，每个工作台上存放的雷管不得超过100发，且应放在带盖的木盒里，操作者手中只准拿1发雷管。

（3）切割导火索或导爆管时，应使用锋利刀具在木板上进行，每盘导火索或每卷导爆管，两端均应切除不小于5 cm。

（4）雷管内有杂物时，不应用工具掏或用嘴吹，应用手指轻轻地弹出杂物；杂物弹不出的雷管不能使用。

（5）将导火索和导爆管插入雷管时，不应旋转摩擦。金属壳雷管应采用安全紧口钳紧口，纸壳雷管应采用胶布捆扎牢固，或附加金属箍圈后，用安全紧口钳紧口。

（6）加工好的起爆管与信号管应分开存放，信号管应制作标记。

（7）加工起爆药包和起爆药柱，应在指定的安全地点进行，加工数量不应超过当班爆破作业用量。

四、起爆体加工的安全操作规程

（1）起爆体应在专门的场所，由熟练的爆破员加工。加工起爆体时，应一人操作，一人监督，在周围50 m以外设置警戒，无关人员不准许进入。

（2）加工起爆体使用的雷管应逐个挑选。装入起爆体内的电雷管脚线长度应为20~30 cm，起爆体加工完成后应重新测量电阻值。加工好的起爆体上应标明药包编号、雷管段别和电雷管起爆体装配电阻值。

（3）置于起爆体内的电雷管与联接线接头，应严密包扎，不应有药粉进入接头中，接头不应在搬运和联线时承受拉力。

（4）起爆体外壳宜用木箱或硬纸箱制成，其内每个起爆体炸药量不宜超过20kg。

（5）应在起爆体（箱子端面）开口处，引出导线（管）和导爆索，并将其在开口处锁定；拉动导线和导爆索时，箱内雷管不应受力。

（6）起爆雷管应与导爆索结、电线连接头紧密捆绑，且固定在木箱中央。

（7）起爆体包装应有防潮防水措施。

五、药包与起爆网络设置的安全操作规程

（1）雷管从保险箱取出后，其数量以当日（当次）所需数量拿入工作室。

放置与操作位置不宜靠近炸药。

（2）制作起爆体前，要对雷管进行外观检查，不符合使用要求的要更换；同批号雷管要进行检测和试爆；不同批号雷管先分类再检测和试爆，试验起爆力是否符合要求。

（3）电雷管在使用中存放、安装时都要注意脚线短路。必须在做好短路、绝缘工作后，再进行起爆药块制作。火雷管在使用中，要注意密封、防潮、防水，安装时先制作好起爆体，注意做好防水措施，再进行起爆药块安装。

（4）起爆药块制作好后，起爆线路要在起爆药块上打结固定，防止受力脱落。必要时要做好防水密封措施。

（5）起爆药块要安放在炸药的中间部位，集中装药要根据总药量的数量，增设二个以上的起爆点。直列装药可设多个起爆点或接力起爆药块，也可用防水导爆索接力传爆。

（6）炸药组装完毕后，放置在人员少，安全可靠的地方，并要派人看守。

（7）装药设置完成后，要注意将起爆网络固定牢靠，并使起爆网络能承受一定的拉力。

（8）所有人员撤离警戒区后，才能进行起爆网络连接作业，并检查是否正常，将检查连接情况及时报告指挥组。

（9）指挥员在发出起爆准备命令前，要检查清场，警戒工作情况。待一切就绪后，现场可发出起爆准备命令。警戒人员在接到命令后，对警戒区域实行戒严，并发出戒严信号。

（10）接到起爆指挥准备命令后，才能进行起爆器材的连接、点火准备等相关工作。

（11）在起爆后未及时爆炸时，应先断开点火器材与网络的连接，经15~20 min 后，才能进行爆后检查，其操作程序按盲炮处理方法实施。

第三节　水下爆破基本程序

由于水下环境的特殊性和实施作业的复杂性，对水下爆破作业提出了比一般陆地爆破作业更高要求。水下爆破作业基本程序可分为准备、布药、施爆、检查四个阶段：

一、准备阶段

根据爆破作业要求，拟制作业组织计划、布药方案、施爆方案，进行人员和作业器材准备。周密细致的准备工作是正确安全实施爆破作业的前提，必须认真地做好。

（一）人员组成

一般将作业人员分成指挥、技术、炸药包制作、水下布药和起爆组。各组职责如下。

（1）指挥技术组。负责整体爆破方案设计和指挥。指导下属各组方案制定、监督实施，检查各组准备和组织工作，负责处理实施过程中的技术问题。

（2）炸药包制作组。根据爆破方案的要求，进行爆破装药的制作，并配合装药起爆组进行起爆网路准备和起爆体安装。

（3）装药布设组。根据爆破方案要求，完成水下布药作业，处理布药作业有关问题。

（4）装药起爆组。根据爆破方案的技术要求，完成警戒、起爆点选择、起爆网络连接、检查及起爆工作和器材准备。

（二）器材准备

水下爆破作业风险性大，为确保安全必须从药包制作、水下装药布设到起爆连续完成，在较短的时间实施完毕，避免中途停顿而节外生枝。因此，准备工作的完成情况关系到爆破作业的能否顺利成功。作业器材分为水下作业器材和爆破作业器材两大类。

（1）水下作业器材准备。潜水作业器材由水下布药组负责检修保养，确保布药作业的正常使用，并根据水下布药作业量和潜水器材技术状态准备好一定数量的备用器材。

（2）爆破作业器材准备。由炸药包制作组负责，根据爆破方案的要求和炸药包制作标准，详细列出所需器材的项目、规格、数量，制成表格，并逐项准备和检查。雷管、电线、起爆系统要进行必要的检测；对导爆索、导爆管仔细检查，以确保符合使用要求。

（三）施爆方案的准备

根据气象、潮汐以及周围的自然环境，要确定布药、施爆的时间，安全距离、起爆点和警戒范围，由指挥、技术处理组负责。

（四）布药方案的准备

无论是进行多点、大规模爆破还是单点爆破作业，布药前必须拟定布药实施方案。要根据水深、使用的潜水器材、潮汐、气象、被爆破物的状态、布药点（线）的设置和固定，起爆线路的设置与加强等因素，拟定作业和配合作业方案。特别是炸药包的制作运输、传送、起爆线路的设置等作业配合要紧密协调周全、完备，不得漏点布药，漏设起爆点。布药方案由布药组拟定实施。

同时布药作业前，根据爆破布药方案要求，要对布药场地进行检查清理，并标出各布药点位置，确保布药作业安全有效地实施。

二、布药阶段

布药阶段的工作为水面作业和水下作业两个阶段。

（一）水面作业

做好炸药水下布设前的成型，起爆药、起爆线路设置，炸药水下固定物的准备，以及水面运输和传递。水面作业服从水下作业，要主动积极配合。

（二）水下布药

水下布药是一项艰巨、细致的工作，既关系到施爆效果，又关系到作业船及人员的安全。必须认真细致，不能有一丝一毫马虎。

（1）水下布药作业前，整个作业场内电焊、电氧切割等不必要的水面、水下作业必须停止，布药点必须经过探摸和清理，并标明布药点和线路，必要时要预设药包固定构件。

（2）布药作业，要选择在气象条件较好时进行。

（3）潜水员携带炸药下潜，速度不宜太快。水下行动要防止炸药包碰撞。使用感度较高的炸药时，要防止药包与其他物体摩擦。到达布药点后，要清理好药包捆绑物与潜水软管、信号绳，并检查物体是否绞缠。当确认无误后，才能将药包按要求固定。离开布药点时，要先检查清理软管、信号绳是否绞缠后才能离开。潜水员携带药包潜水时，不能丢失炸药包，凡丢失炸药包影响布药作业安全时，必须找回才能继续进行潜水作业。

（4）在敷设起爆线路时，水面起爆线路施放人员要站在水流下方或与潜水点保持一定的距离，使起爆线路与潜水软管、信号绳形成一定夹角，减少绞缠的可能性。

（5）潜水员在敷设固定好炸药包后，要及时选点固定好起爆线路。当起爆线路经过较锋利的破口和边角时，应在锋利的边口两端固定，防止线路磨损影响起爆性能。若遇有潮汐、水流，起爆线路过长造成起爆线路受力较大时，应采取起爆线路加强措施，防止起爆线路因受力过大而造成断裂，产生拒爆。

（6）如遇有特殊情况，不能按预定计划布药时，必须及时报告水面，并将另选爆破点的具体位置说清，得到水面同意后方可进行。

（7）遇有水流过大，不能达到预定点时，应及时向水面报告，按安全要求上升出水。

三、施爆阶段

起爆作业在布药、起爆线路设置完成后，必须尽快实施。要确保起爆时的安全，必须要事先拟定好施爆方案，并在起爆前周密细致地实施。

（1）根据装药量和起爆要求，划定安全范围。

（2）根据爆破点周围环境，选择好起爆点火站。在开阔的水域中施爆时，一般用小艇作起爆点火站。

（3）沟通作业场内所有作业船只（或警戒点）的联系，并进行水面、水下清场，阻止无关船只人员物体进入起爆区域。

水面清场：将爆破区域内船只、排架、机械设备、人员以及其他可能受损的活动物体，清退至各自安全区域。

水下清场：爆破区域水下的潜水员、水下机械设备，必须离开水面到达安全区域。

（4）通知作业船只、人员、警戒点，施爆即将开始（必要时采用规定信号联络）。

（5）检查爆破网络，若无断路现象，即可接通施爆。

（6）注意观察和听记爆破情况，以分析是否有哑炮存在，为后续工作做准备。

四、爆后检查与处理

施爆后的检查，分为安全检查和效果检查。其检查结果注意记录、存档，以供下次爆破作业方案选择时参考。

（1）安全检查。主要检查重要设备、人员在施爆后的安全情况，如陆岸保护设施、船体、机械、仪表、电器等设备是否正常，特别是船底、机仓、电子、通信设备等。

（2）效果检查。水下效果检查要做到二查明二清理。一是查明是否在预定位置爆炸，目标是否达到预期效果，二是查明爆破中是否存在哑炮。清理爆炸品剩余物，清理爆炸场地上影响下次作业的危险物。

第四节　水下爆破安全距离

一、一般规定

（1）爆破、爆破器材的销毁以及爆破器材库意外爆炸时，爆炸源与人员和其他保护对象之间的安全允许距离，应按爆破各种有害效应（地震波、冲击波、个别飞散物等）分别核定，并取最大值。

（2）各种爆破器材库之间以及仓库与临时堆放点之间的距离，应大于相应的殉爆安全距离。各种爆破作业中，不同时起爆的药包之间的距离，也应满足不殉爆的要求。

（3）确定爆破安全允许距离时，应考爆破可能诱发滑坡、滚石、涌浪、爆堆滑移等次生有害影响，适当扩大安全允许距离或针对具体情况划定附加的危险区。

二、爆破振动安全允许距离

爆破振动安全允许距离是决定爆破规模、方式的重要因素，必须精心设计、严格计算，保证不同类型的建（构）筑物不受爆破振动的影响。被保护对象的安全允许标准见表5-7。

单个集团装药内部爆破时，爆破振动安全允许距离按下式计算：

$$R = \left(\frac{K}{V}\right)^{1/\alpha} \cdot C^{1/3}$$

式中：

R——爆破振动安全允许距离，m；

C——炸药量，齐发爆破为总药量，延期爆破为最大一段药量，kg；

V——保护对象所在地面质点振动安全允许速度，cm/s；

K、α——与爆破点至计算保护对象间的地形、地质条件有关的系数和衰减指数，可按表5-6选取，也可通过现场试验确定。

三、爆破空气冲击波安全允许距离

（1）空气中爆炸时，空气冲击波的超压计算

$$\Delta P = \frac{0.084}{\bar{r}} + \frac{0.27}{\bar{r}^2} + \frac{0.7}{\bar{r}^3} \quad (1 \leqslant \bar{r} \leqslant 10 \sim 15)$$

式中：

ΔP——无限空中爆炸时冲击波的峰值超压，10^6 Pa；

r——测点距爆心的距离，m；

$\bar{r} = \dfrac{r}{\sqrt[3]{C}}$——比例距离，m/kg$^{1/3}$。

空气冲击波对人员及建筑物的损伤情况与超压的关系见表9-5和表9-6。

表9-5　空气冲击波对人员的损伤程度与超压的关系

超压 ΔP（10^5 Pa）	损伤程度
≥ 0.2	安全
0.2~0.3	轻微挫伤
0.3~0.5	听觉器官损伤，中等挫伤、骨折
0.5~1.0	内脏严重挫伤，可引起死亡
> 1.0	大部分人员死亡

（2）露天裸露爆破大块时，一次爆破的炸药量不应大于20 kg，并按下式确定空气冲击波对在掩体内避炮作业人员的安全允许距离。

$$R = 25\sqrt[3]{C}$$

式中：

R——空气冲击波对掩体内人员的最小允许距离，m；

C——一次爆破的炸药量，秒延期爆破时取最大分段药量计算，毫秒延期爆破按一次爆破的总药量计算，kg。

表 9-6　空气冲击波对建筑物的破坏程度与超压的关系

	破坏等级	1	2	3	4	5	6	7
	破坏等级名称	基本无破坏	次轻度破坏	轻度破坏	中等破坏	次严重破坏	严重破坏	完全破坏
	超压 ΔP（10^5 Pa）	< 0.02	0.02~0.09	0.09~0.25	0.25~0.40	0.40~0.55	0.55~0.76	> 0.76
建筑物破坏程度	玻璃	偶然破坏	少部分破成大块，大部分成小块	大部分破成小块到粉碎	粉碎	—	—	—
	木门窗	无损坏	窗扇少量破坏	窗扇大量破坏，门扇、窗框破坏	窗扇掉落、内倒，窗框、门扇大量破坏	门、窗扇摧毁，窗框掉落	—	—
	砖外墙	无损坏	无损坏	出现小裂缝，宽度小于 5 mm，稍有倾斜	出现较大裂缝，缝宽 5~50 mm，明显倾斜，砖踩出现小裂缝	出现大于 50 mm 的大裂缝，严重倾斜，砖踩出现较大裂缝	部分倒塌	大部分甚至全部倒塌
	木屋盖	无损坏	无损坏	木屋面板变形，偶见折裂	木屋面板、木檩条折裂，木屋架支座松动	木檩条折断，木屋架杆件偶见折断，支座错位	部分倒塌	全部倒塌
	瓦屋面	无损坏	少量移动	大量移动	大量移动到全部掀动	—	—	—
	钢筋混凝土屋盖	无损坏	无损坏	无损坏	出现小于 1 mm 的小裂缝	出现 1~2 mm 宽的裂缝，修复后可继续使用	出现大于 2 mm 的裂缝	承重砖墙全部倒塌，钢筋混凝土承重柱严重破坏
	顶棚	无损坏	抹灰少量掉落	抹灰大量掉落	木龙骨部分破坏下垂缝	塌落	—	—
	内墙	无损坏	板条墙抹灰少量掉落	板条墙抹灰大量掉落	砖内墙出现小裂缝	砖内墙出现大裂缝	砖内墙出现严重裂缝、部分倒塌	砖内墙大部分倒塌
	钢筋混凝土柱	无损坏	无损坏	无损坏	无损坏	无破坏	有倾斜	有较大倾斜

四、爆破飞石的安全允许距离

土石爆破时，部分岩体脱离岩体抛掷至远处，称为爆破飞石。个别飞石的产生，主要是因为炸药爆炸能破碎土石后，还有较多的剩余气体能量继续作用于碎石，使之获得很大的动能与初速，如遇有岩体构造上的薄弱面（断层、裂隙、软夹层等），强大的气体能量即从该处集中冲出，使该部分碎石获得极大的动力并以很高的初速向外飞出。

目前，理论还很难计算出飞石的飞散距离。实际应用中，按下式估算飞石危害距离：

$$R = 20Kn^2W$$

式中：

R——个别飞石（土）的安全距离，m；

n——最大一个装药的爆破作用指数；

W——最大一个装药的最小抵抗线，m；

K——安全系数，一般取 1.0~1.5。

《爆破安全规程》GB6722–2014 规定：露天浅孔法爆破大石块时，个别飞散物对人员的安全距离不得小于 300 m；在露天爆破场爆破金属构件时，个别飞散物对人员的安全距离不得小于 1 500 m。

五、水下爆破的安全距离计算

（一）水下爆破超压计算

水下爆破的超压按库尔（Cole）公式计算：

$$\Delta P = 533 \left(\frac{\sqrt[3]{C}}{R} \right)^{1.13} \quad （10^5 \, \text{Pa}）$$

式中：

C——炸药量（TNT 当量），kg；

R——至爆炸中心距离，m。

根据《爆破手册》，人体在水中承受的冲击波压力不允许超过 0.34×10^5 Pa。资料表明：人体受轻伤的水中冲击波超压为 0.49×10^5 Pa；引起轻微脑震荡而脑腔、内脏不受伤的水中冲击波超压为 $（1.18~2.94） \times 10^5$ Pa；引起轻微脑震荡，同时胃壁、肠壁损伤的水中冲击波超压为（4.9~10.8）×10^5 Pa；对人致死的水中冲击波超压为（9.8~58.84）×10^5 Pa。

（二）水下爆破冲击波对人员和船舶的允许安全距离

（1）水深不大于 30 m，一次起爆药量少于 1 000 kg 时的安全距离列于表 9-7。

表 9-7　水下爆破的安全距离（m）

不同情况	炸药量（kg）	≤ 50	≤ 200	≤ 1 000
裸露爆破	游泳	900	1 400	2 000
	潜水	1 200	1 800	2 600
	木船	200	300	500
	铁船	100	150	250
钻孔爆破	游泳	500	700	1 100
	潜水	600	900	1 400
	木船	100	150	250
	铁船	70	100	150

（2）水深不大于 30 m，一次起爆药量大于 1 000 kg 时的安全距离可用下式计算：

$$R = k_0 \sqrt[3]{C}$$

式中：

R——水中冲击波的最小安全允许距离，m；

C——一次起爆的炸药量，kg；

K_0——系数，见表 9-8。

表 9-8　安全距离系数 K_0

装药条件	对人员的安全距离（m）		对保护施工船舶的安全距离（m）	
	游泳	潜水	木船	铁船
裸露装药	250	320	50	25
钻孔或药室装药	150	160	25	15

（3）裸露潜水时，能够承受水中冲击波的情况见表 9-9。

（4）穿戴头盔式潜水服时，能够承受水中冲击波的情况见表 9-10。

（5）水深大于 30 m 的水域进行水下爆破时，水中冲击波的安全允许距离，应通过实测和试验研究确定。

（6）根据试验资料分析，水深 100 m 以内，爆破中心与船体的最小安全距离也可按表 9-11 进行计算。

表 9-9 裸露潜水时的安全距离

水中状态	炸药量（kg）	最小安全距离（m）	受轻伤的距离（m）	受中等伤的距离（m）	可能致死距离（m）
5 m 以浅裸潜	≤ 1	1 500	$210\,C^{1/3}$	$50\,C^{1/3}$	$12\,C^{1/3}$
	≥ 1	$1\,500\,C^{1/3}$			
5 m 以深裸潜	≤ 1	2 150			
	≥ 1	$2\,150\,C^{1/3}$			

表 9-10 穿戴头盔式潜水服所能承受的水中冲击波情况（m）

水中状态	有冲击感距离	最小安全距离	严重耳鸣距离	可能致死距离
水深 10 m 以浅	$1\,250\,C^{1/3}$	$(450\sim680)\,C^{1/3}$	$(114\sim170)\,C^{1/3}$	$(12\sim85)\,C^{1/3}$

表 9-11 水下爆破爆破对船舶的最小安全距离

船舶情况	安全距离（m）
船长 10 m 左右，无精密仪器的工作小艇	$R = 40\,C^{0.38}$
大中型船舶或有精密仪器，$C \geq 1$ kg	$R = 80\,C^{0.38}$
大中型船舶或有精密仪器，$C < 1$ kg	$R = 40\,C^{0.4}$

（三）降低水下爆破水击波强度的方法

1. 采用钻孔爆破

水下钻孔爆破的水中冲击波强度为水下裸露爆破的 1/10~1/8，比水中爆破引起的水中冲击波强度小得多。所以，可根据实际情况，在可能的条件下，采用钻孔爆破来减弱水中冲击波的强度。

2. 实施临时防护

对于水中建筑结构，在水深小于 5 m 的情况下，用加气泡沫、加气混凝土将其复盖，或用砂袋、木板、废钢板等作围挡，可有效阻挡水中冲击波和涌浪压力，也可降低水中冲击波的强度。

3. 气泡帷幕防护法

采用气泡帷幕衰减水中冲击波压力是非常有效的。所谓气泡帷幕，就是在爆源与被保护目标之间，平行于被保护目标设一道或多道带有若干小孔的钢管，在爆破前通入高压空气，在爆源与被保护目标之间形成由大量小气泡构成的气泡帷幕。爆炸时，由于浮力的作用，气泡群自水底向水面运动，从而在水中形成了一道"帷幕"。当水中冲击波传播到帷幕时，其部分能量便消耗于气泡表面发生的乱反射过程中，从而能够有效地削弱冲击波峰值压力。气泡越大，帷幕厚度越厚，对冲击波压力衰减越厉害。试验表明，当设一道气泡帷幕时，可将冲击波峰值压力衰减到原来 8 %~12 %。如果设两道，则衰减的还要明显。

在具体设置时，帷幕要尽量靠近爆源，这样防护效果更好。另外，帷幕的长度要大于被保护目标，同时要保证稳定的、足够的通气量，以保证形成厚度大、密度高的气泡帷幕。从而有效地削弱冲击波的峰值压力。

在具体制作气泡帷幕发射装置时，通常通气管直径不应小于 50 mm，壁厚 1~3 mm，交错排列钻两排小孔，排距 25 mm，小孔直径 1 mm 时，孔距为 25~30 mm；当小孔直径 2 mm 时，孔距为 40~60 mm。

4. 微差爆破法

水下微差爆破技术在降低水中冲击波方面具有广阔的应用前景。在保护周围环境方面，最具实用价值的是减少了对鱼类的损伤。鱼的致伤与水击波特征时间内的比能有关。而这一特征时间，在深度不大的水域中，通常集中在水击波的最大冲量这一范围内——即最大压力范围内。采用延时间隔大于等于 10 ms 的微差爆破时，可以把水中冲击波的压力在时间上完全错开。因此，相应地降低了在一定时间内水中冲击波的最大压力和比能。

当微差爆破时间间隔大于 200 ms 时，鱼类的受冲击损伤有增加的趋势。对鱼类来说，除鱼鳔的压缩时间外，还有一个对水中冲击波作用响应的特征时间因素。试验表明，中等大小的鱼类在受到冲击荷载的作用时，要恢复到原先的形态，大约要经过 100~200 ms。如果鱼体在该时间内，受到若干次荷载相近的冲击作用，那么与单次冲击相比较，其冲击损伤不会增加。当各次冲击之间延迟时间超过 200 ms 时，鱼类受冲击损伤的可能性会增大。对于这种现象可作如下解释：鱼类，从感受具有一定压力的第一次冲击开始到恢复本身形态之前（约 0.2 s），容易适应新的冲击。而新伤是在对冲击没有准备的情况下发生的，因而可以采用驱吓鱼群的方法来降低对鱼类的损伤。为了保护鱼的肌肉组织，对它的激励不得超过 100~200 ms。因此，微差爆破的总持续时间不得超过这一数值。

"预警爆破法"可有效降低对鱼类的损伤，即首先起爆"预警药包"，然后延迟 10~15 ms 起爆主药包。最大"预警药包"的水中冲击波强度应当比主药包的水中冲击波强度小若干倍。实验资料分析表明，对于受到警告的鱼类，水击波的临界比能平均提高了 0.7~0.8 倍，而危险区的半径可增大 23 %~26 %。

第五节 盲炮处理

一、陆地盲炮产生的原因及处理

盲炮又称之为瞎炮，是指药孔或药包经点火或电点火线路通电后，雷管与炸药全部未爆，或只爆雷管而炸药未爆的现象。当雷管与部分炸药爆炸，而仍有部分炸药未爆，此种现象则称之为半爆或残炮。

盲炮或残炮是爆破作业中常遇到的爆破事故，产生的原因有多种。处理盲炮时比较危险，尤其对钻孔爆破、硐室大爆破及水下爆破中产生的盲炮，处理起来更加困难。因此，在爆破施工中，应尽量采取措施防止盲炮和残炮的发生，处理盲炮应严格按安全操作规程进行。为此，必须弄清盲炮与残炮产生的原因和正确的处理方法。

（一）陆地爆破盲炮产生的原因

盲炮和残炮产生的原因很多，但归纳起来，主要包括火工品及炸药质量、点火器材及操作等方面的问题。

（1）属于火工品及炸药质量方面的原因有：①炸药变质或感度低；②炸药受潮，或装药直径小，传爆中断；③雷管起爆力不足或半爆；④雷管变质拒爆；⑤导火索变质或受潮，传火中断或不传火；⑥导爆管变质不传爆或传爆中断；⑦导爆管质量有问题，不传爆或传爆中断；⑧导爆管进入杂物而使传爆中断。

（2）属于点火器材方面的原因有：①拉火管受潮、变质，不点火或点火力弱；②电爆网路用点火机电压或电源电压不足，达不到准爆电压。

（3）属于操作方面的原因有：①装药密度太小或太大，造成传爆中断；②装药不连续造成传爆中断；③导火索切口不齐，造成点火失效；④导火索与雷管接续不到位，造成点火失效；⑤导爆索方向接错而使传爆失效；⑥导爆管连接质量有问题，造成传爆失效；⑦点火管与炸药脱离，爆炸后未起爆炸药；⑧点火机充电电压不足，造成电爆网路部分拒爆；⑨电爆网路接续不对或未绝缘，造成网路电阻太大或漏电，使其部分拒爆；⑩电爆网路连接有误，造成点火失效；⑪电爆网路设计有误，不符合准爆要求；⑫电爆网路雷管电阻差太大，造成点火后部分拒爆；⑬分段起爆时，由于起爆顺序混乱，破坏电爆网路。

为了防止盲炮和残炮的发生，就必须避免上述问题的出现，在爆破前认真地检查起爆器材和炸药的质量，以及点火器材、起爆器材及导线的质量，决不能使用不合格的器材。而后，还必须严格按操作规程操作，并采取有效措施提高可靠性。即便如此，也仍然会有某些疏漏。一旦发生了盲炮或残炮，就要严格按操作规程处理，防止发生严重的事故。

（二）陆地爆破盲炮的处理方法

（1）残炮。对于残炮，因没有雷管，可将其集中收起进行销毁；炮孔中的炸药可用水冲出；可溶于水的炸药用水溶解。

（2）处理裸露爆破的盲炮时，允许用手小心地去掉部分封泥，在原有的起爆药包上重新安置新的起爆药包，加上封泥起爆。；

（3）处理浅孔盲炮可采用下列方法。①经查明确认炮孔起爆网路完好时，可重新起爆。②可打平行孔装药爆破，平行孔距盲炮不应小于 0.3 m。对于浅孔药壶法，平行孔距盲炮药壶边缘不应小于 0.5 m。为确定平行炮孔的方向，可从盲炮孔口掏出部分填塞物。③可用木、竹或其他不产生火花的材料制成的工具，轻轻地将炮孔内填塞物掏出，用药包诱爆。④可在安全地点外用远距离操纵的风水喷管吹出盲炮填塞物及炸药，但应采取措施回收雷管。⑤处理非抗水硝铵炸药的盲炮，可将填塞物掏出，再向孔内注水，使其失效，但要回收雷管。⑥盲炮应在当班处理，当班不能处理或未处理完毕，应将盲炮情况（盲炮数目、炮孔方向，装药数量和起爆药包位置，处理方法和处理意见）在现场交接清楚，由下一班继续处理。

（4）处理深孔爆破盲炮可采用下列方法。①爆破网路未受破坏，且最小抵抗线无变化者，可重新连线起爆；最小抵抗线有变化者，应验算安全距离，并加大警戒范围后，再连线起爆。②可在盲炮孔口不小于 10 倍炮孔直径处，另打平行孔装药起爆。爆破参数由爆破工程技术人员确定，并经爆破指挥员批准。③所用炸药为非抗水性硝铵类炸药，且孔壁完好时，可取出部分填塞物，向孔内灌水使之失效，然后再做进一步处理。

（5）处理硐室爆破盲炮可采用下列方法。①如能找出起爆网路的电线、导爆索或导爆管，经检查正常仍能起爆者，应重新测量最小抵抗线，重划警戒范围，连线起爆。②可沿竖井或平硐清除填塞物，并重新敷设网路连线起爆，或取出炸药和起爆体。

二、水下盲炮产生的原因及处理

（一）水下爆破盲炮产生的原因

凡陆地爆破产生盲炮的原因在水下爆破时都会存在。除此之外，还由于水下爆破有许多特殊性，还会造成水下爆破盲炮的发生。有以下主要原因。

（1）使用非抗水性炸药时，因防潮处理失效而造成炸药失效。

（2）雷管因防潮处理失效而拒爆。

（3）电爆网路因绝缘不好而漏电，造成部分拒爆。

（4）导爆管防水处理不好而漏水造成部分药包拒爆。

（5）由水流、潮水、风浪或作业时拉坏起爆网路，造成全部或局部拒爆。

（6）起爆器能量不足。

（二）水下爆破盲炮的处理方法

（1）处理水下裸露爆破盲炮时可采用下列方法。①在盲炮药包附近另行投放裸露药包，使之殉爆。②小心地将药包提出水面，用爆炸法销毁之，对于非抗水性炸药用水进行溶解。

（2）处理水下炮孔盲爆时采用下列方法。①因起爆网路绝缘不好或连接错误造成的盲炮，可重新联网起爆。②因填塞长度小于炸药的殉爆距离或全部用水填塞而造成的盲炮，可另装入起爆药包诱爆。③可在盲炮附近投入裸露药包诱爆。

三、处理盲炮的注意事项

盲炮处理是十分危险的作业，盲炮处理不当时，有可能引发更严重的事故。

因此，在盲炮处理时一定要注意安全，严格按规定执行，防止事故扩大。其注意事项如下。

（1）发现盲炮或怀疑有盲炮，应立即报告并及时处理。若不能及时处理，应在附近设明显标志，并采取相应的安全措施。

（2）处理盲炮前应由爆破指挥员定出警戒范围，并在该区域边界设置警戒，处理盲炮时无关人员不准许进入警戒区。

（3）对于难以处理的盲炮，应请示爆破指挥员，派有经验的爆破技术人员进行处理。大爆破的盲炮处理方法和工作组织，应由主管负责人批准。

（4）处理盲炮时，无关人员不得在场，并应在危险区边界设警戒，并停止其他作业。

（5）禁止拉出或掏出起爆药包。

（6）电爆网路发生盲炮时，须立即切断电源，及时将起爆网路短路，并进行绝缘处理。

（7）导爆索和导爆管起爆网路发生盲炮时，应首先检查导爆管是否有破损或断裂，发现有破损或断裂的应修复后重新起爆。

（8）不应拉出或掏出炮孔和药壶中的起爆药包。

（9）盲炮处理后，应仔细检查爆堆，将残余的爆破器材收集起爆销毁；在不能确认爆堆无残留的爆破器材之前，应采取预防措施。

（10）盲爆处理后，应由处理者填写登记卡片或提交报告，说明产生盲炮的原因、处理的方法和结果、预防措施。

第六节　爆破器材的运输、储存与管理

爆破器材运输、储存的管理，是爆破器材安全使用管理的重要环节，是安全完成爆破任务的前提。因此，应根据《爆破安全规程》规定进行仓库建设、仓库管理和运输管理。

一、爆破器材的运输

爆破器材运输是爆破器材离开安全、静态区域的动态管理，爆破器材的易爆性和流失后的危害性，都容易造成难以估量后果，从而对爆破器材的安全运

输提出了严格要求。

一般情况下，爆破危险品运输必须遵循的原则要求。

（1）公路运输爆炸物品时，禁止使用翻斗车、自卸汽车、拖拉机、独轮车、自行车、摩托车和电瓶车。

（2）炸药与火具应分别装运。必须同车运输少量炸药与火具时，应分开旋转并派专人看管。不能共存的炸药也不能同车装运，不得与其他有害物质同车运输。

（3）驾驶人员技术必须熟练，车辆状况必须良好，车厢、车底要用不产生火星的材料作护衬和软垫。车上要有危险标志，灭火器材、接地链和篷布、修车工具要齐全。

（4）汽车装载不准超过规定载荷、不准超高、超宽、超长、车速在40 km/h 左右，车距不少于 50 m，上、下坡时不应少于 300 m。

（5）汽车运输一般限制于非重要任务运输，不准穿越市中心区和人口稠密地带。

（6）水上运输时，不准与其他危险物品同船混装，船头船尾要有危险标志，夜间雾天要装红色安全灯。

（7）货舱内不能有明火，电源和蒸气管道、舱口要盖严，备有消防、救生设备。

（8）遇有雾、大风、大浪需要停航时，停泊地点距离其他船只和岸上建筑物不少于 250 m。

（9）人力背运爆炸物品时，每人不应超过 1 箱，双人抬运或单人挑运时不应当超过 2 箱，但人与人之间的距离不应少于 10 m，途中不应穿越人群，不准数人集中休息。将爆炸物品放置在安全地点后才能集中休息。

二、爆破器材的储存

各种爆破材料的生产和使用都需要储存，在储存过程中应当进行的工作称为保管。其任务是防止所存的爆破材料变质、自燃、自爆或被盗。

（一）仓库要求

爆破材料必须储存在专用的爆破材料仓库中，特殊情况下，经批准后方准在库外存放。

爆破材料仓库的位置应选择在确保安全的地方，一般要求尽可能远离城镇居民区和交通要道。库区设置应尽量利用地形地貌，以减弱爆炸后冲击波的破坏作用。除考虑安全距离外，库区的设置还应考虑地面水的排出、地下水位的高低、地质条件、山洪地震危害以及交通运输等问题。

爆破器材库按建筑分类有地面库，覆土库，山洞式库（隧道式库），按使用期限分类有永久库（使用期限在 2 年以上）、短期库（使用期限在半年以上 2 年以下）和临时库（使用期限在半年以内）。

单位使用的爆炸物品库，应根据各单位的条件和工程使用要求来设立，同时要参照《爆破安全规程》的有关规定。

仓库的设计建造必须保证满足下列条件。

（1）保证库房有足够的使用面积，防止造成堆码过高、通风不良（一般箱装炸药高度为 1.6 m，袋装炸药不准堆放）。

（2）库房建筑的墙体、屋盖、地面、门窗、通风孔和防护土堤部分要考虑防震（要满足里氏烈度九级的标准）。

（3）要考虑雷电、防护、消防、供电、道路运输、警戒等诸多安全因素。

（4）储存场地有高灵敏度炸药时应加大堆放距离。

（5）请上级机关核准各库房最大存放量（表 9–12）。

表 9–12　库房存放炸药最大允许量

存放方式	最大允许存量		备注
	炸药	雷管	
车厢	不超过载重 2/3	2 000 发	距爆破器材加工点不少于 50 m
船舱	20 t	相应	距爆破作业点不少于 250 m
露天	10 t	2 万发	炸药堆与雷管的距离不少于 25 m

（二）库房建设

库房的建筑结构应符合坚实安全、防火防爆的要求。

库房应为平房，用钢筋混凝土梁柱承重，墙体应坚固、严密和隔热，并方位合理。

库房的门应为两层，向外开，外层门应为铁皮包覆的耐火门，里层门应栅栏门。储存雷管和硝化甘油炸药的库房，应为金属丝网门。

门至库房内任一点的距离不得超过 15 m，门的宽度不得小于 1.4 m，高度不得小于 2.1 m。门的外面宜设门斗，其面积不得小于 6 m²。

库房应具有足够的采光通风窗，库房采光比为 1/30~1/25；窗门为三层外层为包覆铁皮的板窗门，里层为玻璃门，中层为铁栅栏；采光窗台距地板高度不小于 1.8 m；地板下应设金属网通风窗。

库房内净高不得低于 3 m，炎热地区不得低于 3.5 m。

库房地面应平整、坚实、无裂缝、防潮、防腐蚀，不得有铁器之类的东西表露。雷管库房的地板应铺软垫。

库房宜采用钢筋混凝土屋盖，房顶应有隔热层；采用木层顶时，必须经防火处理。

储存烟火药和硝化甘油类炸药的库房，必须采用轻型屋盖。

库房周围应设立排水沟、防护土堤、防火道及消防水池，根据地理条件设避雷装置。

库房内禁止用明火或普通电灯照明，库房内临时照明可用手电筒，库房内电气设备要安装防爆装置，开关和保险器应装在库房外的配电箱中。

三、爆破器材的管理

（一）库区管理

（1）库区内严禁打靶、打猎，未经批准不得进行摄影和实施爆破作业。

（2）库区内严禁烟火，严禁携带易燃易爆品进入库区。

（3）库用易燃物品，要单独存放，严格管理。

（4）库区内应保持道路平整，排水畅通。

（5）库房周围 5 m 内、道路两侧不得留有杂物和高草。

（6）库区内应设置消防器材、安全警语、交通警语和报警装置。

（二）库管员职责

库管员的任务是负责守卫库房安全，做好防火、防盗、防破坏和防止发生意外事故。同时按发放手续要求，做到安全，正确地发放，其职责如下。

（1）坚守岗位，不准擅离职守，对出入库爆炸物品验证，严防爆炸物品丢失和被盗。

（2）对进入库区的人员和车辆实施安全监督，严防将火具、火种、易燃易爆物品带入库区，禁止无关人员进入库区。

（3）经常对防盗报警装置进行检测，保证工作正常，及时消除不安全因素。

（4）收发爆炸物品要有登记账目，做到账物相符。发现丢失要立即报告上级主管人，认真查找，必要时与当地公安机关联系。

（5）及时清理过期、失效或分解的爆炸物品，登记造册上报销毁。

（6）防止蛇、鼠等动物进入库区。

（三）库房管理

爆炸物品存放要做到定时、定型、定点，其具体要求如下。

（1）每一种爆炸物品注意集中存放，每一存放点，按存放体积和通风、发货要求存放，不得超量，混乱存放。

（2）当两种以上爆破器材存放同一库内时，则任何两种均应能满足同库存放要求。

（3）硝铵类炸药包括硝铵炸药、铵油炸药、铵松蜡炸药、铵沥蜡炸药、多孔粒状铵油炸药、铵梯黑炸药。

（4）库房堆垛应整齐牢固。各种雷管箱应放在货架上，其他爆破材料应堆放在垫木上。架宽不超过两箱的宽度，货架（堆）高度不超过 1.6m，架（堆）与墙壁之间的距离不小于 0.2m，架（堆）之间的通道距离不小于 1.3m。

（5）进入库房不准穿钉鞋，进入雷管库不准穿尼龙衣料服装。

（6）爆破材料开箱检查时，应搬至库外进行，禁止猛力敲打。

（7）对库存器材要勤检查。发现变质或其他不安全因素，应及时报告处理。对变质或性能不详器材，不得发放使用。

（8）库内必须整洁、防潮，保证库内通风和控制温湿度。

（9）爆破材料必须分类存放。其分类的一般原则是：炸药与火具应分别存放；易燃物不能和易爆物一起存放；感度大的火药、弹药、火工品不能和感度小的火药、弹药、火工品一起存放；理化性质有相互影响的不能一起存放；废品不能与正品一起存放；各种单独的起爆器材不能与各种爆破器材一起存放；各种单独的火药不能与各种火工品、弹药一起存放；黑火药（对火焰及冲击极敏感）要单独存放。

各类爆破材料的具体存放要求见表9–13。

表 9–13　爆破材料的存放要求

爆破器材名称	黑索今	TNT	硝铵类炸药	胶质炸药	水胶炸药	浆状炸药	乳化炸药	苦味酸	黑火药	二硝基重氮酚	导爆索	电雷管	火雷管	导火索	非电导爆系统
黑索今	+	+	+	-	+	+	-	+	-	-	+	-	-	+	-
TNT	+	+	+	-	+	+	-	+	-	-	+	-	-	+	-
硝铵类炸药	+	+	+	-	+	+	-	-	-	-	+	-	-	+	-
胶质炸药	-	-	-	+	-	-	-	-	-	-	-	-	-	-	-
水胶炸药	+	+	+	-	+	+	-	-	-	-	+	-	-	+	-
浆状炸药	+	+	+	-	+	+	-	-	-	-	+	-	-	+	-
乳化炸药	-	-	-	-	-	-	+	-	-	-	-	-	-	-	-
苦味酸	+	+	-	-	-	-	-	+	-	-	-	-	-	+	-
黑火药	-	-	-	-	-	-	-	-	+	-	-	-	-	-	-
二硝基重氮酚	-	-	-	-	-	-	-	-	-	+	-	-	-	-	-
导爆索	+	+	+	-	+	+	-	-	-	-	+	-	-	+	-
电雷管	-	-	-	-	-	-	-	-	-	-	-	+	+	-	-
火雷管	-	-	-	-	-	-	-	-	-	-	-	+	+	-	+
导火索	+	+	+	-	+	+	-	-	-	-	+	-	-	+	-
非电导爆系统	-	-	-	-	-	-	-	-	-	-	-	+	-	-	+

注：1.“＋”号表示两种爆破器材可以同库存放；

2.“－”表示不可同库存放。

（10）库房不但要经常进行通风，而且要在库外温度低于库内温度时，才能通风。如果库外温度高于库内温度又必须通风时，应符合表 9–14 的情况才能通风。

表 9–14　库房通风的湿度控制

库外比库内温度高的度数（℃）	0	1	2	3	4	5	6	7	8	9	10
库外相对湿度最高限量（%）	80	75	70	65	61	57	53	49	46	43	40

注：1.如果库外温度高于库内温度时，库外相对湿度在 65 % 以下时可以通风；

2.库内库外温度相等或库内温度高于库外，库外相对湿度小于 80 % 也可以通风。

❓ 思考题

1. 常见的早爆事故有哪些？如何预防？

2. 拒爆的原因有哪些？如何预防？处理拒爆的注意事项有哪些？

3. 水下爆破的安全操作规程有哪些？

4. 水下爆破的基本程序是什么？

5. 水下爆破的有害效应主要有哪些？并简述防范方法。

6. 水下爆破对人员、对舰船的安全距离如何控制？

7. 盲炮产生的原因有哪些？如何处理盲炮？

8. 爆破材料的存放有哪些具体要求？

参考文献

1. 张可玉，詹发民．水下爆破技术 [M]．青岛：海军潜艇学院，2000．

2. 姜彦忠．爆破技术基础 [M]．中国铁道出版社，1994．

3. 庙延钢，张智宇，栾龙发，等．特种爆破技术 [M]．北京：冶金工业出版社，2004．

4. 马晓青．冲击动力学 [M]．北京：北京理工大学出版社，1991．

5. 汪旭光，郑炳旭．工程爆破名词术语 [M]．北京：冶金工业出版社，2005．

6. 日本综合安全研究所．水下爆破 [M]．宋学义，谢国华等译．长沙：中南工业大学出版社，1984．

7. 孙承纬，卫玉章，周之奎．应用爆轰物理 [M]．北京：国防工业出版社，1999．

8. 张国建．实用爆破技术 [M]．北京：冶金工业出版社，1997．

9. 张奇．工程爆破动力学分析及应用 [M]．煤炭工业出版社，1997．

10. 北京工业学院八系《爆炸及其作用》编写组．爆炸及其作用（下册）[M]．北京：国防工业出版社，1979．

11. 《兵器工业科学技术词典》编辑委员会．火工品与烟火技术 [M]．国防工业出版社，1992．

12. 武汉后博安全技术研究所．爆破安全法规标准选编 [M]．中国标准出版社，2004．

13. 《世界爆破器材手册》编辑部．世界爆破器材手册 [M]．兵器工业出版社，1999．